라즈베리파이 2로 만들어 보는 사물 인터넷

: Internet of Things

김정윤 저

DIGITAL BOOKS since 1999

www.digitalbooks.co.kr

라즈베리 파이 2로
만들어 보는
사물 인터넷
: Internet of Things

| 만든 사람들 |

기획 IT.CG 기획부 | **진행** 양종엽, 유명한 | **집필** 김정윤 | **편집 디자인** 이기숙 | **표지 디자인** 김진

| 책 내용 문의 |

도서 내용에 대해 궁금한 사항이 있으시면
저자의 홈페이지나 디지털북스 홈페이지의 게시판을 통해서 해결하실 수 있습니다.

디지털북스 홈페이지 www.digitalbooks.co.kr
디지털북스 페이스북 www.facebook.com/ithinkbook
디지털북스 카페 cafe.naver.com/digitalbooks1999
저자 E-mail : bassjykim@gmail.com
저자 Facebook : www.facebook.com/RPi2IoTs/

| 각종 문의 |

영업관련 hi@digitalbooks.co.kr
기획관련 digital@digitalbooks.co.kr
전화번호 02-447-3157~8

미래 세상에 대한 상상은 누구나 한 번쯤 해보는 것이다. 20~30년 전에 사람들이 상상하던 많은 일들이 실제로 구현되고 있으며 현재에도 수많은 연구자들이 이러한 상상을 현실로 옮기기 위해 노력 중이다. 이렇게 현실화된 기술은 사람들의 생활을 더 편하게 하고 삶의 방식에도 영향을 준다. 아마도 최근에 이런 역할을 한 기술은 스마트 폰일 것이다. 스마트폰은 PC위에서 할 수 있는 많은 정적인 일들을 이동하면서 할수 있게 해주었고, 소셜네트워크가 생겨나게 하였으며 사람과 인터넷이 스마트기기를 통해 연결점(Connectivity)을 형성하게 하였다.

세상은 스마트 열풍이다. 불과 몇 년 전만 하더라도 스마트 장치는 전문가나 얼리어댑터(Early Adapter) 같은 일부 사람들의 전유물 같은 느낌이었다. 하지만 이제는 이런 스마트 기기가 없는 사람이 더 특별한 사람인것처럼 보여지는 스마트 시대다. 이러한 스마트 기기를 통해 인류는 인터넷이라는 거대한 네트워크에 연결되어 필요한 서비스를 요청하고 혹은 스스로 만들 수 있는 세상 속에 살아가고 있다. 사람들은 예전처럼 각종 미디어 매체와 정보 기관에 의해 생산되는 정보의 소비자에서, 유튜브, 페이스북, 트위터 같은 인터넷 서비스를 통해 정보를 생산할 수 있는 정보의 소비자겸 생산자가 되었다.

이제 이러한 흐름이 사람에서 사물(Things)로 옮겨 가고 있다. 사물인터넷(Internet of Things, IoT) 시대가 오고 있는 것이다. 사물인터넷은 말 그대로 우리 주변 곳곳의 사물이 인터넷에 연결되는 것을 말한다. 사실 사물인터넷은 알게 모르게 조금씩 우리 삶속에 들어오고 있다. MIT 대학 교내 화장실은 모두 인터넷 연결이 되어 있어 어느 건물의 어느 화장실이 사용 중이고 비어있는지를 실시간 파악할 수 있다. 또 스마트 기저귀는 아이들의 대소변을 통해 아이의 건강상태를 스마트 폰 앱으로 부모에게 알려주고 이 정보는 또 의사에게 자동으로 보내진다.

지금까지 이런 역할을 하는 것은 컴퓨터였다. 랩톱이나 데스크톱 같은 컴퓨터가 사용자를 인터넷에 연결할 수 있게 도와주고 동시에 여러 가지 서비스를 제공해 왔다. 하지만 이러한 컴퓨터의 역할은 사용자에게 있어 의존적이며 한정적인 하나의 도구에 지나지 않았다.

IoT 개념은 Daniel Giusto의 'The Internet of Things'란 책에 따르면, 우리 주변에 존재하는 다양한 객체나 물건들(RFID 태그, 센서, 휴대폰, 기계적 구동 장치 등등)이 서로 유기적으로 소통하여 하나의 목적을 달성할 수 있게 해주는 개념을 말한다. [1]

이러한 IoT가 IEEE Computer Society의 기술 리더 커뮤니티에서 선정한 2013년 13가지 탑 기술 트랜드에서 첫 번째로 소개될 만큼 전세계적으로 IT업계의 관심이 집중되고 있다. IEEE에서 말하기를 IoT는 월드 와이드 웹(WWW)의 발전 이후 가장 파괴적인 혁명이 될 것이라고 예측하였다. 예측에 따르면 2020년까지 약 1000억개의 식별이 가능한 객체들이 인터넷에 연결될 것이라고 한다 [2].

그렇다면 이러한 잠재적 가능성을 가진 IoT를 개인이 구현해 보기 위한 가장 적합한 장치는 무엇이 있을까? 기존 일반 데스크톱은 가격이 너무 비싸며, 태블렛 PC와 스마트폰은 그 자체로 특정한 기능을 수행하는 완성된 장치이다. 그렇다면 기존에 존재하던 임베이디스 시스템들은 어떨까? 이들은 IoT에서 사용될 만큼 성능이 뛰어나지 않다.

이런 상황 속에서 2013년에 출시되어 미국, 영국을 포함한 전세계적으로 열풍을 일으키고 있는 라즈베리파이(Raspberry Pi)라는 신용카드 크기의 원보드 컴퓨터가 눈에 띈다. 리눅스 시스템과 GUI 기능을 동시에 동작시킬수 있으며 가격 대비 비교적 빠른 컴퓨팅 성능과 네트워크 연결을 위한 유선 LAN 포트를 내장하고도 $35라는 저렴한 가격이 매력적이다. 여기에 다양한 하드웨어와 소프트웨어를 동시에 동작시킬 수 있는 범용성은 라즈베리파이가 다른 장치들과 다르게 IoT를 구현하는데 있어서 적합한 장치라는 것을 보여준다.

사실 기존에 아두이노 (Arduino)라는 마이크로 콘트롤러 기반으로 비교적 사용하기 쉬운 임베이디드 보드가 있었다. 이 보드를 사용하여 다양한 응용 시스템이 제안되었고 사용되고 있다. 그렇다면 아두이노와 라즈베리파이의 차이는 무엇일까? 필자는 아두이노가 하드웨어 기능에 치우쳐져 있다면 라즈베리파이는 하드웨어와 소프트웨어 두 영역을 적당히 포함하는 점이 가장 큰 차이라고 생각한다. 실제로 라즈베리파이 유저들이 인터넷에 공개하는 자신들의 라즈베리파이 기반 시스템들을 보면 로봇제어, 환경 모니터링, 웹 서버, 멀티 클러스터 시스템, 게임기 등등 간단한 시스템부터 고성능 응용 시스템까지 다양하게 응용이 가능하다는 것을 알 수 있다.

이러한 라즈베리파이가 기존에 약점으로 지적되었던 점들을 보완하여 라즈베리파이 2로 새롭게 출시되었다. 기존 프로세싱 성능보다 최대 7.5배 빠르고 더 작아졌으며 기존에 존재하던 다양한 주변장치와의 호환성까지 갖추었지만, 가격은 기존 라즈베리파이와 같은 $35를 그대로 유지하였다. 라즈베리파이의 성공으로 많은 기업들이 드라곤보드, 인텔의 에디슨, 민노우 보드 등등 라즈베리파이와 유사한 보드들을 출시하게 하였다. 하지만 여전히 라즈베리파이가 이들 중 정점에 서있으며 많은 유저들이 계속해서 라즈베리파이 관련 다양한 응용 시스템을 만들고 인터넷에 공개하고 있는 중이다.

특정한 기능을 수행하는 임베디드 시스템을 인터넷에 연결하는 것은 간단한 일이 아니다. 각 장치를 위한 고정IP 확보도 쉽지 않으며 인터넷 사업자에서 제공하는 유동 IP로는 사물인터넷을 구현하기에 한계가 있다. 이러한 문제를 해결해 주는 것이 현재 많은 IT기업들이 쏟아내고 있는 IoT 플랫폼이다. 이는 일반 사람이 자신의 이메일을 등록하고 메일을 주고받는 것과 비슷한 개념이라고 보면 된다. IoT 장치가 IoT 플랫폼에 자신만의 계정을 만들고 정보를 주고받게 되는 것이다. 즉, IoT 플랫폼은 사용자가 일일 서버를 구축할 필요없이 클라우드 서버에 계정을 만들고 만들어진 계정으로 장치를 관리할 수 있게 해주는 시스템이라고 생각하면 된다. 이로 인하여 장치에서 만들어지는 다양한 정보를 수집 및 관리할 수 있다.

IoT에 대한 세계적인 흐름과 관심을 반영하듯 IBM과 Microsoft 같은 세계적인 기업도 자신들의 IoT 클라우드 플랫폼을 출시하였고 가장 보편화된 IoT 장치인 라즈베리파이 2를 연결하여 IoT를 구현해볼 수 있는 다양한 솔루션들을 제공하고 있다. 사물인터넷을 완성하기 위해서는 하드웨어에서 부터 소프트웨어까지 다양한 지식을 알아야 할 뿐만 아니라 이들의 통합(Integration)에 대한 지식을 알아야 한다. 이 책에서는 임베디드 시스템을 구현하는데 필요한 하드웨어 지식과 리눅스, 윈도우즈 10 같은 운영체제 지식, 파이선등과 같은 프로그래밍언어, 그리고 이들을 함께 동작시키기 위한 Integration 지식까지 다양한 주제를 모두 포함하고 있다.

게다가, 이 책에서는 20가지 가까이 되는 IoT 플랫폼에 대하여 분석하였고 그 중에 4가지 (IBM Bluemix, SmartLiving, Xively, 그리고 Windows 10 Iot Core)를 선택하여 실제로 라즈베리파이 2를 연결하는 방법에 대해 자세하게 소개하였다.

자 그럼 이 책을 통하여 최적화된 IoT 보드인 라즈베리파이 2와 다양한 사물인터넷 서비스 플랫폼을 사용하여 진정한 IoT 세계를 직접 경험해 보자.

김정윤

[참고문헌]

[1] [D. Giusto. A. Iera, G. Morabito, L. Atzori (Eds.), The Internet of Things, Springer, 2010. ISBN: 978-1-4419-1673-0.]

[2] [http://www.computer.org./portal/web/membership/13-Top-Trends-for-2013]

CONTENTS | 차례

CONTENTS | 차례

/ PART **4** / 사물인터넷(Internet of Things)

1 PART

하드웨어

라즈베리파이란 무엇인가?

라즈베리파이는 신용카드 크기의 저렴한 ($25 또는 $35) 소형 컴퓨터이다. 라즈베리파이 재단에 의해 영국에서 처음 개발되었으며, 아이들과 청소년들이 기존의 사용하기 편리한 수동적 환경에서 벗어나 컴퓨팅 환경과 프로그램들을 적극적으로 배우면서 활용해 나갈 수 있는 환경을 만들어 줄 목적으로 제작되었다. 현재 리눅스 기반의 데비안을 기본 운영체제로 사용하고 있으며, 현재 라즈베리파이용으로 다양한 어플리케이션과 프로그램들이 개발되고 있다.

2012년 라즈베리파이가 처음 소개되었을 때 그다지 큰 주목을 받지 않았다. 하지만 불과 몇 년 후에 라즈베리파이는 가장 성공한 싱글보드 컴퓨터로 시장에서 자리를 잡았으며 많은 비슷한 종류의 보드들을 시장에 쏟아내게 만든 선두 주자가 되었다. 라즈베리파이의 가장 최근 버전인 라즈베리파이 2는 많은 개발자들과 사용자들의 요구를 충족하였다. 기존 라즈베리파이보다 6배 정도 정보처리 성능이 개선되었으며 다양한 종류의 리눅스 운영체제가 라즈베리파이 2에서 사용이 가능해졌다. 마이크로 소프트가 윈도우즈 10을 무료로 라즈베리파이에 배포하기로 한 소식은 사물인터넷에서 라즈베리파이가 가진 가능성을 보여준다 할 수 있다.

라즈베리파이 2는 다방면에서 성능이 개선되었으나 기존 버전의 가격과 작은 크기를 그대로 유지하고있다. 라즈베리파이 1에서 신용카드 크기라는 주장을 하였지만 아날로그 비디오 출력 포트와 기본 보드 모양에서 튀어나온 SD카드로 인하여 실제 연결상태일 때는 신용카드 크기라 할 수 없었다. 라즈베리파이 2에서는 아날로그 비디오 출력을 없애고 비교적 크기가 큰 SD카드에서 마이크로 SD로 기본 저장장치를 변경하였다.

게다가 라즈베리파이 2는 기존 라즈베리파이 1의 기본 연결부(컨넷터와 마운트 구멍)를 기존 형태 그대로 유지하여 라즈베리파이 1에서 사용되던 케이스나 액세서리의 대부분이 호환되게 하였다.

개선된 ARMv7 멀티코어 프로세서와 완전한 기가바이트 램을 장착한 포켓 사이즈의 컴퓨터는 기존의 토이(장난감)으로 불리던 라즈베리파이를 진정한 의미의 데스크탑 컴퓨터로 재탄생 시켰다.

가장 큰 변화는 BCM2835 (단일 코어ARMv6)에서 BCM2836 (쿼드 코어 ARMv7)의 고성능 코어를 탑재하였다는 것이다. 하드웨어적으로는 단지 약 두 배 정도의 업그레이드지만, 쿼드코어 프로세서와 결합된 소프트웨어의 힘으로 평균 4배 정도의 성능 개선이 있었으며, 멀티 쓰레드 친화적 (Multi-Thread Friendly) 프로그램 코드를 사용하면 7.5배 까지의 처리 속도 개선을 경험할 수 있을 정도로 빨라졌다.

기존 라즈베리파이 1 B+는 512MB의 메모리를 사용하였지만 라즈베리파이 2에서는 1 기가 램 추가로 각종 게임이나 기존 라즈베리파이 1에서 문제가 되었던 인터넷 웹 브라우저의 실행을 상당히 개선 시켜주게 되었다.

현재 시중에는 라즈베리파이와 비슷한 컨셉과 동작을 하는 다양한 보드들이 있다. 그중 하나가 인텔의 에디슨 (Inter Edison) 과 CI20이다. 물론 이 두 보드가 몇 가지 옵션을 더 가지고 있지만 가격적으로 볼 때 라즈베리파이보다 거의 두 배 가까이 비싸다. 그럼에도 불구하고 여러 가지 성능 테스트 (CPU, Memory, Storage Random Write, Storage Random Read 등등)에서 비교적 비슷한 성능을 보여주고 있다. 2015년 2월에 전체적인 벤치마크 테스트를 진행했던 데이브 헌트에 따르면 $35에 구입할 수 있는 보드로서 인터넷 서핑도 부드러우면서 지연이 거의 없는 매력적인 보드라고 극찬하였다.

유튜브 유저인 마르코 배리시온이 라즈베리파이 보드 1과 2를 동일한 웹사이트에 동시에 접속하는 테스트를 하여 실제 비교 영상을 유투브에 게제하였다. 보드의 실제적인 성능이 궁금하다면 아래의 링크를 통해 영상을 직접 확인해 보기 바란다.

https://www.youtube.com/watch?t=5&v=5VAILUd_GnQ

라즈베리파이 1이나 아두이노 보드를 자주 접해보았던 유저라면 Adaafruit라는 회사를 들어 본적이 있을 것이다. 이 회사에서는 좀 더 구체적인 성능을 분석하였다. 4개의 쓰레드를 모두 사용하여 소수 연산에 대한 CPU 성능 벤치마크 테스트를 한 결과 흥미로운 결과를 얻었다. 몇몇 경우에는 7배의 성능 개선을 보였다는 것이다.

결론적으로 라즈베리파이 2는 기존 버전보다 상당한 성능 개선이 이뤄졌음이 여러 전문가들에 의해 검증이 되었으며 필자 역시 $35에 구입할 수 있는 보드의 성능에 아주 만족하였다. 자 그럼 이러한 가격대 성능비가 극강인 라즈베리파이 2로 하드웨어 관련 공부를 시작해 보자.

[1] http://www.davidhunt.ie/raspberry-pi-2-benchmarked/

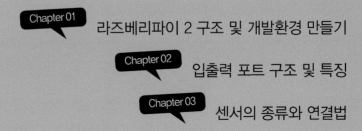

라즈베리파이 2 구조
및 개발환경 만들기

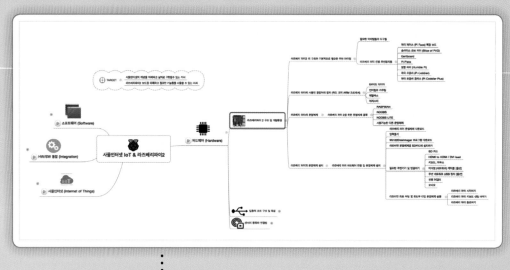

라즈베리파이 2 모델 B는 라즈베리파이의 2세대 모델이며 2015년 2월에 기존 라즈베리파이 모델 B+를 대체하였다. 라즈베리파이 1과 비교하여 가장 크게 개선된 부분이 성능면에서 아래 두가지다.

• 900MHz 쿼드 코어 ARM Cortex-A7 CPU   • 1기가 램 (RAM)

이 두 가지 성능 개선 외에 라즈베리파이 1에서 기본적으로 가지고 있던 기본 장치들에서 USB 포트가 2개에서 4개로 늘어났으며 기존 SD카드 (비교적 큰 크기) 슬롯을 마이크로 SD카드 슬롯 (일반적으로 안드로이드 폰에서 사용되는 작은 크기)으로 변경되었다. 전체적으로 정리해 보면 하드웨어적으로 라즈베리파이 2는 다음의 기능들을 기본적으로 탑재하고 있다.

• 4 USB ports   • 40 GPIO pins
• Full HDMI port   • Ethernet port
• Combined 3.5mm audio jack and composite video • Camera interface (CSI)
• Display interface (DSI)   • Micro SD card slot
• VideoCore IV 3D graphics core

라즈베리파이 2는 ARMv7 프로세서를 탑재하고 있어서 라즈베리파이에서 제공하는 기본 운영체제인 라즈비언(RASPBIAN) 외에 ARM GNU 리눅스에서 배포된 아래의 운영체제들을 문제없이 구동할 수 있다.

• Snappy   • Ubuntu
• Core   • Microsoft Windows 10

이제 라즈베리파이 2의 구조와 필요한 아이템들을 실제 그림을 통해서 알아보자.

LESSON 01 라즈베리파이 2 의 구조와 기본적으로 필요한 주변 아이템

[그림 1-1-1] 라즈베리파이 2 보드 정면

라즈베리파이 2 보드는 작은 크기에 비해 다양한 연결 포트들을 가지고 있다. [그림 1-1-1]은 보드의 전면 부의 모습과 각 입출력 부를 표시한 그림이다. 라즈베리파이는 원 보드 컴퓨터로서 기본적인 컴퓨터들이 화면 출력할 때 사용하는 디지털 출력인 HDMI를 지원한다. 라즈베리파이 1에서는 일반 TV를 사용하여 출력할 수 있는 아날로그 출력인 RCA를 지원하였으나 2에서는 더이상 지원하지 않는다. RCA 포트를 제거하여 신용카드 크기의 장점이 더욱 부각되었다. USB 마우스와 키보드를 연결할 수 있는 네 개의 USB포트가 있으며, 인터넷 연결을 위한 근거리 네트워크 (LAN) 포트, 그리고 오디오 출력 포트가 있다

[그림 1-1-2] 라즈베리파이 2 보드 뒷면

라즈베리파이 2 보드 뒷면에는 [그림 1-1-2]에서 보듯이 마이크로 SD카드를 연결할 수 있는 부분이 있다. 라즈베리파이는 일반 컴퓨터에서 사용하는 하드디스크를 사용하지 않고 SD카드를 이용하여 운영체제와 각종 데이터를 저장한다. 최근에 판매되는 마이크로 SD카드는 대용량으로 나오기 때문에 많은 데이터를 이용할 때도 크게 문제될 것이 없다.

1-1 필요한 아이템들과 도구들

라즈베리파이는 원 보드 컴퓨터로 판매되고 있지만 일반 컴퓨터와는 다르게 전원이나 관련 케이블이 포함되어 있지 않다. 그러므로 라즈베리파이 본체와는 별도로 따로 구입해주어야 한다. 아래 [표 1-1-1]에 기본적인 동작을 위한 부품들 목록이 정리되어 있다. 대부분의 부품들은 인터넷이나 대형 마트에서 쉽게 구입 가능하다.

[표 1-1-1] 라즈베리파이의 기본적인 동작을 위한 필수 부품들

라즈베리파이	마이크로 USB – AC 전원 플러그
Micro SD Card 8GB	HDMI Cable
Keyboard	Mouse
LAN Cable (이더넷 케이블)	윈도우 기반 컴퓨터

[표1-1-1]에 있는 부품들 이외에 주변 하드웨어를 구현하기 위해서 필요한 몇 가지 기본적인 부품들이 있다. 일단 센서나 관련 칩들을 연결하고 고정시켜줄 브레드 보드가 필요하다. 브레드 보드는 다양한 크기의 제품이 판매되고 있지만 이 책에서는 제일 작은 [그림 1-1-3]과 같은 크기의 브레드 보드를 사용할 것이다. 브레드 보드 안쪽에서 기본적인 연결이 가능하지만 구체적인 연결을 위해서는 점퍼 선들이 필요하다. [그림 1-1-4]에 보여진 점퍼 선 키트는 브레드 보드에 딱 붙여서 연결이 가능하여 연결 후에도 보드가 깔끔한 상태를 유지할 수 있다. 그림 [1-1-5]에서 보여지는 점퍼 선의 경우에는 연결 후에 보드 상태가 깔끔하지는 않지만 연결과 분리가 비교적 용이하다는 장점이 있다. 간단히 테스트 하려면 [그림 1-1-5]의 점퍼 선이 좋을 것이다.

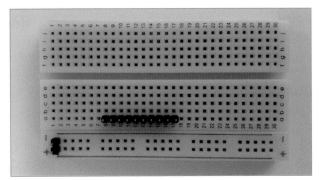

[그림 1-1-3] 브레드 보드

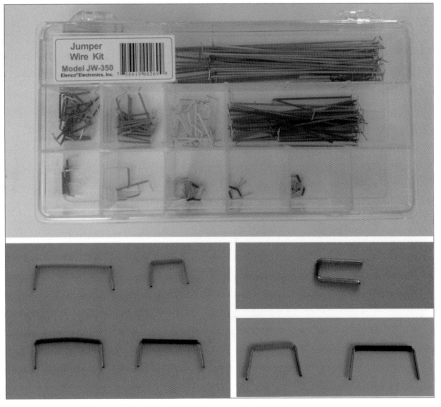

[그림 1-1-4] 점퍼선 키트와 구체적인 모양

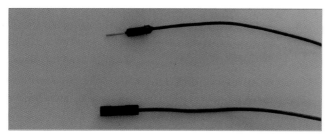

[그림 1-1-5] 점퍼 선

라즈베리파이 2 보드 뒷면에는 [그림 1-1-2]에서 보이듯이 마이크로 SD카드를 연결할 수 있는 부분이 있다. 라즈베리파이는 일반 컴퓨터에서 사용하는 하드디스크를 사용하지 않고 SD카드를 이용하여 운영체제와 각종 데이터를 저장한다. 최근에 판매되는 마이크로 SD카드는 대용량으로 나오기 때문에 많은 데이터를 이용할 때도 크게 문제될 것이 없다.

1-2 라즈베리파이 전용 주변장치들

이 책에서는 필요한 주변 회로들을 직접 구현해 볼 것이지만, 하드웨어 구현에 관심이 없고 기능만을 필요로 한다면, 다음에 소개하는 몇 가지 주변장치들 중에 필요한 것을 구입하면 되겠다. 상당수 주변장치들은 라즈베리파이 1에서 사용한 GPIO 26핀을 기준으로 제작된다. 하지만 라즈베리파이의 GPIO 40핀과 호환이되니 크게 걱정하지 않아도 된다. 다만 추가된 14개의 핀은 기존 라즈베리파이 1의 주변장치로 사용이 어렵다.

a) 파이 페이스 (Pi Face) 확장 보드

파이 페이스[그림 1-1-6]는 영국의 맨체스터 대학에 의해 개발된 입,출력관련 교육용 보드이다. 보드에는 4개의 입력 스위치, 2개의 릴레이 스위치, 포트의 상태를 표시해 주는 LED 그리고 제어에 필요한 칩들을 포함한다. 게다가 보드와 관련된 통합된 파이선 라이브러리가 제공되며 스크래치 프로그래밍 환경을 이용하여 사용할 수 있게 만들어졌다. 파이 페이스는 단순히 라즈베리파이 위에 연결하여 사용한다

[그림 1-1-6] 파이 페이스

b) 슬라이스 오브 파이 (Slice of PI/O)

슬라이스 오브 파이는 파이 페이스에 비해서 저가로
구현된 입출력 보드이며 [그림 1-1-7]과 같은 형태를
가진 보드이다. 기본적으로 MCP23S17을 사용하여 8
개의 버퍼 출력과 8개의 버퍼 입력을 제공한다.

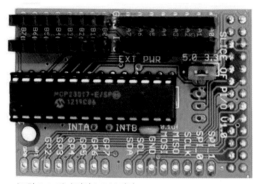

[그림 1-1-7] 슬라이스 오브 파이

c) Gertboard

Gertboard는 [그림 1-1-8]에서 보는 것처럼 릴레
이 스위치를 제외한 대부분의 기능이 구현된 보드
라고 볼 수 있다. Gertboard에는 ATmega 마이크
로 컨트롤러가 포함되어 있으며, 모터 제어, ADC,
DAC, 500mA 오픈 콜렉터 출력과 LED등을 포함한
확장보드이다.

[그림 1-1-8] GertBoard

d) Pi Plate

파이 플레이트는 일반 입출력 포트에 연결된 기판에 간단한 납땜을 통해서 사용자의 회로를 구현할 수 있는
만능기판 타입의 보드이다. 보드 외각에 나사를 통해서 선을 연결할 수 있는 커넥터들이 있어 다른 기기와의
연결에서는 납땜 없이 드라이버를 사용해 간단히 연결할 수 있게 만들어졌다. 보드의 한쪽 모서리에 smd 타
입의 IC를 납땜을 통해서 고정 시킬 수 있는 부분이 있다. [그림 1-1-9]에서 처럼 파이 플레이트 위에 여러
소자를 직접 납땜하여 고정 시킬 수 있다.

[그림 1-1-9] 파이 플레이트 (Pi Plate)

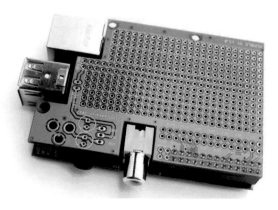

[그림 1-1-10] 험블 파이(Humble Pi)

e) 험블 파이 (Humble Pi)

험블 파이는 [그림 1-1-10]에 보이는 것처럼 파이 플레이트와 비슷한 형태의 납땜이 가능한 만능 기판 타입의 보드이다. 보드의 모서리 쪽에 전원 레귤레이터 및 주변 소자들의 크기에 맞게 PCB(Printed Circuit Board)가 만들어져있다. 이를 통해서 외부 전원으로부터 전원을 공급하여 모터 같은 라즈베리파이가 직접 전원을 공급할 수 없는 장치들을 사용할 수 있다.

f) 파이 코플러 (Pi Cobbler)

파이 코블러는 라즈베리파이의 일반 입출력 포트를 브레드 보드에 쉽게 연결할 수 있게 해주는 장치로서 일반 입출력 포트에서 26개의 핀을 브레드 보드에 연결한다. [그림 1-1-11]

[그림 [1-1-11] 파이 코블러 (Pi Cobbler)

g) 파이 코플러 플러스 (Pi Cobbler Plus)

파이 코블러 플러스는 라즈베리파이 2의 모든 입출력 (GPIO) 포트를 브레드 보드에 쉽게 연결할 수 있게 해주는 장치로서 40개의 모든 핀을 브레드 보드에 연결한다. [그림 1-1-12]

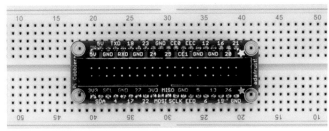

[그림 1-1-12] 파이 코블러 플러스 (Pi Cobbler Plus)

이 외에도 현재 다양한 GPIO 관련 주변장치들이 판매되고 있으며, GPIO외에 카메라 모듈과 영상 출력 관련 모듈들이 있으니 구입해서 테스트해 보는 것도 좋다. 참고로 이 책에서는 여기서 소개한 GPIO 관련 주변 아이템들을 사용하지 않고 점퍼선과 브레드 보드만을 사용해서 구현하였다. 파이 코블러 같은 아이템이 있으면 회로들을 구현하는데 편리하지만 필수 사항은 아니므로 군이 구입할 필요는 없다.

LESSON 02 라즈베리파이에 사용된 중앙처리 장치 (쿼드 코어 ARM 프로세서)

라즈베리파이에서 사용하는 중앙처리 장치는 BCM2836로 불리는 새로운 프로세서이다. 900 MHz의 쿼드 코어 (quad-core) ARM Cortex A7 (ARMv7 instruction set) 구조로 만들어졌으며, 프로세서의 파이프 라인과 멀티미디어 기능이 강화된 프로세서라 할 수 있다. 사용되는 인스트럭션 세트는 ARMv7 인스트럭션 세트이다. 비디오 관련 GPU (graphics processor unit)는 브로드콤 비디오 코어 IV (Broadcom VideoCore IV @ 250 MHz) 이며 OpenGL ES 2.0 (24 GFLOPS)의 성능과 1080p30 MPEG-2의 AVG 고성능 엔코더 및 디코더를 사용함으로서 고해상도 이미지를 처리하는데도 문제 없다.

기존 라즈베리파이 1과 비교해 본다면 BCM2835 싱글 코어 ARMv6에서 BCM2836 쿼드 코어 ARMv7으로 업그레이드되었다. 이러한 업그레이드는 하드웨어 프로세싱 측면에서는 약 2배 가까운 성능 개선에 불과하다. 하지만 쿼드 코어의 이점을 살릴 수 있는 소프트웨어를 사용하면 4배 가까운 성능 개선이 있으며 멀티 쓰레드용 코드에서는 7.5배 까지의 성능 개선을 보일 수 있다.

이러한 BCM2836 보드의 ARM 제어 로직은 기본적으로 다음의 5가지 기능을 가진 모듈이다.

- 64비트 타이머 (64-bit Timer)
- 코어와 연결된 다양한 인터럽트 루트
- 코어와 연결된 GPU 인터럽트 루트
- 프로세서들 사이에 메일박스 지원
- 추가적인 인터럽트 타이머 제공

여기서 설명할 쿼드코어 ARM 프로세서는 마이크로 프로세서 관련된 세부 지식이므로 기능적인 구현이 목적인 독자는 과감하게 넘어가도 된다.

2-1 64비트 타이머

A7 코어는 내부적으로 4개의 프로세서 코어가 사용되고 있으며 기본적으로 64-비트 타이밍 입력 신호가 필요하다. 이러한 64-비트 타이머 신호는 하나의 클락에서 발생하고 있으며 이 신호가 나머지 4개의 코어로 연결되어 있다. 쉽게 말하자면 코어가 4개지만 클락은 하나이므로 하나의 클락에 어떤 변화가 생기면 나머지 4개의 코어도 영향을 받게 된다.

2-2 인터럽트 라우팅

A7 코어에는 루트를 정해줘야하는 수많은 인터럽트가 있다. 이러한 인터럽트는 크게 두 가지로 나눌 수 있다.

- 코어 관련 인터럽트

- 코어와 관련 없는 인터럽트

코어 관련 인터럽트는 하나의 특정 코어로 귀속된다. 대부분의 인터럽트들은 4개의 타이머 인터럽트 신호같이 각 코어에 의해서 발생된다. 추가적으로 각 코어는 4개의 메일 박스를 가지고 있고 그 곳에 인터럽트들이 할당된다.

2-3 메일박스

쿼드 A7코어에서의 메일박스는 32비트 넓이의 쓰기(Write)관련 레지스터(Register)로 구성된다. 쓰기 관련 레지스터는 Set 레지스터와 Clear 레지스터로 나뉠 수 있다. 그 중에 Clear 레지스터는 읽기도 가능하지만 Set 레지스터는 쓰기만 가능하다. 전체적으로 시스템은 16개의 메일박스를 가지는데 이는 각 코어에 4개씩 할당된다. 이러한 메일박스는 도어벨(doorbells)의 역할을 함으로 상당히 중요한 기능이다.

2-4 레지스터

거의 모든 마이크로 프로세서가 일시적 저장장치로 레지스터를 사용한다. 이러한 레지스터는 디지털 시스템에서 플립플롭이라는 회로로 구성된 가장 작은 저장 단위라고 볼 수 있다. Quad-A7역시 다양한 종류의 레지스터를 사용하고 있다. Write-set, Write-clear레지스터, 제어 관련 레지스터, 코어 타이머 레지스터 등이 있다.

이번 LESSON에서는 라즈베리파이에 사용된 중앙처리 장치인 쿼드 코어 ARM 프로세서의 구조에 대해서 알아 보았다. 해당 마이크로 프로세서의 좀 더 자세한 정보를 알고 싶다면 아래의 링크에서 제공하는 데이터 시트를 확인해 보자. 일반적으로 전기 전자 컴퓨터의 세부 부품(IC)등의 기능, 성능, 특성을 가장 잘 설명하는 것은 제조사에서 제공하는 데이터 시트이다. 임베디드 시스템을 활용해서 시스템을 만들어 보고자 하는 독자는 이러한 데이터 시트로부터 정보를 얻어내는 능력을 키워두면 향후 일하는데 많은 도움이 될 것이다.

https://www.raspberrypi.org/documentation/hardware/raspberrypi/bcm2836/QA7_rev3.4.pdf

LESSON 03 라즈베리파이의 운영체제

라즈베리파이 2에서는 라즈베리파이 제단에서 기본적으로 제공하는 운영체제가 많이 있다. 거기에 추가적으로 다양한 협력 업체들이 운영체제를 개발하여 제공 중이다. 이번 LESSON에서는 이러한 운영체제의 종류와 대표적인 운영체제의 사용법 등에 대해서 알아보자.

3-1 라즈베리파이 2를 위한 운영체제 종류

a. RASPBIAN

RASPBIAN은 라즈베리파이 1에서부터 기본으로 사용되던 운영체제이며 데비안 리눅스에 기반을 둔 라즈베리파이 제단에서 추천하는 기본 운영체제이다.

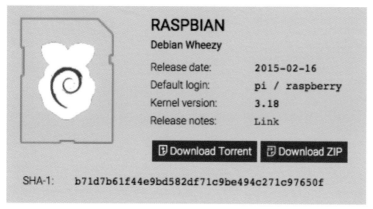

[그림 1-1-13] 라즈비언 운영체제 정보

b. NOOBS

NOOBS는 라즈비언 운영체제를 포함하는 비교적 쉬운 운영체제 설치프로그램이다. NOOBS 설치 파일을 내려받으면 라즈비언을 포함한 다양한 종류의 운영체제를 선택해서 설치할 수 있다.

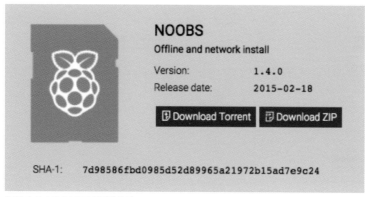

[그림 1-1-14] NOOBS 운영체제 정보

c. NOOBS LITE

NOOBS LITE는 라즈비언이 포함되어 있지 않은 저용량의 운영체제이며, NOOBS와 같은 운영체제 설치 프로그램이다. 기본적으로 NOOBS와 같은 운영체제 선택 메뉴를 포함하고 있으며 운영체제 이미지들은 선택에 따라 다운로드된다.

[그림 1-1-15] NOOBS LITE 운영체제 정보

d. 사용가능한 다른 운영체제

SANPPY UBUNTU CORE, OPENLEC, OSMC, PIDORA, RISC OS 등 라즈베리파이 2에서는 다양한 운영체제를 설치하여 사용할 수 있다.

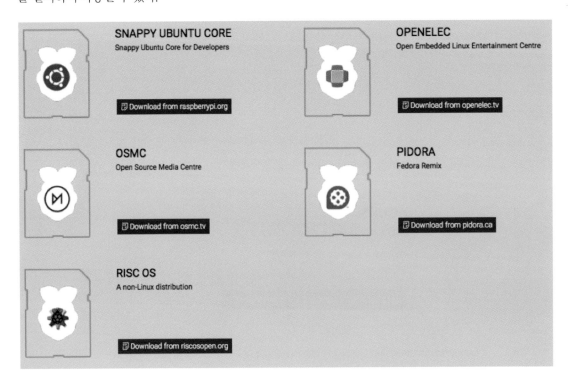

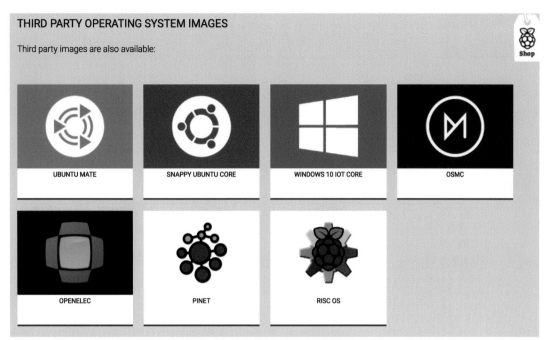

[그림 1-1-16] 라즈베리파이 2에서 사용가능한 다양한 운영체제

아래의 링크를 통해서 [그림 1-1-16]에 보이는 운영체제들을 다운받을 수 있다.

https://www.raspberrypi.org/downloads/

LESSON 04 라즈베리파이의 운영체제 설치

앞 LESSON에서 소개한 것과 같이 다양한 운영체제가 라즈베리파이에 사용할 수 있게 준비되어있다. 이 책에서 주로 사용할 라즈비언 운영체제를 다운로드하여 설치하는 법에 대해서 알아보겠다.

앞에서 말한 것처럼 라즈베리파이는 하드 디스크를 사용하지 않기 때문에 기존 컴퓨터처럼 DVD 등을 사용해서 운영체제를 설치하는 방식은 불가능하다. 기존 데스크탑이나 노트북 컴퓨터가 하드디스크를 사용하여 운영체제(윈도우, 리눅스 등)를 저장하고 컴퓨터에 설치하는 것처럼, 방법은 다르지만 라즈베리파이도 운영체제(Operating System, OS)를 설치하고 관련 자료들을 저장할 저장장치가 필요하다. 라즈베리파이는 이러한 기본적인 저장공간으로 마이크로(Micro) SD카드를 사용한다. 일반적으로 8GB이상이 되는 것이 좋으며, 클레스 6(클레스 SD카드의 속도) 이상의 속도를 지원하는 SD카드를 권장된다. 최근에 나오는 SD카드는 16GB 또는 32GB정도의 용량을 갖추었으며 이는 라즈베리파이에 권장되는 용량인 8GB를 충분히 만족한다.

라즈베리파이 제단에서 기본 운영체제로 리눅스 위지(Linux Wheezy)를 사용하고 있다. 윈도우 운영체제에 익숙한 한국에서 주로 사용하는 윈도우 운영체제가 아니라고 겁먹을 필요는 없다. 본 책에서 제공하는 설명을 순서대로 따라만 한다면 리눅스 자체를 잘 모르더라도 전체적인 시스템을 구현하는데 아무런 어려움이 없을 것이다.

일단 SD카드에 운영체제를 설치하려면 윈도우 기반 컴퓨터가 한 대 필요하다. 만약 사용자가 리눅스 또는 맥을 사용하고 있다면 필요한 자료는 다음의 링크에서 제공한다.

https://www.raspberrypi.org/documentation/installation/installing-images/README.md

[그림 1-1-17] 라즈베리파이 이미지

4-1 라즈베리파이 하드웨어 연결 및 운영체제 설치

a. 라즈베리파이 운영체제 다운로드

라즈베리파이 재단에서 추천하는 운영체제는 라즈비언(Raspbian)으로 알려진 리눅스 기반 운영체제이며 다음의 링크를 통해 다운로드할 수 있다. [그림 1-1-18]에 표시된 링크를 클릭하면 라즈비언 운영체제를 다운할 수 있다.

https://www.raspberrypi.org/downloads/raspbian/

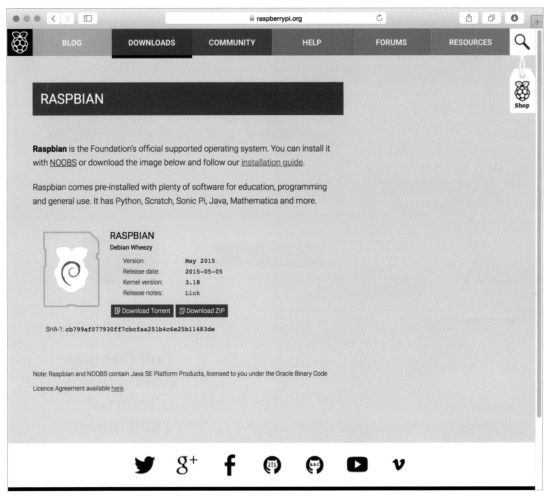

[그림 1-1-18] 라즈베리파이 이미지 다운로드 웹 페이지

b. 링크를 통해서 다운받은 파일은 압축파일(Zip)이며 압축을 풀면 라즈베리파이 디스크 이미지 파일을 볼수 있다. 압축은 다운받은 파일을 마우스 오른쪽 클릭을 통해 압축풀기를 선택하면 된다. 이렇게 얻어진 이미지 파일은 특별한 디스크 이미징 프로그램 (Wind32DiskImager)을 통해서 SD카드에 설치하여야 한다. (주의: 단순히 이미지 파일을 SD카드에 복사하면 동작하지 않는다.)

c. Win32DiskImager 프로그램 다운로드

아래의 링크를 통하여 이미징 프로그램을 다운로드 받을 수 있다.

http://sourceforge.net/projects/win32diskimager/

[그림 1-1-19] Win32 Disk Imager 프로그램 다운로드 웹 페이지

[그림 1-1-19] 에 표시된 녹색의 다운로드 아이콘을 클릭하면 해당 프로그램을 다운로드할 수 있다. 정상적으로 다운로드 되었다면 최신 버전의 압축 파일을 볼 수 있다. 앞서 이미지 파일의 압축을 풀었듯이 마우스 오른쪽 버튼을 클릭 후 압축 풀기를 선택하면 압축 파일과 같은 이름의 폴더가 생성된다. 필자가 테스트하였을 때는 다음과 같은 이름의 폴더가 생성되었다.

win32diskimager-v0,8-binary

자 이제 운영체제의 설치에 필요한 모든 파일을 다운 받았다. 이제 본격적으로 운영체제를 설치해보자

d. 라즈비언 운영체제를 SD카드에 설치하기

우선 마이크로 SD카드를 컴퓨터에 연결한다. 대부분의 마이크로 SD카드는 일반 노트북이나 데이크탑과 같은 장치와 데이터를 주고 받기 위해 SD카드 변환 장치(Adaptor)와 함께 판매한다. 이러한 장치를 이용하여 마이크로 SD카드를 일반 SD카드 슬롯에 연결할 수 있다. 그런데 만약 현재 컴퓨터에 SD카드 슬롯이 없다면 [그림 1-1-20]에서 보는 것과 같은 USB변환기[2]를 통하여 SD카드를 연결할 수 있다.

[그림 1-1-20] USB 타입의 SD카드 리더

연결 후에 win32diskimager가 있는 폴더에 win32diskimager 실행 파일을 실행한다. 그러면 [그림 1-1-21]과 같은 프로그램 화면이 나온다. 만약 SD카드가 정상적으로 연결되어 있지 않으면 그림의 Device 항목에 디스크 드라이브 표시([H:\])란 에 아무것도 나타나지 않는다.

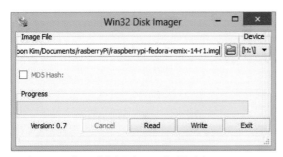

[그림 1-1-21] 디스크 이미지 굽기 프로그램 실행 화면

그림의 폴더 아이콘을 클릭하면 디스크 선택 창이 뜰 것이다. 여기서 2 단계에서 다운받았던 라즈비언 운영체제를 [그림 1-1-22]처럼 선택하고 열기를 누르면 된다. Device에 떠있는 드라이브는 SD카드가 들어 있는 드라이브를 나타내고 있다.

---

2. SD카드 포트가 내장되어 있지 않은 컴퓨터에서 USB포트를 사용하여 SD카드를 쓸 수 있게 해주는 변환 장치

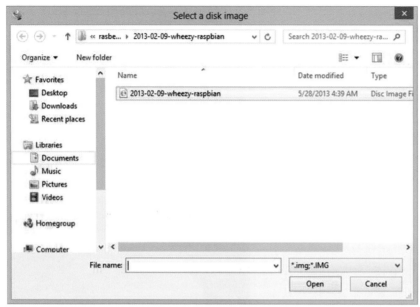

[그림 1-1-22] 디스크 이미지 선택 창

이미지 파일과 다운로드 될 장치 선택이 끝났으면 "Write" 버튼을 클릭하고 기다리면 몇 분 안에 라즈비언 운영체제가 SD카드에 설치된다. 설치가 끝나면 설치 완료 알림이 나타난다. 자 이제 운영체제가 준비되었으니 필요한 주변기기들을 알아보자.

e. 필요한 주변기기 및 연결하기

라즈베리파이에 사용되는 주변기기들은 일반 대형 마트나 인터넷 쇼핑몰에서 쉽게 구입 가능한 것들이므로 구하는데 크게 어려움이 없을 것이다. 일단 앞에서 준비한 라즈비언 운영체제가 설치된 SD카드를 그림 [1-1-23]에 보이는 SD카드 소켓에 연결한다.

- (1) SD카드
  - 8GB 이상이 되어야 하며, 클래스 6 (클래스 SD카드의 속도) 이상의 속도를 지원하는 SD카드.
  - 라즈베리파이 뒷면의 소켓에 연결한다.

[그림 1-1-23] 라즈베리파이 보드 뒷면의 SD카드 소켓

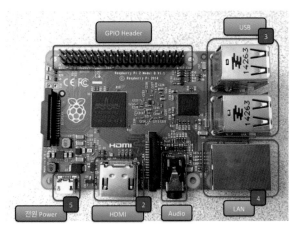

[그림 1-1-24] 라즈베리파이 보드 앞면의 연결 포트들과 전체적인 연결순서

SD카드 연결 후에 보드를 뒤집으면 보드 정면에 연결해야 될 많은 소켓들이 보인다. 우선 출력 모니터 연결을 위해 [그림 1-1-24]에 표시된 [2]를 [그림 1-1-25]와 같이 연결하면 된다. [2]는 HDMI 케이블을 이용한 깨끗한 디지털 출력을 볼 수 있다.

- (2) HDMI to HDMI / DVI lead
  ○ HDMI to HDMI lead (HDMI 입력을 가진 HD TV 또는 모니터 연결에 필요하다.)
  ○ HDMI to DVI lead (DVI 입력을 가진 모니터에 필요하다.)
  ○ HDMI 케이블선과 전원은 굳이 고가의 제품을 구입할 필요는 없다.

[그림 1-1-25] HDMI 디지털 출력 연결

- (3) 키보드, 마우스
  - ○ 표준 USB를 지원하는 모든 마우스와 키보드가 연결 가능하다.
  - ○ 만약 키보드나 마우스가 전력을 많이 소비하는 특수한 종류이면 전원을 충분히 공급할 수 있는 USB허브가 필요할 수도 있다.

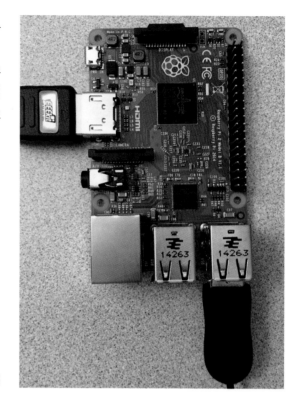

[그림 1-1-26] USB 키보드 및 마우스 연결

- (4a) 이더넷 (네트워크) 케이블 [옵션]
  - ○ 라즈베리파이의 기본적인 동작을 위해서 네트워크 기능이 꼭 필요한 것은 아니다. 하지만 본 책에서 제공하는 내용을 동작시키기 위해서는 다양한 프로그램들이나 업데이트들을 인터넷을 이용하여 설치해야 하기 때문에 반드시 인터넷에 연결하여야 한다.

[그림 1-1-27] 근거리 네트워크 케이블 연결

- (4b) 무선 네트워크 USB 장치 [옵션]
  - ○ 라즈베리파이는 무선 네트워크 장치를 기
    본으로 제공하지 않는다. 그러므로 무선
    네트워크에 연결하기 위해서 따로 USB 포
    트를 통해서 무선 네트워크용 장치를 연결
    해 주어야 한다. 이는 추가적인 세팅이 필
    요하다. 때문에 처음 시작할때는 LAN선을
    이용하여 인터넷에 연결하여야 한다.

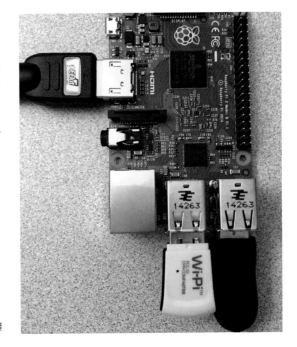

[그림 1-1-28] 무선 네트워크 USB 동글 (Dongle) 연결

- (5) 전원 어뎁터
  - ○ 마이크로 USB전원(5V, 700 mA 이상을 지
    원하는 어뎁터)이 기본 전원으로 사용된다.
    현재 사용되는 대부분의 안드로이드 폰에
    사용되는 충전용 전원 어뎁터를 사용하면
    된다.
  - ○ 만약 5V보다 작은 전원이 인가 될 경우 라
    즈베리파이가 동작 안 할 수 있다. 700 mA
    이상의 전류는 라즈베리파이 동작에 전혀
    문제가 되지 않는다.

[그림 1-1-29] 라즈베리파이 전원 연결

- (6) 오디오
  - ○ HDMI를 사용하는 사용자이면 HDTV를 통해서 디지털 오디오 신호를 얻을 수 있다.
  - ○ 3.5mm 연결잭(일반 MP3에서 사용하고 있는 이어폰이 연결 가능한 잭)을 사용하여 스테레오 오디오 신호를 얻을 수 있다.

[그림 1-1-30] 오디오 출력 포트

4-2 라즈비언 최초 부팅 및 윈도우 타입 운영체제 실행

a. 앞 단계에서 준비된 라즈비언 운영체제가 설치된 SD카드, 라즈베리파이 본체와 주변 아이템들이 준비되었다. 전원을 제외한 모든 장치들을 연결한 후에 마지막으로 전원을 연결하면, [그림 1-1-31]에서처럼 PWR (Power, 전원) LED가 켜지게 될 것이며, 운영체제가 잘 설치되었다면, ACT (Activity, 동작) LED가 깜박거리게 된다. 그러면 연결된 모니터 상단에 4개의 라즈베리 과일이 보이며 (라즈베리파이 2는 4개가 보인다. 기존 모델은 1개가 보임) 그 아래로 여러 가지 시스템을 체크하는 명령어들이 실행되는 화면을 보게 된다.

[그림 1-1-31] 라즈베리파이의 동작상태 알림 LED

[그림 1-1-32] 라즈베리파이 전원 연결 직후 모니터 화면

4-2 라즈비언 최초 부팅 및 윈도우 타입 운영체제 실행

b. 라즈베리파이에 연결된 모니터에서 Rasp-config 화면을 볼 수 있다.

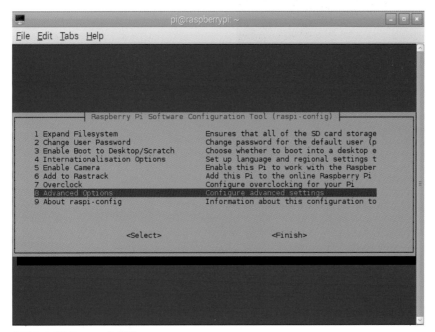

[그림 1-1-33] Rasp-config 화면

c. 우선 사용자의 편의를 위해 timezone과 locale을 바꾸면 되지만 반드시 필요한 작업은 아니다.

d. 마지막으로 expand_rootfs를 선택하고 'yes'를 클릭하면 재부팅이 된다.

e. 라즈베리파이가 재부팅되면 'raspberrypi login:'이란 글을 화면에서 보게 된다.

f. 'pi'를 입력하고 엔터키를 입력한다. [그림 1-1-34 참조]

```
Debian GNU/Linux wheezy/sid raspberrypi ttyAMA0

raspberrypi login: pi
Password:
```

[그림 1-1-34] 로그인 화면

g. 그러면 라즈베리파이는 password를 요구한다.

h. 'raspberry'를 입력한다.

i. 앞선 과정이 완료되면 다음의 명령창을 볼 수 있다. [그림 1-1-35]

    pi@raspberry ~ $

```
Debian GNU/Linux wheezy/sid raspberrypi tty1

raspberrypi login: pi
Password:
Last login: Tue Aug 21 21:24:50 EDT 2012 on tty1
Linux raspberrypi 3.1.9+ #168 PREEMPT Sat Jul 14 18:56:31 BST 2012 armv6l

The programs included with the Debian GNU/Linux system are free software;
the exact distribution terms for each program are described in the
individual files in /usr/share/doc/*/copyright.

Debian GNU/Linux comes with ABSOLUTELY NO WARRANTY, to the extent
permitted by applicable law.

Type 'startx' to launch a graphical session

pi@raspberrypi ~ $
```

[그림 1-1-35] 커멘드 명령창 화면

j. 우리가 흔히 알고 있는 윈도우 형태의 운영체제를 실행하려면 'startx'라는 명령어를 입력하면 된다. 그러면 그래픽 기반의 운영체제가 [그림 1-1-36]과 같이 실행된다. 하지만 윈도우 운영체제와는 조금 다르므로 다음 Part에서 잠시 알아보겠다.

```
pi@raspberry ~ $  startx
```

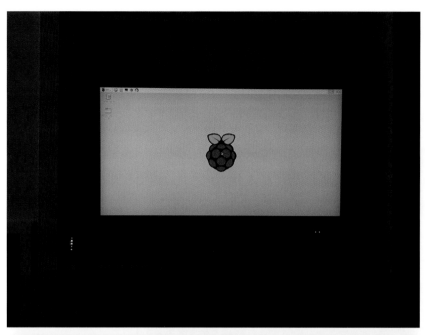

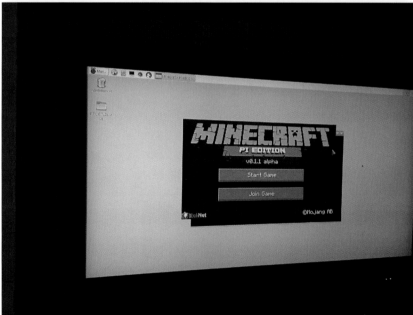

[그림 1-1-36] 'startx' 명령어 입력 후 실행된 GUI 형태의 라즈비언

k. 라즈베리파이 키보드 셋팅 바꾸기

라즈베리파이는 영국에서 설계되었기 때문에 기본 키보드 설정이 영국식으로 되어 있다. 영국식 키보드를 사용하면 우리가 일반적으로 알고 있는 '@'표시를 포함한 몇몇 표시들의 키보드 배열이 달라서 사용하기 불편하다. 그러므로 여기서는 키보드 설정을 UK(영국식)에서 US(미국식)으로 변경하겠다. 라즈베리파이 커멘드 라인에서 다음의 명령어를 입력한다.

```
$ sudo nano /etc/default/keyboard
```

명령어 입력 후, [Enter] 키를 누른다. 그러면 다음의 화면 [그림 1-1-37]을 볼 수 있을 것이다.

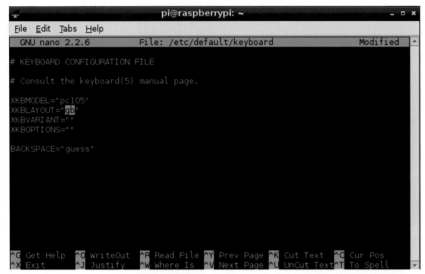

[그림 1-1-37] [XKBLAYOUT="gb"] 를 포함한 화면

화면에서 XKBLYOUT에 있는 gb를 us로 아래와 같이 바꿔준다. [그림 1-1-38]

```
XKBLYOUT="gb" --> XKBLYOUT="us"
```

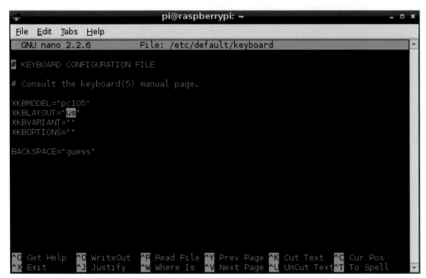

[그림 1-1-38] [XKBLAYOUT="us"] 를 포함한 화면

바꾸어 주었으면 파일을 저장하고 nano 에디터를 빠져 나간다. 그런 후에 라즈베리파이를 재부팅하면 된다. 만약 키보드 맵핑에 시간이 오래 걸리면 다음의 명령어를 커맨드라인에 입력하고 엔터키를 눌러보자.

```
$ sudo setupcon
```

그러면 그 다음 재부팅은 이전보다 훨씬 빨라질 것이다.

참고자료: http://elinux.org/index.php?title=R-Pi_Troubleshooting&oldid=147362#Re-mapping_the_keyboard_with_
Debian_Squeeze

j. 라즈베리파이 종료하기

라즈베리파이 운영체제인 라즈비언도 우리가 알고 있는 다른 운영체제처럼 전원을 끊기 전에 명령어를 통해서 정지시킨 후에 전원을 끊어 끄는 것이 좋다. 라즈베리파이를 끄는 세 가지 명령어 또는 (Ctrl)+(Alt)+(Del)을 동시에 누르는 단축키를 이용하면 된다.

```
$ sudo shutdown -h now
```

```
$ sudo shutdown -h now
```

```
$ sudo poweroff
```

여기까지 문제없이 완료하였다면 라즈베리파이의 기본적인 환경은 완성이다.

이번 Chapter에서는 라즈베리파이 2에 대한 하드웨어적인 기본적인 내용을 알아 보았고, 라즈베리파이 2를 활용하기 위해 필요한 기본적인 개발 환경을 구현해 보았다. 라즈베리파이의 기본 운영체제인 라즈비언은 리눅스 기반 소프트웨어이며, 사용자가 필요한 기능을 수행하게 하는데 두 가지 형태의 인터페이스를 제공한다. 커맨드 입력하고 결과를 확인하는 형태와 그러한 터미널 기능을 포함한 윈도우 형태의 방식이다. 두 가지 중에 독자가 원하는 형태로 라즈베리파이를 사용하면 된다. 이 책에서는 필요에 따라 두 가지를 번갈아 가며 사용할 것이다.

Chapter

02

입출력 포트 구조 및 특징

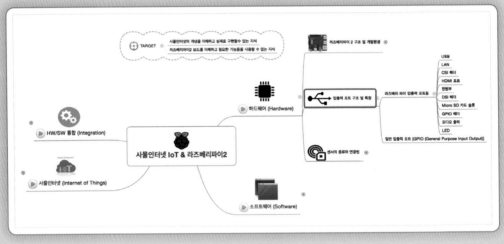

라즈베리파이 2는 프로세싱 능력이 한층 강화되어 컴퓨터의 기능이 좋아졌고, 여전히 강력한 입력 출력 기능을 제공한다. 이러한 기능 개선과 기존 기능의 호환성으로 인하여 좀더 다양한 어플리케이션에 사용할 수 있게 되었다. 이번 Chapter에서는 라즈베리파이 2의 다양한 입출력 포트의 기능과 특징들에 대해서 알아보겠다.

LESSON 01 라즈베리파이 입출력 포트들

라즈베리파이 2는 GPIO만을 제공하는 아두이노와는 다르게 HDMI, LAN 등의 다양한 인터페이스를 기본적으로 제공하고 있다. 이러한 점이 단순한 임베디드 장치가 아닌 좀 더 사물인터넷에 적합한 장치로 구분되게 한다. 라즈베리파이 2는 다양한 입출력 기능을 구현하기 위해서 Broadcom에 의해 정교하게 조정된 BCM2836를 사용하였다. BCM2836 SoC (System on Chip)는 라즈베리파이의 크기를 작게 만드는데도 아주 유용하게 쓰인 통합 패키지이다.

1-1 USB

라즈베리파이 1에서 사용된 SMSC LAN9512 패키지는 USB 2.0의 기능과 일반적으로 USB가 필요한 대부분의 기능들을 구현하였다. 하지만 일반적인 노트북이나 데스크 탑에서 사용하는 USB는 500mA의 전류를 제공하지만 라즈베리파이의 USB에서는 최대 100mA의 전류까지 사용할 수 있다. 라즈베리파이 2에서도 여전히 이런 문제가 남아 있어 최대 100mA 정도의 전류만 사용이 가능하다. 비록 이런 제한이 있지만 일반 사용자들은 크게 걱정하지 않아도 된다. 쉽게 설명하면 일반 USB 마우스나 키보드는 전혀 문제 없이 사용할 수 있고, 플래쉬 USB 저장장치까지도 사용하는데 무리가 없다. 다만 USB에서 전원을 공급 받는 방식의 USB 하드 드라이브는 사용할 수가 없다.

[그림 1-2-1] 라즈베리파이의 USB 포트

1-2 LAN

라즈베리파이 2 Model B에는 LAN포트가 있으며, 이는 10/100 BaseT Ethernet socket 형태로 구현되어 있다. 라즈베리파이 1에서는 SMSC LAN9512 패키지로 USB와 LAN을 한번에 구현한다. 기본적으로 3개의 USB 포트를 사용할 수 있는 장치에서 그 중 하나를 내부적으로 이더넷 물리 계층 (Ethernet Physical Layer) 인터페이스 칩에 연결해 사용하였다. 그러므로 두 개의 USB포트와 한 개의 LAN포트를 가진 형태로 구현 되었었지만, 라즈베리파이 2에서는 4개의 USB와 한개의 LAN 포트를 지원함으로서 기존 보드의 한계를 상당 부분 개선하였다.

[그림 1-2-2] 라즈베리파이의 LAN 포트

1-3 CSI 헤더

CSI 헤더는 Camera Serial Interface Header의 약자로서 카메라 주변 장치를 사용하기 위해 만들어 놓은 라즈베리파이의 카메라 전용 입력 포트이다. 15개의 핀으로 구성된 플랫 플렉스 케이블 헤더이며 MIPI Alliances's CSI-2 인터페이스이다. 여기서 2는 버전 2를 의미한다.

[그림 1-2-3] 라즈베리파이의 CSI 헤더 핀

1-4 HDMI 포트

HDMI는 High-Definition Multimedia Interface의 약자로 오디오와 비디오 신호를 호환 가능한 모니터나 디지털 텔레비전 또는 디지털 오디오 장치로 전달하기 위한 인터페이스를 지칭한다. 가정에 디지털 텔레비전을 가지고 있는 사람이라면 DVD나 게임기를 연결하기 위해 HDMI 케이블을 꽤 보았을 것이다. 일반 컴퓨터에서는 VGA 신호를 이용하는 컴퓨터가 아직도 있지만 라즈베리파이는 VGA를 지원하지 않는다. 그러므로 모니터 연결 시에 VGA 신호만을 지원하는 모니터는 동작을 하지 않을 수도 있다는 것을 명심해야 한다.

[그림 1-2-4] 라즈베리파이의 HDMI

1-5 전원부

라즈베리파이의 전원 공급은 마이크로 USB 타입 B포트를 사용한다. 이름이 길고 어려워 보이지만 사실은 안드로이드 기반 스마트폰에서 널리 사용되고 있는 흔한 형태이다. 따로 구입하기가 마땅치 않으면 휴대폰용을 사용해도 괜찮다.

[그림 1-2-5] 라즈베리파이의 전원 포트

1-6 DSI 헤더

DSI 헤더는 CSI 헤더와 마찬가지로 15개의 핀을 가진 포트이며, CSI와 같은 형태의 케이블을 사용한다. DSI는 Display Serial Interface의 약자로서 주로 LCD 디스플레이에서 화면을 출력 시킬 때 주로 사용한다. DSI 포트는 터치 기능이 내장된 LCD를 사용할 때 쓰일 수 있으므로 터치 스크린을 구현해보고자 하는 사람들은 DSI를 이용하면 되겠다.

[그림 1-2-6] 라즈베리파이의 DSI 포트

1-7 Micro SD카드 슬롯

SD카드는 'Secure Digital' 이란 말의 약자로 SD Association에 의해 이름 지어진 현재 널리 사용되는 저장장치 중에 하나이다. 라즈베리파이는 이 Micro SD카드를 일반 컴퓨터의 하드 드라이브와 같이 운영체제를 설치하는 중앙 저장 장치로 사용하고 있다. Micro SD 카드에서 알아야 할 중요한 점은 스피드 클래스라고 하는 단위가 존재한다는 것이다. 스피드 클래스는 2에서 11까지 존재하는데 라즈베리파이 2에서는 스피드 6이상을 사용하는 것이 좋다. 그리고 Micro SD카드를 구입할 때 Micro SD카드 앞면에 SDXC나 SDHC 같은 표시를 볼 수 있을 것이다. 이는 SD eXtended Capacity 나 SD High Capacity 의 약자로 SDXC가 보통 32GB나 그 이상의 저장 공간을 제공한다.

[그림 1-2-7] 라즈베리파이의 Micro SD카드 슬롯

1-8 GPIO 헤더

GPIO는 40개의 핀으로 구성된 헤더 핀들의 그룹이다. GPIO란 이름이 붙은 것과는 다르게 40개의 모든 핀이 일반 입출력 포트로 구성된 것은 아니다. [표 1-2-1]에 있는 표를 보면 GPIO을 나타내는 방법을 볼 수 있다. "P1-XX"라고 표현하며 'XX'는 핀의 번호를 나타낸다. 라즈베리파이 보드를 자세히 보면 "P1"이라고 표시된 부분이 보인다. 이것이 GPIO의 1번 핀을 나타내며, 이를 P1-01으로 표시할 수 있다. 표에서 "NC" 또는 "DNC"라고 표시된 부분이 있는데 이는 "No Connect" 또는 "Do Not Connect"의 약자로 이 핀들에는 절대로 연결하지 말라는 의미이므로 하드웨어 연결 시에 각별히 주의하기 바란다

[그림 1-2-8] 라즈베리파이의 일반 입출력 (GPIO) 포트

[표 1-2-1] GPIO 핀 번호와 세부 기능

Pin Numbers	RPi.GPIO	Raspberry Pi Name	GPIO Number
P1_01	1	3.3V-DC Power	
P1_02	2	5.0V-DC Power	
P1_03	3	SDA1, I2C	GPIO 2
P1_04	4	5.0VDC Power	
P1_05	5	SCL1, I2C	GPIO 3
P1_06	6	GND	
P1_07	7	GPIO 7 GPCLK0	GPIO 4
P1_08	8	UART_TXD	GPIO 14
P1_09	9	GND	
P1_10	10	UART_RXD	GPIO 15
P1_11	11		GPIO 17
P1_12	12		GPIO 18
P1_13	13		GPIO 27
P1_14	14	GND	
P1_15	15		GPIO 22
P1_16	16		GPIO 23
P1_17	17	3.3V-DC Power	
P1_18	18		GPIO 24
P1_19	19	SPI0_MOSI	GPIO 10
P1_20	20	GNC	
P1_21	21	SPI0_MISO	GPIO 9
P1_22	22		GPIO 25
P1_23	23	SPI0_SCLK	GPIO 11
P1_24	24	SPI0_CE0_N	GPIO 8
P1_25	25	GND	
P1_26	26	SPI0_CE1_N	GPIO 7
P1_27	27	I2C ID EEPROM	ID_SD
P1_28	28	I2C ID EEPROM	ID_SC
P1_29	29		GPIO 5
P1_30	30	GND	
P1_31	31		GPIO 6
P1_32	32		GPIO 12
P1_33	33		GPIO 13
P1_34	34	GND	
P1_35	35		GPIO 19
P1_36	36		GPIO 16
P1_37	37		GPIO 26
P1_38	38		GPIO 20
P1_39	39	GND	
P1_40	40		GPIO 21

1-9 오디오 출력

3.5mm 스테레오 오디오 출력은 우리가 일반적으로 휴대폰이나 MP3에서 사용하는 이어폰 소켓과 같은 규격을 사용한다. 사용자가 HDMI 포트를 이미 사용하고 있다면 이 오디오 출력을 사용할 필요는 없다. 게다가 라즈베리파이 자체에서도 HDMI와 오디오 출력을 동시에 사용할 수 없게 되어 있기 때문에 이 오디오 출력을 쓸 일은 없을 것이라 생각된다.

[그림 1-2-9] 라즈베리파이의 오디오 출력 포트

1-10 LED

라즈베리파이 2 한쪽 끝부분을 자세히 보면 다른 색의 LED들을 볼 수 있다. 이 LED들은 라즈베리파이의 상태를 바로 알려주는 일종의 작은 출력 장치이다. [그림 1-2-10]에서 보는 것처럼 2개의 LED들이 있다. 라즈베리파이 2의 동작 여부를 알려주는 ACT LED와 전원이 연결되었음을 알려주는 PWR LED가 있다. 라즈베리파이 1에서는 이러한 기능의 수행을 알려주는 LED의 갯수가 많았지만 라즈베리파이 2에서는 대폭 축소되어 2개의 LED만 남았다.

[그림 1-2-10] 라즈베리파이의 상태 표시용 LED

LESSON 02 일반 입출력 포트 [GPIO (General Purpose Input Output)]

라즈베리파이 보드에는 40개의 핀들(2.54mm확장 헤더)이 있다. 이 핀들은 8개의 범용 입출력 포트와 함께 I2C, SPI, UART등을 지원한다. [그림 1–2–11,12]는 라즈베리파이의 GPIO의 실제 모습과 각 핀들의 핀 번호와 간단한 기능별 이름을 보여준다.

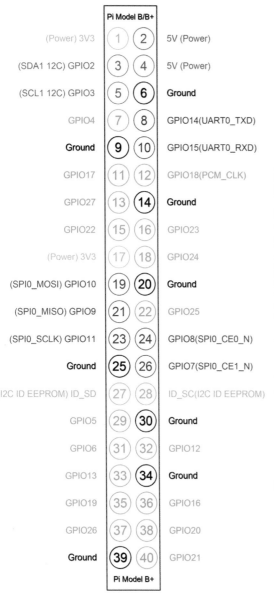

[그림 1-2-11] GPIO 포트의 이름과 기능들

[그림 1-2-12] GPIO 포트 보드상 위치 (왼쪽 위 핀이 1-Power 3.3V 이며 오른쪽 맨 아래 핀이 40-GPIO21)

라즈베리파이에서 제공하는 입출력 포트는 3.3V 레벨로 제공되며 5V 입출력과는 맞지 않는다. 일단 가장 간단한 예제를 통해서 라즈베리파이로 LED를 제어해보겠다. 여기서 살펴볼 예제는 라즈베리파이에 대한 사전지식이 없다는 가정 하에 최대한 자세하게 설명할 것이다. 그러므로 그림과 설명을 보고 따라만 해도 기본적인 동작이 구현되는 것을 확인할 수 있다.

일단 앞에서 설치한 기본 구동 환경에서 "sudo halt" 명령어를 명령어 창에 입력하여 라즈베리파이를 정지시킨 후에 전원을 분리한다. 회로 구성 중에 실수로 전기적 쇼트(+와 GND가 직접적으로 연결되는 경우)가 발생하게 되면, 라즈베리파이에 치명적일 수 있기 때문에 전원은 반드시 분리한다.

이제부터 구현해볼 회로의 전기적 회로는 [그림 1-2-13]과 같이 나타낼 수 있다. 회로에서는 3개의 컴포넌트와 각각의 연결을 나타내고 있다. 전기전자나 컴퓨터 공학 전공자들에게는 쉬운 내용이므로 바로 실습으로 넘어가면 되겠다. 비전공자들을 위해서 간단히 설명하자면 'R1'으로 표시된 것이 저항이라고 알려진 전자 소자이며, 'D1'으로 쓰여진 화살표를 포함한 소자가 LED (Light Emitted Diode)라고 알려진 발광 다이오드이다. 왼쪽에 보이는 길쭉한 사각형이 라즈베리파이에 있는 일반 입출력 (GPIO) 포트를 나타낸다.

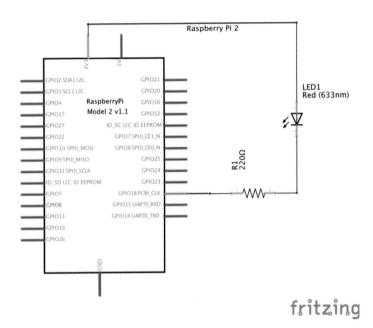

[그림 1-2-13] 간단한 GPIO를 이용한 LED 제어 회로

앞에서 본 회로가 복잡해 보였다면 [그림 1-2-14]을 보도록 하자. 그림에서 제일 오른쪽에 보이는 것이 발광다이오드 (LED)이며 중간에 보이는 것이 저항이다. 왼쪽에 있는 것이 라즈베리파이 2이며 보드 위의 오른쪽 핀들이 일반 입출력 (GPIO) 포트들이다. 회로의 구성은 위의 그림처럼 하면 된다. [그림 1-2-14]의 오른쪽 브레드보드를 자세히 보면 소자의 핀들과 점

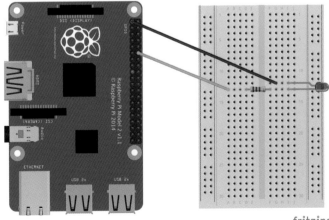

[그림 1-2-14] fritzing 프로그램을 사용한 직관적인 회로

퍼선 사이에 존재하는 구멍들이 연하게 녹색으로 표현된 것이 보인다. 이는 각 소자들이 브레드 보드 내부적으로 연결되었다는 의미이다. 혹시 Fritzing 프로그램을 사용해서 하드웨어 회로를 구현해볼 독자는 참고하기 바란다.

위 회로에서 저항은 극성이 없는 소자이기 때문에 연결할 때 방향에 신경을 쓰지 않아도 된다. 하지만 LED의 경우는 베터리와 같이 극성 (+/−)이 존재한다. 그러므로 브레드 보드에 연결할 때 주의를 요한다.

[그림 1-2-15]에 발광다이오드의 구체적인 형태와 극성을 표시한 그림이다. LED의 발광부는 투명한 케이스에 들어가 있다. 케이스 내부에 두 개의 Leadframe에 존재하는데 그 중에 크기가 작은 Post Leadframe이 있는 쪽이 +극성 쪽이다. 실제 연결할 때 이점을 주의해서 LED의 +극성이 라즈베리파이 보드의 전원부(3.3V)로 연결하고 −극성 쪽을 포트나 GND로 연결하여야 한다.

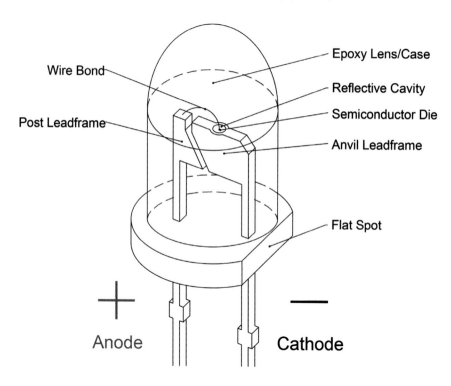

[그림 1-2-15] 발광다이오드 (LED)의 구조

이번 Chapter에서는 실제 라즈베리파이2 보드에 연결한 사진과 Fritzing 프로그램을 이용한 직관적인 회로도를 함께 보여주며 설명할 것이다. 두 그림을 비교해가며 Fritzing에서의 직관적 연결과 실제 연결을 잘 익혀보자. 그럼 이제 단계별로 각 소자들을 연결해 보자. 기존의 하드웨어 연결관련 회로도에 익숙한 독자는 전체 회로도만으로 구현해도 좋다.

[그림 1-2-16,17]의 그림은 라즈베리파이에서 전원을 제거한 상태에서 GPIO의 오른쪽 위에서 세 번째 핀을 연결한 상태이다. 이 핀은 그라운드(GND)를 나타내는 핀이며 지금 당장 필요한 연결은 아니지만 일단 연결해 놓겠다. 일반적으로 회로 연결할 때 그라운드부터 연결해 주는 게 좋다.

[그림 1-2-16] GPIO 포트의 POWER 연결

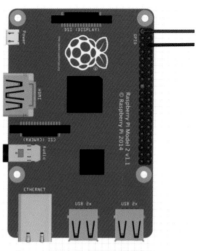

[그림 1-2-17] GPIO 포트의 POWER 연결 (fritzing)

[그림 1-2-18] GPIO 포트의 GPIO 18 연결

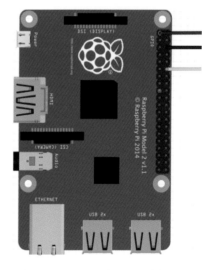

[그림 1-2-19] GPIO 포트의 GPIO 18 연결 (fritzing)

[그림 1-2-18,19]에서 처럼 3.3V POWER와 GPIO 18 핀을 각각 그림처럼 연결해 주면 된다. 이제 라즈베리파이 본체에 필요한 연결은 다하였다.

다음으로 저항과 발광다이오드를 연결하기 위해서 Bread board (빵판)을 사용한다. 브레드 보드 (Bread Board)는 작은 구멍들이 균일하게 나있고 구멍들끼리 일정한 규칙으로 연결되어 있어 소자를 연결했을 때 소자들끼리 전기적으로 연결이 가능하게 하는 도구이다. 여기서 사용할 브레드 보드는 [그림 1-2-20]과 같다. [그림 1-2-21]의 오른쪽 그림이 브레드 보드에 있는 구멍들이 내부에 연결된 형태를 보여준다.

[그림 1-2-20] 브레드보드 내부 연결 상태

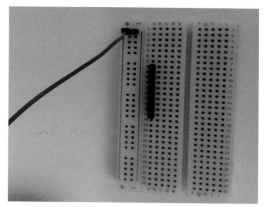

[그림 1-2-21] [그림 1-2-18,19] 에서 연결한 전원 선을 브레드 보드에 연결

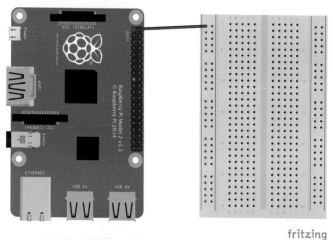

[그림 1-2-22] [그림 1-2-19]에서 연결한 전원 선을 브레드 보드에 연결 (fritzing)

저항의 한쪽 발을 브레드 보드의 '+' 라인에 연결하고 다른 한쪽은 안쪽에 [그림 1-2-23,24] 처럼 연결하고, [그림 1-2-25,26] 에서처럼 LED를 브레드 보드에 연결한다. LED는 극성이 있으므로 앞에서 말한 것처럼 주의해서 연결한다 ([그림 1-2-15] 참조). 일반적으로 LED 부품의 다리 중에 긴 핀이 + 이고 짧은 쪽이 -이다. 핀이 잘려서 똑같은 길이라면 LED 투명 케이스 내부의 갈라진 두 부분 중에 짧은 쪽이 +라고 보면 된다.

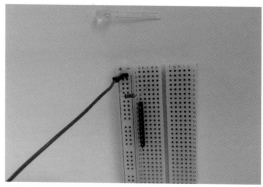

[그림 1-2-23] 저항을 브레드 보드에 연결

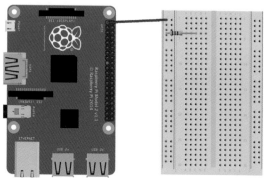

[그림 1-2-24] 저항을 브레드 보드에 연결(fritzing)

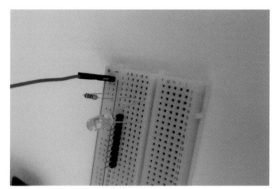

[그림 1-2-25] LED를 브레드 보드에 연결

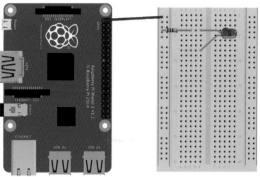

[그림 1-2-26] LED를 브레드 보드에 연결(fritzing)

[그림 1-2-27] GPIO 18에 연결된 선을 LED의 짧은 선 (-)에 연결

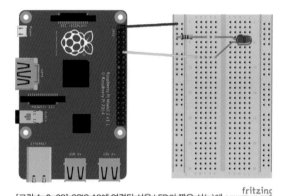

[그림 1-2-28] GPIO 18에 연결된 선을 LED의 짧은 선(-)에
연결(fritzing)

[그림 1-2-29] 연결이 끝난 후의 모습 (GND 라인은 현재 연결 하지 않음)

이제 라즈베리파이의 GPIO 18번 핀에 연결된 선을 [그림 1-2-27,28]과 같이 LED의 '-'에 연결해준다. 지금까지의 모든 연결을 끝내면[그림 1-2-29]과 같은 형태가 된다.

기본적으로 라즈베리파이는 과전압 보호 회로가 없으므로 보호 기능이 있는 버퍼를 사용하여 라즈베리파이를 보호하는 것이 좋다. 지금 연결한 회로는 보호 회로가 없는 상태이므로 전원을 연결하기 전에 다시 한번 회로와 연결 상태를 확인하기 바란다.

기본적으로 범용 입출력 포트(GPIO)를 편하게 사용하려면 간단한 파이선 라이브러리를 설치하는 것이 좋다. 또 설치에 앞서 운영체제를 최신 버전으로 업데이트하자. 업데이트가 안 되어 있는 상태에서는 몇몇 필수 명령어들이 제대로 동작하지 않을 수 있다. 다음에 사용할 명령어들은 리눅스 명령어이기 때문에 윈도우를 주로 사용하는 독자에게는 익숙하지 않을 것이다. 리눅스 운영체제는 Part 2 소프트웨어 파트에서 알아볼 것이므로 이 Chapter에서는 단순히 명령어를 순서에 따라 입력해 보도록 하자. 우선 라즈베리파이를 전원에 연결하고 로그인을 마치면 명령어 프롬프트(pi@raspberry ~ $)가 나타난다. 이 곳에 업데이트를 위해서 다음과 같은 명령어('sudo apt-get update')를 입력한다.

[명령어 1-2-1]

```
$ sudo apt-get update
```

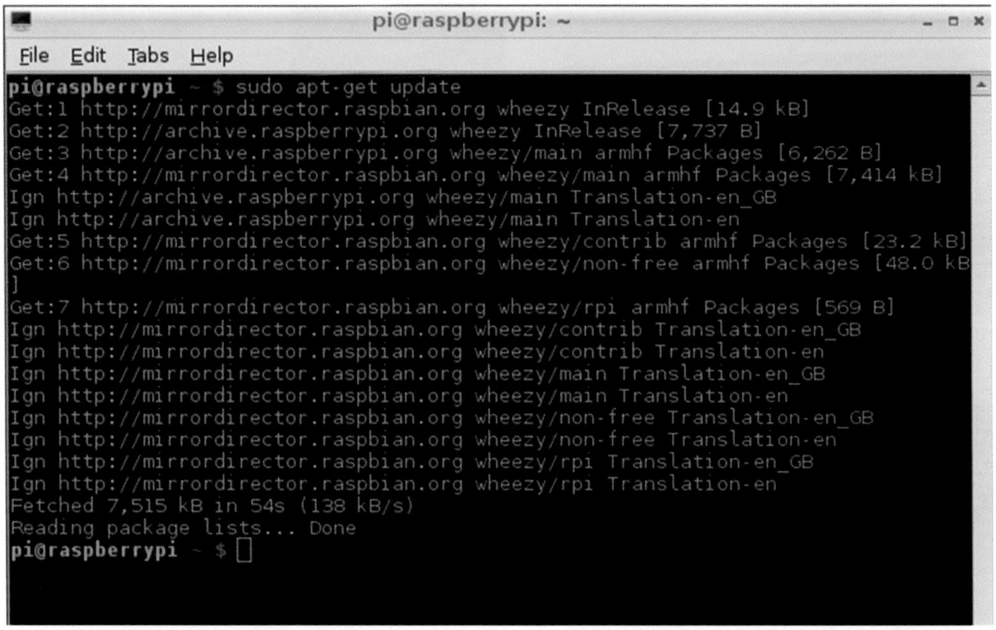

[그림 1-2-30]업데이트 명령어 입력 후 완료된 모습

설치는 다음의 명령어를 순차적으로 입력하면 된다.

[명령어 1-2-2]

```
$ sudo apt-get install python-dev
```

'python-dev'를 설치하려 하면 중간에 [그림 1-2-31]과 같이 [Y/N] 을 물어 본다. 여기서 'Y'를 입력하고 엔터 키를 치면된다.

[그림 1-2-31] 'python-dev' 설치 중간에 'Yes or no'를 물어본다. ('Y'를 입력)

그러면[그림 1-2-32]와 같이 설치가 완료된다.

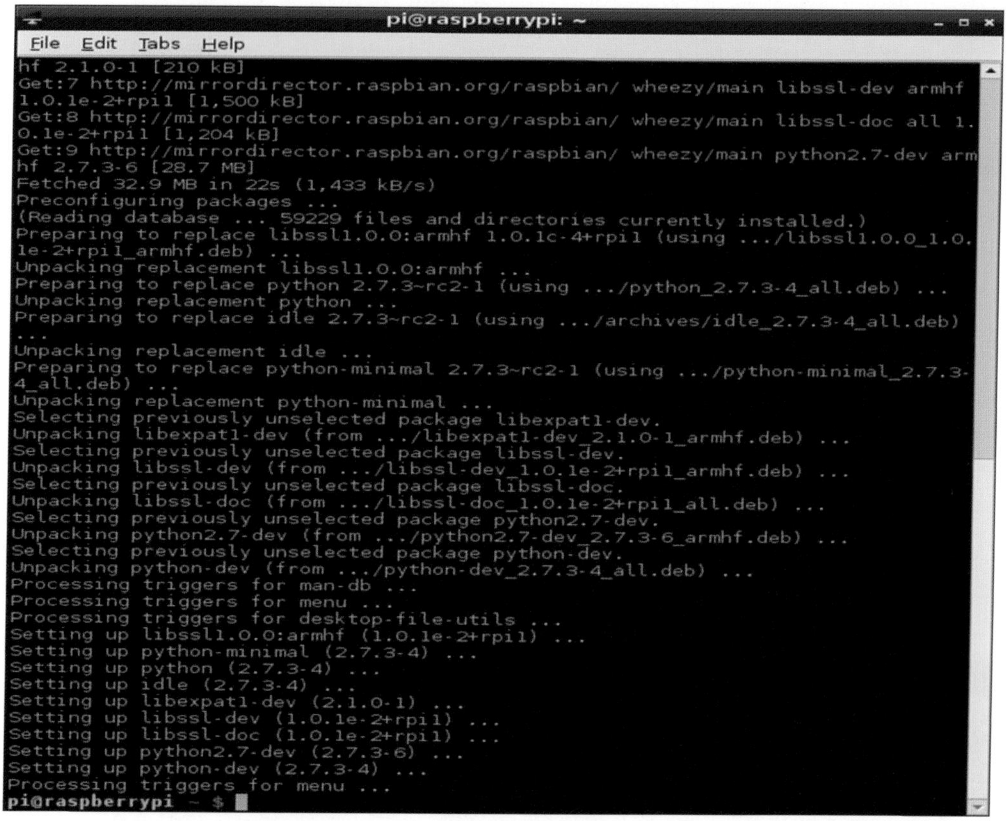

[그림 1-2-32] 'python-dev' 설치가 완료된 화면

다음으로 python에 라즈베리파이의 일반 입출력 관련 프로그램(RPi.GPIO)을 다음의 명령어를 통해서 설치한다.

[명령어 1-2-3]

```
$ sudo apt-get install python-rpi.gpio
```

```
pi@raspberrypi: ~                                                    _ □ ✕

File  Edit  Tabs  Help

pi@raspberrypi ~ $ sudo apt-get install python-rpi.gpio
Reading package lists... Done
Building dependency tree
Reading state information... Done
The following packages will be upgraded:
  python-rpi.gpio
1 upgraded, 0 newly installed, 0 to remove and 193 not upgraded.
Need to get 37.1 kB of archives.
After this operation, 15.4 kB of additional disk space will be used.
Get:1 http://archive.raspberrypi.org/debian/ wheezy/main python-rpi.gpio armhf 0
.5.3a-1 [37.1 kB]
Fetched 37.1 kB in 0s (64.3 kB/s)
(Reading database ... 60781 files and directories currently installed.)
Preparing to replace python-rpi.gpio 0.4.1a-1 (using .../python-rpi.gpio_0.5.3a-
1_armhf.deb) ...
Unpacking replacement python-rpi.gpio ...
Setting up python-rpi.gpio (0.5.3a-1) ...
pi@raspberrypi ~ $ ▯
```

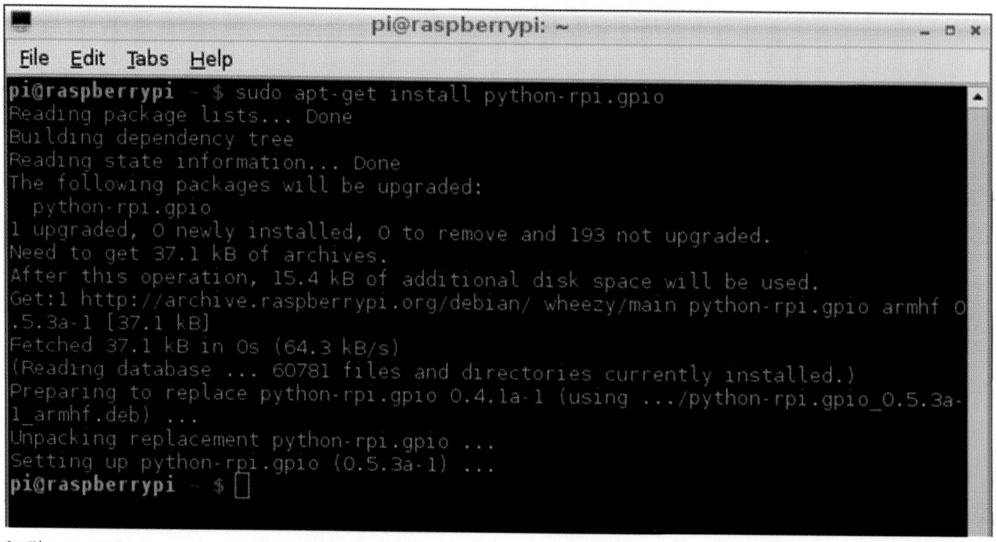

[그림 1-2-33] 'python-rpi.gpio' 설치가 완료된 화면

앞의 과정을 거치면 파이선 프로그램에서 RPi.GPIO 라이브러리 기능들을 사용할 수 있게 된다. 파이선 프로그램은 다음의 명령어로 실행할 수 있다. 이제 커맨드 라인에서 파이선을 실행해 보자. 여기서 우리는 일반 입출력을 다룰 것이므로 파이선은 'sudo' 명령어를 통해서 실행해야 한다. 일반 입출력은 하드웨어 장치이기 때문에 'sudo'를 사용해서 관리자 레벨로 꼭 실행해야 한다.

[명령어 1-2-4]

```
$ sudo python
```

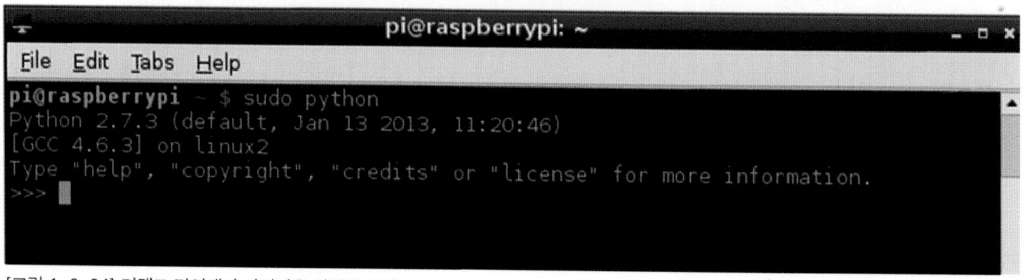

```
pi@raspberrypi: ~                                                    _ □ ✕

File  Edit  Tabs  Help

pi@raspberrypi ~ $ sudo python
Python 2.7.3 (default, Jan 13 2013, 11:20:46)
[GCC 4.6.3] on linux2
Type "help", "copyright", "credits" or "license" for more information.
>>> ▮
```

[그림 1-2-34] 커맨드 라인에서 파이선을 실행한 화면

위의 명령어를 실행하면 파이선 프로그램이 실행되게 되는데 화면에는 큰 변화가 없이 명령어 창이 ('$') 에서 ('>>>')의 형태로 바뀌게 된다. 이제 우리는 간단한 파이선 프로그램을 '>>>' 명령어 프롬프트에서 입력할 수 있다. 이제 파이선 프로그램에서 일반 입출력 포트를 사용할 수 있게 하기 위해서 GPIO 라이브러리를 추가해 보자. RPi.GPIO 라이브러리 기능들을 사용하기 위해서는 import 명령어를 사용하여 기능들을 연결한다.

[명령어 1-2-5]

```
>>> import RPi.GPIO as GPIO
```

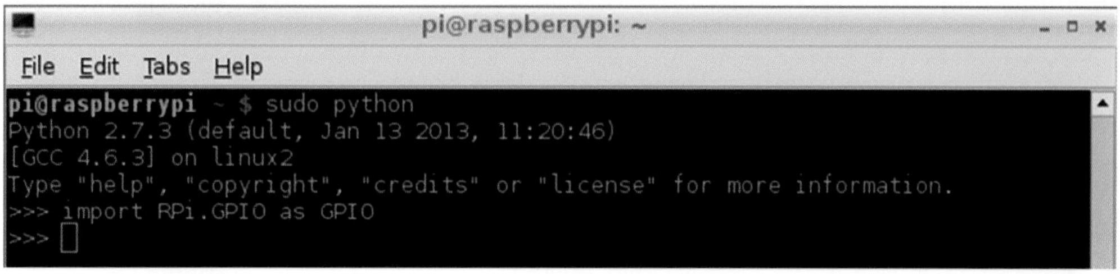

[그림 1-2-35] GPIO 모듈을 가져오기

자 이제 RPi는 접근 가능하다. GPIO 포트를 식별하기 위해서 다음의 명령어를 입력하면 된다.

[명령어 1-2-6]

```
>>> GPIO.setmode(GPIO.BCM)
```

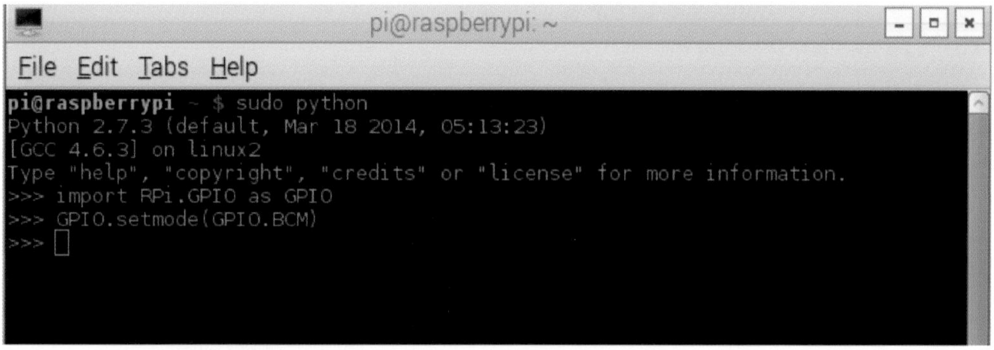

[그림 1-2-36] GPIO를 BCM으로 설정

범용 입출력 핀들은 사용자의 필요에 따라 입력이나 출력으로 설정해서 사용이 가능하다. 일단 설정하기 위해서는 설정할 핀의 번호 (pin number)와 입출력 유무를 설정해 주어야 한다.

```
GPIO.setup(pin_number,GPIO.OUT)
```

[명령어 1-2-7]

```
>>> GPIO.setup(18,GPIO.OUT)
```

```
pi@raspberrypi: ~

File  Edit  Tabs  Help
pi@raspberrypi ~ $ sudo python
Python 2.7.3 (default, Mar 18 2014, 05:13:23)
[GCC 4.6.3] on linux2
Type "help", "copyright", "credits" or "license" for more information.
>>> import RPi.GPIO as GPIO
>>> GPIO.setmode(GPIO.BCM)
>>> GPIO.setup(18,GPIO.OUT)
>>>
```

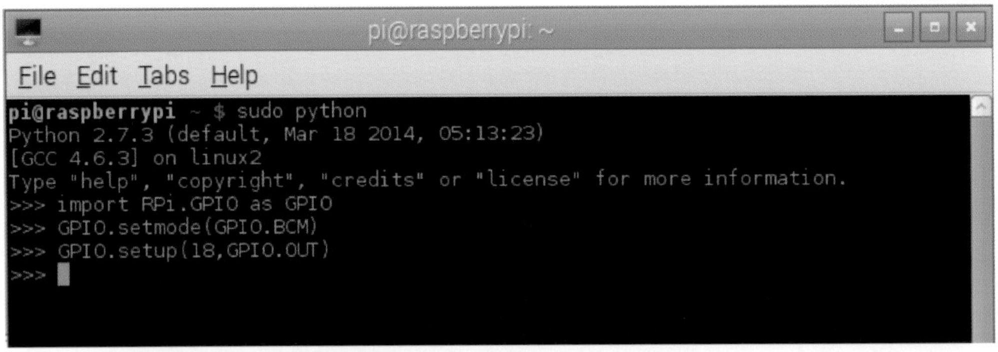

[그림 1-2-37] GPIO에서 18번 핀을 출력 핀으로 설정

[그림 1-2-38] 18번 핀을 출력 핀으로 설정하면 LED가 켜짐

[그림 1-2-37]은 파이선을 실행하고 파이선 프로그램으로 앞에서 말한 명령어를 순차적으로 입력하여 문제가 없었을 때의 화면을 보여주고 있다. GPIO 18번 핀을 출력으로 해주면 [그림 1-2-38] 처럼 LED에 불이 들어오는 ON 상태가 된다. 이는 18번 핀 상태가 OFF(0V)로 기본 설정되어 있고 반대쪽이 3.3V이기 때문에 전압차가 발생하여 불이 켜진다. 그럼 이제 불이 켜진 LED를 꺼보자. 위 파이선 프로그램 상태에서 [명령어 1-2-8]을 입력해 보자.

[명령어 1-2-8]

```
>>> GPIO.output(18,True)
```

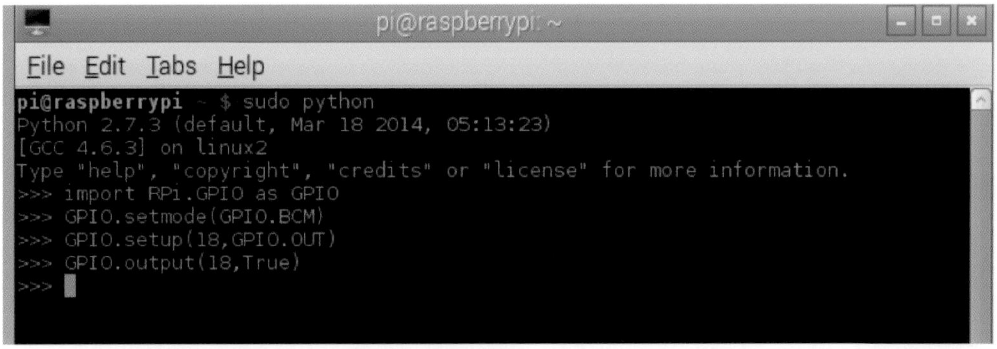

[그림 1-2-39] GPIO에서 18번 핀의 출력을 ON(TRUE)으로 변경.

그림에서 'GPIO.output(18, True)'라는 프로그램 명령어가 실행되었을 때 LED에 불이 꺼지는 것을 확인할 수 있다. 그리고 'GPIO.output(18, False)'라는 명령어를 실행하면 LED에 불이 켜지는 것을 확인할 수 있다. 물론 True는 1로, False는 0으로 바꿔 사용할 수 있다. [그림 1-2-40]을 참조하여 LED를 제어해 보자.

자 여기까지 문제 없이 동작을 시켰다면 파이선 프로그래밍 언어를 사용하여 하드웨어를 제어할 수 있는 기본적인 개발환경을 만들었다고 볼 수 있다. 그렇다면 앞에서 LED의 불을 켜고 끄게하였던 두 명령어에 대해서 알아보자.

'GPIO.output(18, False)' 명령어는 일반 입출력 포트의 18번 핀에서 Low 신호를 출력하라는 의미이고, 'GPIO.output(18, True)' 명령어는 High 신호를 출력하라는 의미이다. 일반적으로 LED의 (+)쪽 핀의 High 신호에서 LED의 (-)쪽 핀의 Low 신호로 연결이 이뤄지면 LED에 불이 켜진다고 생각하면 된다. 그러므로 [그림 1-2-41]처럼 하얀색의 신호선을 검은색의 GND 선으로 바꿔 연결하게 되면 일반 전구에 불이 들어오듯이 LED에 계속적으로 불이 켜져 있는 것을 [그림 1-2-42]에서처럼 확인할 수 있다.

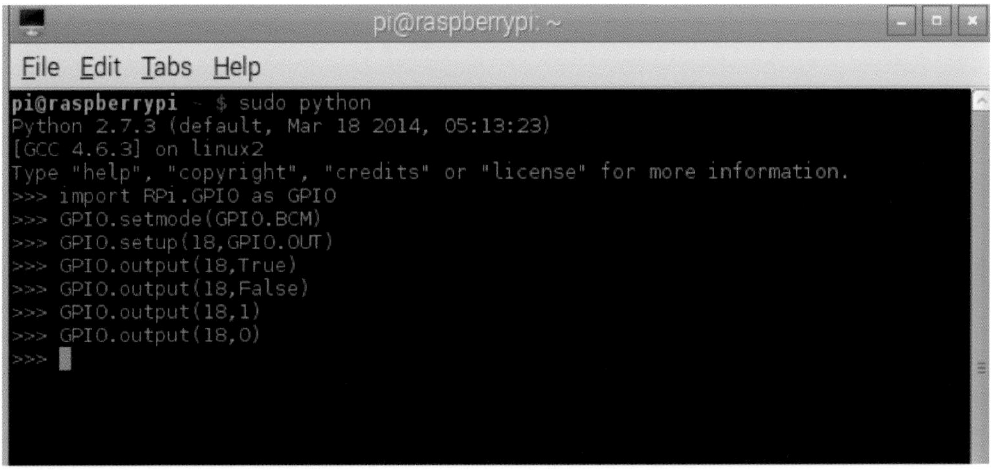

[그림 1-2-40] LED 동작 확인을 위한 연결

[명령어 1-2-9]

```
>>> GPIO.output(18,False)
```

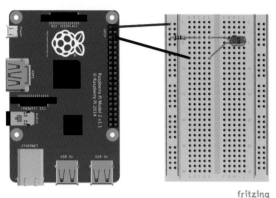

[그림 1-2-41] LED 동작 확인을 위한 연결

[그림 1-2-42] LED 동작 확인을 위한 연결

이번 Chapter에서는 라즈베리파이 2, 브레드보드, 저항, LED의 하드웨어와 파이선 쉘 소프트웨어를 사용하여 LED를 ON/OFF 시키는 방법에 대해서 알아보았다. 다음 Chapter으로 넘어가기 전에 몇 가지를 확인해 보자.

생각해 보기

1. LED는 무엇의 약자인가?
2. LED는 극성을 가지고 있는가? 만약 있다면 어떻게 구분할 것인가?
3. 이번 Chpater에서 라즈베리파이 2의 GPIO 18번 핀을 사용하여 LED를 제어하였다. 다른 핀을 사용할 수 있는가? 있다면 어떤 핀을 사용할 수 있고 프로그램은 어떻게 바꾸어야 할까?
4. GPIO 18번 핀이 동작하였을때 오실로스코프나 전압 측정기로 값을 측정하면 어떤 신호나 값을 볼 수 있을까?
5. 일반 전자 회로에서 단락(Short)이 의미하는 것은 무엇인가?

memo

03

센서의 종류와 연결법

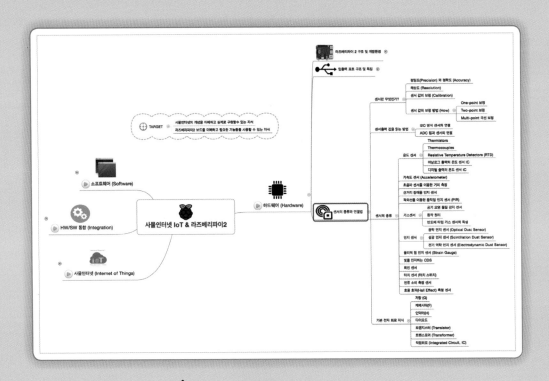

사물인터넷의 기본 개념인 "우리 주변에 존재하는 다양한 객체나 물건들이 서로 유기적으로 소통하여 하나의 목적을 달성할 수 있게 해준다." 에서 다양한 객체, 즉 물건들의 주변 환경 상태를 인식하기 위해서 꼭 필요한 장치가 바로 센서이다. 이러한 센서는 기본적으로 자연 상태에 존재하는 물리적 값(온도, 습도, 환경 오염, 거리, 속도 등)을 전기 값(전압, 전류 등)으로 변환하여 전기 회로에 기반한 컴퓨터나 다양한 장치들이 외부의 정보를 인식할 수 있게 해주는 것이라 볼 수 있다. 이번 Chapter에서는 이러한 센서들의 기본 개념과 현재 활용되고 있는 다양한 종류의 센서들에 대해서 이론적인 부분뿐만 아니라 실제로 이러한 센서들을 어떻게 활용할 수 있는지에 대해서 알아보겠다.

LESSON 01 센서란 무엇인가?

센서는 자연에 존재하는 어떤 물리적인 양을 측정하기 위한 장치이며, 특히 전기전자에서는 측정된 값을 전기신호로 바꾸어 주는 장치들을 통틀어서 센서라고 할 수 있다. 센서는 능동적 센서와 수동적 센서로 나뉠 수 있다. 능동적 센서는 센싱을 위하여 장치에서 특정 신호를 발생시켜 그 신호를 기반으로 센싱을 하는 센서이다. 예를 들어 초음파 거리 측정 센서가 있다. 거리를 측정하기 위해서 센서 주변에서 초음파를 발생시키고 인식하고자 하는 물체에 반사되어 되돌아 오는 초음파의 양으로 거리를 추정한다. 여기서 초음파를 능동적으로 발생시키기 때문에 능동적 센서라 할 수 있다. 수동적 센서는 능동적 센서와 다르게 센서가 어떤 지점의 물리 양을 측정하기 위해 능동적으로 환경에 무언가를 만들어 내지 않는 센서이다. 예를 들어 반도체 가스 센서와 같이 공기 중의 가스 양이 반도체의 특성에 영향을 주어 그 변위를 측정하는 형태의 센서를 수동적 센서라 한다. 중요한 것은 두 센서 모두 일정 처리 과정을 거쳐 라즈베리파이와 같은 디지털 정보를 처리하는 장치에서 사용할 수 있는 적합한 수치를 제공할 수 있다는 것이다.

그럼 센서들의 활용과 사용법을 알아보기 전에 센서에 대한 일반적인 이론에 대해서 간단히 살펴보자.

1-1 정밀도(Precision) 와 정확도 (Accuracy)

센서는 물리적인 양을 전기 신호로 바꾸어 주지만 센서가 출력하는 값을 제대로 이해하지 못하면 정확한 값을 측정할 수가 없다. 기본적으로 이해가 필요한 두 가지 요소가 있다. 센서 값의 수치가 같은 양에 대해서 반복적인 측정에 대한 변화 정도를 나타내는 정밀도 (Precision)와 센서 값과 실제 값이 얼마나 비슷한가를 나타내는 정확도(Accuracy)가 있다. 미국 환경청(Environmental Protection Agency ,EPA)의 자료에 따르면 이 두 가지 개념을 다음과 같이 정의하였다.

accuracy – the degree of correctness with which a measurement reflects the true value of the parameter being assessed

precision– the degree of variation in repeated measurements of the same quantity of a parameter

참고자료: [http://www.epa.gov/iaq/base/pdfs/precisionandaccuracy.pdf]

1-2 해상도 (Resolution)

라즈베리파이 같은 마이크로 프로세서를 사용하는 장치는 센서 값을 ADC (Analog Digital Converter)를 사용하여 디지털로 변환하거나 디지털 센서로부터 직접 데이터를 얻어내야 센서 값을 인식할 수 있다. 이 경우에 센서의 해상도 (Resolution)가 센서 값을 읽을 때 중요한 요소가 될 수 있다. 일반적으로 8-bit와 12-bit의 Resolution을 사용하는데 표현 가능한 값의 범위가 8-bit는 1~256이고 12-bit는 1~ 4096으로 크게 차이가 나게 된다. 그러므로 측정해야 할 실제 값과 필요한 값을 잘 고려하여 선택하여야 한다.

1-3 센서 값의 보정 (Calibration)

일반적으로 센서들은 대량으로 생산되기 때문에 센서들마다 출력 값과 실제 값이 조금씩 차이가 난다. 완제품들은 제품을 판매하기 전에 각 제품들의 값을 테스트하겠지만, 부품으로 판매되는 센서를 이용해서 시스템을 개발할 때는 센서 값과 실제 값의 차이를 보정해주어야 한다. 대부분의 센서들은 보정해 주어야 할 값이 크지 않지만 MOS 타입의 가스 센서들은 이 값이 상당히 크므로 보정되어 있는 센서를 구입해서 사용하는 것이 좋다.

이상적으로는 실제 값과 센서에 의해서 측정된 값이 선형(Linear)이 되는 것이 좋다. 하지만 실제 아날로그 센서 값이 정확히 선형으로 출력되는 경우는 거의 없다. 그러므로 우리가 원하는 최고 가능한 정확도(best possible accuracy)를 얻기 위해서 보정이 꼭 필요하다. 정리하면 두 가지 정도로 이유를 요약할 수 있다. (1) 세상에 완벽한 센서는 없다. 센서가 만들어질 때마다 조금씩 성능이 변하며, 주변 환경 (온도, 습도, 진동 등등)에 의해서도 쉽게 값이 영향을 받을 수 있다. 어떤 센서는 시간이 지남에 따라 조금씩 성능이 변하기도 한다. (2) 일반적으로 하나의 측정 시스템에는 센서가 하나씩 설치된다.

그렇다면 좋은 센서의 성능에 영향을 주는 요소는 무엇이 있을까? (1) 잡음(Noise)은 모든 종류의 측정 시스템에서 불규칙하게 발생 가능한 측정 방해 요인이다. (2) 신호의 경향성 영향 (Hysteresis)은 센서 신호가 증가하는 과정이나 감소하는 과정 때문에 센서 신호가 영향을 받는 현상을 말한다.

추가적으로 센서의 응답 속도 역시 좋은 센서의 중요한 요소이다. 센서 값을 읽어 들이는데 응답 지연이 많이 발생하면 그만큼 실제 값과 측정된 값이 시간적 오차가 발생하고 이는 시스템의 정확도를 감소 시키게 된다.

1-4 센서 값의 보정 방법 (How)

우선 센서를 보정하기 위해서는 실제 물리적 값을 확인할 수 있는 참고 자료가 꼭 필요하다. 이러한 참고 자료로는 크게 두 가지가 있다. (1) 하나는 제조사에서 이미 보정을 해놓은 보증된 센서를 사용하는 것이다. 이런 경우 출력되는 신호 값과 실제 값을 변환해주는 변환표도 함께 제공되므로 보정 작업 없이 훨씬 수월해질 수 있다. (2) 다른 하나는 적당하게 정확한 물리적 특성을 지닌 표준 측정 장치이다. 온도 센서의 경우 액체를 사용한 온도계일 것이고, 범위 센서의 경우 실제 거리를 계측한 줄자 같은 것이 될 수 있다. 이 경우 센서 값과 실제 값을 일일 비교해야 되기 때문에 시간적으로 비효율적이지만 비교적 정확한 보정이 가능하다.

a. One-point 보정

One-point 보정은 가장 간단한 보정 방법이지만 필요한 조건이 까다롭다. 만약 센서 출력에 대한 그래프 특성이 정해 져있다면 적절한 한점만 보정한 후 나머지 부분도 그대로 적용하는 것이다. 이러한 보정 방식은 센서 출력이 거의 선형에 가까워야 가능한 방식이다.

b. Two-point 보정

Two-point 보정은 약간 더 복잡하다. 이 방식은 필수적으로 출력 단위를 재조정하고 출력 그래프의 기울기와 기준 에러를 올바르게 고쳐준다. 이 방식 역시 출력 값이 비교적 선형에 가까워야 적용할 수 있다.

c. Multi-point 곡선 보정

이 방식은 센서 값이 선형이 아니며 측정 범위가 직선의 형태가 아니고 곡선의 형태이기 때문에 범위 내의 값들을 전체적으로 정확히 측정할 필요가 있다. 아마도 센서의 보정 중에 가장 시간이 많이 소모되는 방식이지만 그만큼 정확도도 높다.

여기까지 센서와 관련된 기본적인 배경 지식을 알아보았다. 앞의 내용들을 잘 기억하면서 다음 LESSON부터 좀 더 구체적이고 실질적인 센서들의 종류와 특성들에 대해서 알아보자.

LESSON 02 센서 출력 값을 읽는 방법

앞에서 말했듯이 라즈베리파이 같은 전기전자 장비들에 사용하는 센서들의 출력은 디지털 출력과 아날로그 출력으로 나누어질 수 있다. 이 책에서는 각 출력 방식 중에 I2C 인터페이스를 사용한 디지털 출력 방식과 아날로그 출력을 ADC(Analog to Digital Conveter)를 이용하여 디지털로 변환하는 방식에 대해서 알아보겠다.

2-1 I2C 방식 센서의 연결

라즈베리파이는 다른 마이크로 프로세서 기반 임베디드 보드들에 비해 비교적 작은 수의 범용 입출력 핀을 가지고 있다. 이렇게 작은 수의 보드에서 효과적으로 데이터 값을 주고 받기 좋은 방식 중에 I2C가 있다. I2C의 가장 큰 장점으로는 여러 개의 장치들을 작은 수의 핀들에 연결하여 사용할 수 있다는 점이다. 이러한 장점은 여러 개의 센서를 연결하여 데이터를 받아야 하는 스마트 홈 시스템에 상당히 유용하다. I2C 방식의 센서는 센서 내에 I2C 인터페이스 장치가 내장되어 있다. I2C를 이용한 통신에서는 SDA 와 SCL로 알려진 두 개의 선이 필요하다. SDA는 데이터를 시간차를 두고 보내기 위한 선이고, SCL은 SDA선을 이용해 데이터를 보낼 때 신호의 동기화를 위한 선이다. 그리고 통신을 하는 두 장치의 GND가 공통으로 연결되어, 두 신호가 전송될 때 전기적으로 공통의 기준을 두어야 한다. SCL과 SDA는 오픈 콜렉터 또는 오픈 드레인으로 동작하기 때문에 두 개의 풀업 저항이 반드시 추가되어야 한다. [그림 1-3-1]을 보면 두 개의 선 (SDA, SCL)이 각 센서장치들과 연결되어 있고 각 선에 저항(R)이 전원과 연결되어 오픈 콜렉터 또는 오픈 드레인 문제를 해결하였다. [그림 1-3-1]에서는 GND는 생략되었다. 여기서 흥미로운 부분은 I2C 버스는 연결되는 센서의 수에 상관없이, 단 두 개의 저항만 연결하면 문제없이 동작한다는 것이다. 사용되는 저항은 2K에서 40K Ohm 까지 허용되며 전기적으로 값이 클수록 속도가 느려진다는 점을 기억하자. 필자는 이 책에서 보여준 예제에서 4.7K 저항을 사용하였다.

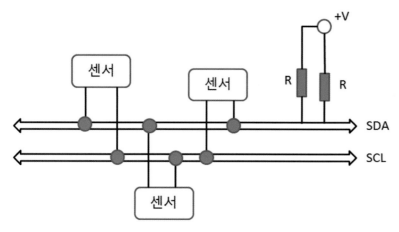

[그림 1-3-1] I2C 인터페이스에 센서들의 연결

2-2 ADC 칩과 센서의 연결

아날로그로 출력되는 센서 값은 라즈베리파이 같은 디지털로 동작하는 장치에서는 디지털로 변환을 하지 않으면 값을 읽어낼 수가 없다. 이렇게 아날로그 신호를 디지털로 변환하여 주는 장치를 ADC(Analog-to-Digital Converter)라고 부르며 센서와 라즈베리파이 사이에 연결하여 사용한다. ADC에는 크게 병렬 출력과 직렬 출력을 사용하는 장치들로 나눌 수 있다. 이 책에서는 라즈베리파이의 출력 포트의 한계를 고려하여 직렬 출력을 하는 ADC를 사용하여 시스템을 구현해 볼 것이다.

[그림 1-3-2]는 ADC와 아날로그 센서를 라즈베리파이에 연결한 개념적인 그림이다. [그림 1-3-2]에서 아날로그 타입의 센서가 ADC를 거쳐서 라즈베리파이와 연결되어 있다. 여기서 아날로그 출력을 내는 센서와 ADC가 합쳐진 센서를 디지털 타입의 센서라 생각해도 된다. [그림 1-3-3]은 이렇게 두 장치를 묶어서 하나의 디지털 센서로 볼 수 있음을 나타낸다

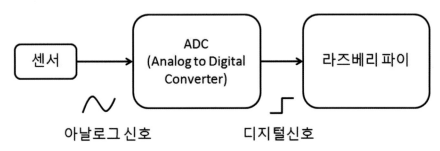

[그림 1-3-2] ADC의 연결

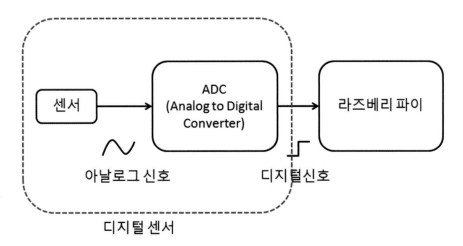

[그림 1-3-3] 디지털 센서의 내부적 구성

부품 관련 온라인 쇼핑몰에서 다양한 종류의 센서를 저렴한 값에 구입할 수 있다. 이렇게 구입한 센서들의 대부분은 앞서 소개한 두 가지 방식 중에 하나로 연결이 가능하다. 그러면 실제로 어떤 종류의 센서가 있고 각각의 특성과 구조에 대해서 알아보자.

센서의 종류

센서가 측정하거나 반응할 수 있는 대상은 다양하다. [표 1-3-1]에 일반적인 센서의 특성별 분류가 표로 정리되어 있다. 이번 LESSON에서는 이러한 센서들 중에 일반적인 몇 개의 센서들의 특성에 대해서 알아보겠다.

[표 1-3-1]

센서의 특성별 분류	센서의 특징
온도	온도관련 소자들은 여러가지 다른 기술들을 이용해 열의 양을 측정한다.
관성	관성 소자는 센서의 물리적인 움직임을 측정한다.
압력	압력 소자는 가해지는 힘을 측정한다.
근접, 모션	센서의 범위에 들어오는 물체의 움직임에 반응하거나 움직임을 측정한다.
전류	전류 소자는 선에 흐르는 전기 흐름의 변화에 대하여 반응하거나 측정한다.
광학	광학 소자는 센서위의 빛의 양의 변화를 측정한다.
화학	화학 소자는 가스같은 화학 성분의 양의 변화를 측정한다.
자석	자석 소자는 자계의 존재 유무에 반응한다.
위치 측정	위치 측정 소자는 물체의 선형적 위치나 회전 각의 위치를 측정한다.

3-1 온도 센서

온도 센서는 우리가 주변에서 가장 흔히 볼 수 있는 센서이며, 기본적으로 센서 주변의 열의 양을 측정하는 센서이다. 특히 컴퓨터 장치들은 높은 열로 인하여 성능이나 수명에 영향을 받을 수 있으므로 항상 장치의 열을 측정하여, 열이 높다면 팬이나 냉각 장치 등을 사용하여 식혀 주어야 한다. 또한 생활 환경적인 측면에서 주변의 온도를 측정하여 적정한 온도를 맞춰주는 것 역시 쾌적한 환경을 만드는데 있어서 중요한 점이다. 이러한 온도 센서는 특성에 따라 몇 가지 종류로 나눌 수 있다.

a. Thermistors

'Thermistor'는 저항 타입의 온도 센서로서 소자 자체의 저항 성분이 온도에 따라 변화되는 센서이다. Thermistor는 NTC(Negative Temperature Coefficient) 와 PTC (Positive Temperature Coefficient)의 두 종류가 있다. 간단하게 생각해서 NTC는 온도가 증가하면 저항 값이 작아지고, PTC는 온도가 증가하면 저항 값이 커진다고 이해하면 되겠다. 일반적으로 NTC가 더 많이 쓰인다.

b. Thermocouples

'Thermocouples'는 'Thermistors'가 측정하는 일반적인 온도 범위 (-40 ~ +125) 를 넘어가는 온도를 측정할 때 사용된다. 그러므로 일반인이 사용할 일이 거의 없다.

c. Resistive Temperature Detectors (RTD)

'Resistive Temperature Detectors (RTD)'는 유리나 세라믹으로 둘러싸인 선으로된 코일을 이용하여 내부에 있는 코어의 저항 변화를 측정하는 센서이며 일반적으로 0°C 일 때 100Ω의 저항 값을 갖는다. RTD는 앞의 온도 센서들에 비해 비교적 덜 민감하지만, 측정할 수 있는 온도 범위가 훨씬 넓다.

d. 아날로그 출력의 온도 센서 IC

앞의 센서들과 다르게 아날로그 출력을 내는 반도체형 IC 센서(TMP36)가 있다. 이 센서의 특징은 센서의 아날로그 출력 전압이 거의 선형에 가깝다는 것이다. 일반적으로 1°C에 10mV의 전압이 변하며 영하 40°C 에서 영상 125°C까지 변하며 정확도도 ±2%일 정도로 안정적이다. TMP36 온도 센서는 [그림 1-3-4]과 같이 전원, GND, 그리고 신호선 등 3개의 선으로 구성되어 있으며 회로 연결은 전원과 GND를 연결 후, 그 사이에 0.1uF 커패시터를 연결하면 신호 핀에서 온도 신호가 나오는 비교적 간단한 회로로 동작이 가능하다.

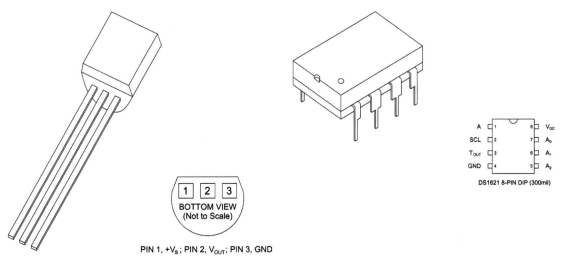

[그림 1-3-4] TMP36 온도 센서   [그림 1-3-5] DS1621 온도 센서

3-2 가속도 센서 (Accelerometer)

가속도 센서는 시간에 대한 속도의 변화를 측정하는 소자로서 현재 스마트 폰의 중요한 센서 기능으로 사용되고 있다. 현재 가속도 센서로 사용되는 가장 일반적인 기술은 Microelectromechanical systems (MEMS) 기술이다. 동작 원리는 스프링에 연결된 한 물질이 가속의 힘을 받아 늘어나는 정도의 위치를 측정함으로서 가속도를 측정하게 된다. [그림 1-3-6]과 같은 장치가 IC 위에 구현되어 있다.

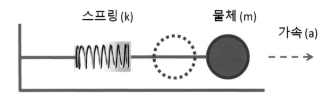

[그림 1-3-6] 가속도 센서 원리

물체에 가해진 가속도 힘은 다음의 수식으로 구할 수 있다.

F = k × (X − X0) = m × a [식 1-3-1]

F − 가속도 힘

K − 스프링

X − 현재 위치

X0 − 이전 위치

a − 가속도

m − 물체

[식 1-3-1]을 가속도에 대해서 정리하면 [식 1-3-2]와 같다.

a = k × (X − X0) / m [식 1-3-2]

대부분의 가속도 센서는 작은 IC 패키지 형태로 제공되면 3개의 가속도계를 포함하여 3축을 측정할 수 있다. [그림 1-3-7]은 가속도 센서의 한 종류인 ADXL345 센서이다. ADXL345는 작고 얇으며 저전력이면서도 정확성이 비교적 좋은 가속도 센서이다. 센서 출력이 디지털이기 때문에 별도의 ADC가 필요 없으며, SPI와 I2C 인터페이스를 모두 지원한다. [그림 1-3-8]의 블럭 다이어그램을 보면 센서 내부에 ADC와 함께 디지털 필터와 전원 관리 모듈까지 포함하고 있어, 라즈베리파이가 부담해야할 프로세싱을 많이 줄여 줄 수 있다.

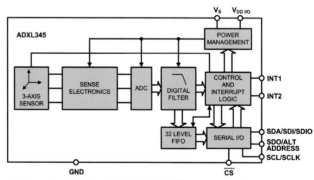

[그림 1-3-7] 3축 가속도 센서 (ADXL345 모듈) [그림 1-3-8] ADXL345 기능별 블럭 다이어그램 (Block Diagram)

이러한 가속도 센서는 현재 다양한 장치에서 사용 중이다. 우리가 흔히 사용하는 스마트폰에서 폰의 움직임을 감지하는 기능과 삼성 갤럭시 기어나 애플 와치에서 사용하는 손목의 움직임 인식, 그리고 다양한 종류의 드론의 움직임 제어에 기본적인 센서로 사용되고 있다. 물론 드론같은 정밀한 제어가 필요한 장치에서는 가속도 센서뿐만 아니라 각속도 (Gyro)와 컴퍼스 센서 등 여러 가지 센서가 함께 동시에 센싱하여 드론의 움직임을 제어한다.

3-3 초음파 센서를 이용한 거리 측정

초음파 센서는 음파를 이용해서 특정 물체와의 거리를 측정하는 센서이다. 이 센서는 초음파 펄스를 발사하여 음파가 물체에 닿은 후에 반사되어 돌아오는 시간을 측정하여 거리를 추정하게 한다. 일반적으로 5 미터 정도가 한계 측정 거리이지만, 물체의 반사 성질에 따라서 약간씩 차이가 발생한다. 게다가 소리의 속도 변동에 의해서 영향을 받을 수도 있다. 이 속도의 변동은 공기압, 습도, 온도등 다양한 요소에 영향을 받는다. 예를 들어, 습도가 낮은 0°C의 온도에서 초속 331 미터이지만, 25°C 에서는 초속 346 미터이다. 이는 약 4.5% 정도 차이가 나게 된다.

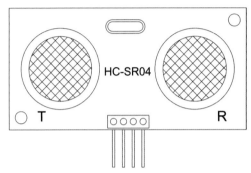

[그림 1-3-9] 초음파 센서 (초음파 발생 부분(T)와 초음파 인식 부분(R))

3-4 근거리 장애물 인지 센서

가까운 거리를 측정할 때 사용하기 좋은 센서로 광 센서(포토 다이오드)가 있다. 거리 측정에 사용되는 광 센서는 빛을 쏘는 발광부와 빛의 양을 받는 수광부가 있다. 이 발광부와 수광부는 서로의 위치에 따라 쓰임이 달라진다. 물체와의 거리나 장애물을 인지하기 위해서는 발광부와 수광부가 같은 방향을 보고 있어야 한다. 이렇게 위치한 두 소자는 발광부에서 빛을 쏘고 수광부가 되돌아는 빛의 양으로 거리를 추정하게 된다.

광센서에 사용되는 포토 다이오드는 PN 접합이나 PIN 구조로 되어있다. 충분한 광자 에너지의 빛이 다이오드에 충돌되면 이동전자와 양(+)전하 정공이 발생하게 되고 전자의 움직이 활발해진다. 접합의 공핍층 (depletion region)에서 흡수가 일어나면, 공핍층의 세워진 필드에 캐리어가 흘려 보내지게 되고 광전류가 만들어지게 된다. 포토 다이오드는 제로 바이어스 (광기전 방식)나 역 바이어스 (광전도 방식)에서 사용이 가능하다.

거리 측정용 광센서로는 Sharp사의 GP2Y0A21YK 센서가 있다. 측정 값을 디지털로 출력하며 10cm 에서 80cm의 근거리 측정에 적합하다. [그림 1-3-10]의 기능별 블록 다이어 그램을 보면 왼쪽 아래의 발광부 부분에는 LED 구동 회로가 있고 왼쪽 상단에는 수광부와 함께 신호 처리 회로가 있다. 이는 아날로그로 신호를 처리 후에 디지털로 출력한다는 것을 보여준다.

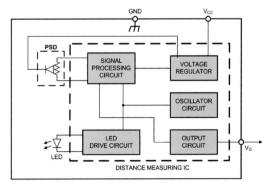

[그림 1-3-10] Sharp사의 GP2Y0A21YK

이러한 광 센서의 일종으로 [그림 1-3-11]과 같은 모양의 추적 센서가 있다. 각종 로봇의 바닥에 장착하여 바닥의 흑/백, 요철, 함정 등의 감지가 가능한 모듈로, 검출 신호는 TTL의 'HIGH' 또는 'LOW' 신호로 출력된다. 감지할 수 있는 범위는 약 10~12mm 이며 동작 전원은 5V 이다.

[그림 1-3-11] 광센서 방식의 추적 센서

[참고 자료 : http://hanjindata.lgnas.com:10000/myweb/P0179/P0179.pdf]

3-5 적외선을 이용한 움직임 인지 센서 (PIR)

Passive Infrared (PIR) 센서는 현재 움직임을 감지하는 센서로 가장 일반적으로 사용되고 있다. 전자기 스팩트럼에 존재하는 적외선은 가시 광선보다 파장이 길다. 사람의 몸에서 발산하는 적외선은 9.4 um 의 파장에서 가장 강하기 때문에 센서는 이 파장을 사용하여 움직임을 감지한다. [그림 1-3-12]의 그림에서 보는 것처럼 PIR 센서 앞을 물체가 지나가게 되면 사람의 열과 움직임을 감지하여 출력 신호를 발생시킨다. 대표적인 PIR 센서는 [그림 1-3-13]에 보이것과 같이 내부의 PIR센서를 플라스틱 형태의 랜즈가 덮고 있는 구조로 되어 있다.

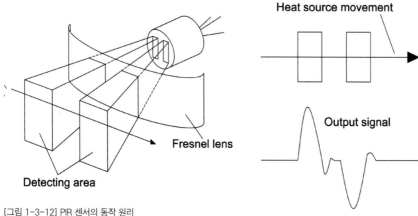

[그림 1-3-12] PIR 센서의 동작 원리

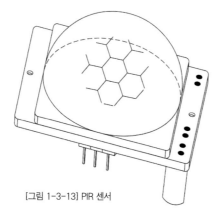

[그림 1-3-13] PIR 센서

3-6 가스 센서

'가스 센서'는 기체 중에 혼재되어 있는 특정의 기체를 검지해서 그것을 적당한 전기 신호로 바꾸는 역할을 한다. 가스 센서의 종류는 기체의 빛 흡수율을 이용하는 것, 기체의 농도 변화에 따른 전기 화학적 특성 변화를 이용하는 것, 기체의 센서 표면에서 전기 전도도를 이용한 것 (반도체식 센서) 등이 있다. 이중 반도체식 센서가 반영구적이라는 장점이 있어 현재 가장 많이 사용된다.

a. 공기 오염 물질 감지 센서

공기 오염을 감지하기 위한 가스 센서는 [그림 1-3-14]와 같이 센싱 소자, 센서 베이스 그리고 센서 덮개로 구성된다. 센싱 소자는 센싱 물질과 히터로 구성된다. 대표적인 공기 오염 감지 센서로는 TGS2602가 있으며, 이는 오염된 공기에 대한 높은 민감도, 긴 수명과 낮은 전력 소모의 특징을 가지며 간단한 전기적 회로로 동작하여 쉽게 사용할 수 있는 특징이 있다. TGS2602와 비슷한 특성을 가지면서 비교적 저렴한 MQ135 센서 [그림 1-3-15]도 있다. 그러나 이러한 반도체형 센서들은 생산되는 단계에서부터 각 센서들 간에 다양한 특성 차이를 보이며, 이로 인하여 실제 시스템 동작에서 여러 가지 장애 요인을 제공한다. 그러므로 실제 반도체형 공기 오염 물질 감지 센서를 사용할 때는 제조사에서 미리 특성 조정이 완료된 센서 모듈을 구입하는 것이 좋다.

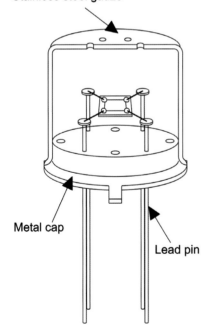

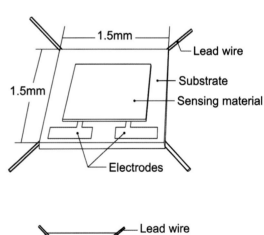

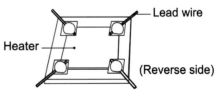

[그림 1-3-14] 반도체형 공기 오염 감지 센서의 구조

[그림 1-3-15] 대표적인 공기 감지 오염 센서

b. 동작 원리

반도체는 그 전기 전도 메카니즘에 따라 n-type 반도체와 p-type 반도체로 나누어진다. n-type 반도체는 SnO2, In2O3, ZrO2 등이 있으며, 양이온의 수보다 음이온의 수가 정량적으로 적어서 과잉의 전자가 생겨나게 되어 이것이 전기 전도도에 기여하게 된다. 이러한 n-type 반도체는 부족한 산소를 대기 중에서 흡착하여 양/음이온 개수비의 불균형을 해소하려고 하는 경향을 가지게 된다. 흡착된 산소 중의 전기 음성도에 기인하여 반도체 내의 전기 전도 역할을 하는 전자가 흡착 산소 표면에 모여 있는 상태가 되면서 전기 전도성을 잃게 된다. 만약 환원성 가스 등에 이러한 상태의 반도체가 노출되면 표면의 흡착 산소가 이러한 기체들과 반응하여 표면의 흡착 산소를 다시 탈착시키게 된다. 이 때 산소 주위에 포획된 전자가 다시 자유로워져서 전기 전도도에 기여할 수 있게 된다.

SnO2 같은 금속 산화 결정이 특정한 온도에 이르게 되면, 산소는 음전하와 함께 그 결정 표면에 흡착되게 된다. 그때 결정 표면에 전자들이 흡착된 산소로 전이되게 되며, 결과적으로 공간 전하층에 양전하들이 없어지게 된다. 이 결과로 잠재적인 장애물로서 'surface potential'(두 물질의 계면에 극성이 다른 전하가 생기는 계면전위)이 형성된다.

탄산가스가 존재하는 환경에서, 음전하로 대전된 산소의 표면 밀도가 감소하여, 장애물의 역할을 하는 경계층의 높이가 줄어들게 된다. 그렇게 감소된 경계층은 센서 저항의 감소로 이어지게 되어 실제 센서의 출력 신호가 된다. 센서 저항과 탄소가스의 양 사이의 관계는 [식 1-3-3]의 수식으로 표현될 수 있다.

$$Rs = A[C] -\alpha$$

Rs : 센서의 저항

A : 센서 상수   [식 1-3-3]

[C] : 가스 집중도

α : Rs 커브의 경사

c. 반도체 타입 가스 센서의 특성

반도체식 가스 센서는 공기 오염물과 담배에 대하여 높은 민감도를 가지는 반면, 센서의 선형적인 동작에 영향을 미치는 많은 요인들이 존재한다. 그러므로 정확한 센서의 특성을 분석하기 위해서는 발생 가능한 외부

요인에 대한 정의가 우선되어야 한다. 기본적으로 센서 특성에 영향을 미치는 요인들은 온도, 습도, Heater 전압 그리고 동작 시간 등이 있다.

TGS2602센서는 공기 오염 물질에 따라 다양한 특성 변화를 보이며, 황화수소, 수소, 암모니아, 에탄올 그리고 톨루엔 등 여러 오염 물질에 반응을 보이며, 차량에서 발생하는 대표적인 오염 원인인 담배 연기에 대한 감지 특성이 있다. 연소된 담배의 갯수에 따른 특성 변화는 [그림 1-3-16]과 같다. [그림 1-3-16]의 그래프는 Rs/Ro 센서의 출력 저항과 사용된 담배수의 비교 값이다. TGS2602 센서가 보이는 오염원에 대한 반응 특성에 대한 실험을 위해 [그림 1-3-17]과 같은 회로를 구성하고 밀폐된 챔버(Chamber: 실험용 작은 공간)에 담배 연기를 주입한 결과 [그림 1-3-18]과 같은 결과 그래프를 얻었다. 그래프에서 160초 시점에 담배 연기를 실험 챔버에 넣었고 300초에 챔버를 환기하였다. 담배 연기를 제거하여도 센서는 바로 원래의 상태로 돌아 오지 않고 오염원의 영향을 조금 받고 있음을 알 수 있다.

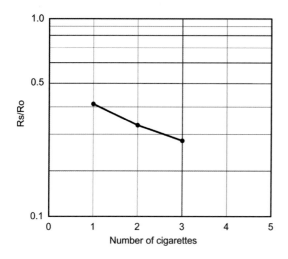

[그림 1-3-16] 연소된 담배의 갯수에 따른 센서의 특성 변화.

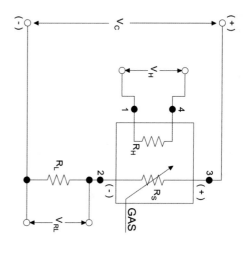

[그림 1-3-17] 센서 동작을 위한 기본적인 회로

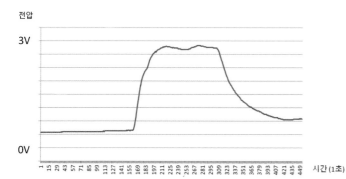

그림 1-3-18 오염원의 발생과 제거에 따른 응답 시간 특성.

[참고 자료 : J. Y. Kim, S. W. Kang, T. Z. Shin, M. K. Yang and K. S. Lee, "Design of a smart gas sensor system for room air- cleaner of automobile -thick-film metal Oxide semiconductor gas sensor,: IEEE, Oct. 2006, pp. 72-75.]

3-7 먼지 센서

먼지 센서는 공기 중에 존재하는 미세 먼지 (minute particle) 의 양을 측정하는 센서이다. 이 센서는 크게 3 가지 종류가 있다.

a. 광학 먼지 센서 (Optical Dust Sensor)

광학 먼지 센서는 크게 먼지가 통과하는 특정 영역에 빛을 조사하는 발광부와 그 특정 경로를 통과하는 먼지로부터 반사광을 수광하는 수광부로 구성된다. [그림 1-3-19]는 SHARP사의 광학 먼지 센서인 GP2U06의 블록 다이어그램이다. 먼지가 통과하는 Detecting window에 먼지가 통과하면 Emitter circuit에서 빛을 조사하고 먼지로부터 반사된 반사광은 Detector Circuit에서 인식한 후 약한 신호는 증폭기에 의해 증폭되어 센서 출력으로 나타나게 된다.

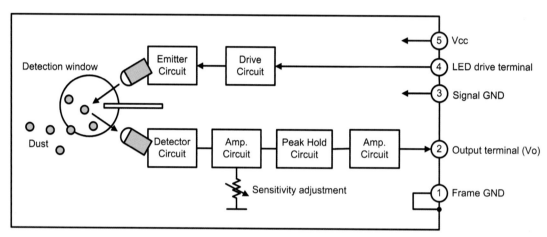

[그림 1-3-19] 광학 먼지 센서의 동작 원리

b. 섬광 먼지 센서 (Scintillation Dust Sensor)

섬광 먼지 센서는 기본적으로 광학 먼지 센서의 기본 원리를 따르지만, 광학적인 방식과 함께 빛의 세기를 측정하여 더욱 정밀한 측정을 가능하게 한다. 빛의 번쩍임과 수광부에서 받은 빛의 밝기에 따른 출력 신호의 변화를 측정하는 방식이다.

b. 전기 역학 먼지 센서 (Electrodynamic Dust Sensor)

전기 역학 먼지 센서가 통풍구나 배기구에 설치되면, 공기 중에 먼지들이 센서의 막대와 전하 유도 영향이 상호 반응하여 주파수 전하 유도 응답으로 나타나게 된다. 이 응답은 먼지의 집중도에 대한 비율을 직접적으로 나타낼 수 있다. [그림 1-3-20]은 전기 역학 먼지 센서의 동작을 보여준다. 이 방식은 다습한 환경이나 액화 가스의 흐름에서도 적용이 용이하다.

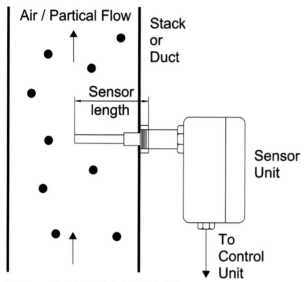

[그림 1-3-20] 전기 역학 먼지 센서의 동작 원리

라즈베리파이와 같은 임베디드 시스템에서 사용하기에는 광학 먼지 센서가 가장 적합하다. 일반적으로 광학 먼지 센서는 진동에 약한 특성이 있지만 SHARP사의 GP2Y1010AU 센서는 진동에 강한 특성을 가지고 있어, 차량용이나 진동이 발생하는 장치에 부착하기 좋은 센서이며 단발적인 집 먼지와 담배 연기를 감지하기에 좋다. 광학 먼지 센서는 앞서 소개한 광 센서와 같이 발광부와 수광부가 존재하기 때문에 두 개의 소자를 사용하는 시점이 중요하다. 기본적으로 센서 회로는 [그림 1-3-21]과 같이 구현하면 된다.

Dust Sensor Module

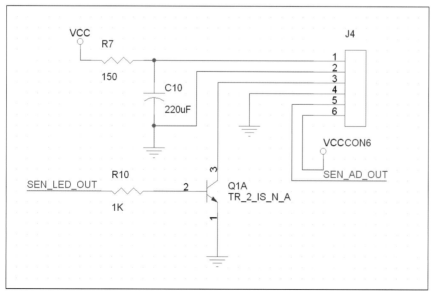

[그림 1-3-21] 먼지 센서 회로

[그림 1-3-21]의 회로도에서 R7(150 Ohm) 및 (C10 = 200uF)은 GP2Y1010AU 내부 LED 점등에 필요하다. GP2Y1010AU의 동작을 위해서는 정확한 타이밍에 내부 LED를 On/Off 시켜주어야 하기 때문에 소자들의 값과 입출력 신호 타이밍을 정확히 지켜주어야 한다. 센서의 값을 읽기 위해 프로그램을 작성할 때 [표 1-3-2]에 나타난 펄스의 출력 특성을 참고하기 바란다. [그림 1-3-22]와 같이 발광부 입력 신호는 주기가 10ms 이며 펄스의 폭이 0.32ms PWM의 형태이어야 한다.

[표 1-3-2] 출력 신호 펄스의 특성

항목	기호	규정 조건	Pulse 입력 범위	단위
Pulse 주기	T	10	10 ± 1	ms
Pulse 폭	Pw	0.32	0.32 ± 0.002	ms

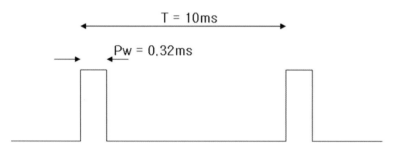

[그림 1-3-22] 발광부 신호 펄스

발광부 신호를 설정하였다면 센서로부터 출력되는 아날로그 신호를 [그림 1-3-23]와 같이 LED 입력 신호의 시작 시점에서 0.28ms 후에 ADC를 해주면 된다.

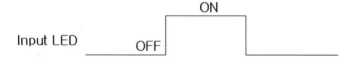

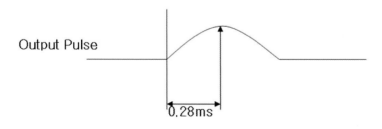

[그림 1-3-23] 발광부의 신호에 대한 값을 읽어야 할 시점

3-8 물리적 힘 인지 센서 (Strain Gauge)

물리적 힘은 압력 센서를 통해서 측정될 수 있다. 이 센서에는 도체 성분을 가진 부분과 작은 점이 내포된 층으로 구성되어 있으므로 더 많은 압력을 가할수록 위쪽의 컨덕터가 아랫 쪽의 컨덕터 쪽으로 움직이게 되어 낮은 저항 성분을 가지게 된다. 사실 이 소자는 정확한 측정 값을 얻기가 힘들다. Strain Gauge 센서는 [그림 1-3-24]와 같은 형태이며, 팽팽함과 압력에 대해서 값이 변화하는 특성을 가진다. [그림 1-3-25]를 보면 3 가지 가해진 물리적 힘에 따른 다른 경우의 Strain Gauge 상태를 보여준다.

[그림 1-3-24] Strain Gauge 센서

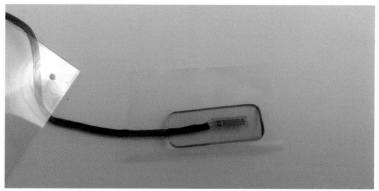

평상시   팽팽한 힘   압력

패턴이 늘어나면서 컨덕터가 얇아지고 저항 값이 증가함

패턴이 수축하면서 컨덕터가 두꺼워지고 저항 값이 감소함

[그림 1-3-25] Strain Gauge센서의 원리

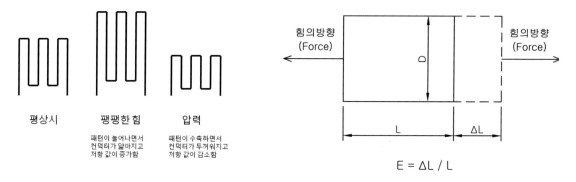

힘의방향 (Force)   힘의방향 (Force)

$$E = \Delta L / L$$

[그림 1-3-26] Strain Gauge 센서의 원리

Strain (ε)에 대해 좀 더 상세하게 알아보자. Strain은 기본적으로 길이에 대한 값을 나타낸다. [그림 1-3-26]에서 보듯이 Strain (ε) 값은 양의 값(늘어남)과 음의 값(수축)이 원래 길이에 대한 길이의 변화(ΔL) 값에 의해 결정된다. 이러한 Strain의 값을 실제로 측정해 보면 값의 크기 변화가 매우 작다. 그러므로 일반적으로 Strain은 마이크로 스트레인 ($\mu\varepsilon$)으로 표현된다.

이렇게 극도로 작은 저항 값의 변화를 측정하려면 [그림 1-3-27]와 같은 휘스톤 브리지 회로가 필요하다. 휘스톤 브리지는 균형을 이룬 저항들로 인하여 출력 전압(Vo)이 제로 값을 유지하는 회로이다. 네 개의 저항 중에 어느 하나라도 균형이 무너지면 출력 전압에 변화가 생기는 회로이다. 여기서 [그림 1-3-28]과 같이 R4가 Strain Gage 센서로 바뀌면 스트레인의 저항 값의 변화로 인하여 출력 전압이 제로가 아닌 값으로 변하게 되어 센서 회로의 역할을 하게 되는 것이다.

Vo = [R3 / (R3 + R4) − R2 / (R1 + R2)] × VEX   [식 1-3-4]

스트레인 게이지를 실제로 활용하기 위해서는 극복해야할 문제가 하나 있다. 바로 온도 변화에 따른 스트레인 게이지의 특성 변화이다. 온도가 변하게 되면 스트레인 게이지에 작은 변화가 생기게 되고 작은 저항 값의 변화는 센서에 실제 힘이 가해진 것과 같은 신호를 보내게 된다. 이러한 온도 변화 에러를 피하기 위해서 두 개의 스트레인 게이지를 사용하는 방법이 있다.

우선 [그림 1-3-29]과 같이 두 개의 스트레인 게이지를 직각으로 설치하자. 그러면 한쪽 방향으로 힘이 가해졌을 때 다른 쪽 스트레인 게이지(더미 게이지)에는 상대적으로 약한 힘이 가해져 두 스트레인 게이지에 다른 값이 생기게 된다. 하지만 온도에 의한 스트레인 게이지의 변화는 두 스트레인 게이지에 동일한 변화를 주어 소프트웨어적으로 힘과 온도의 영향을 구분할 수 있게 된다.

여러 개의 스트레인 게이지를 사용하면 노이즈 제거 뿐만 아니라 스트레인 게이지의 기본적인 특성인 미세한 저항 변화를 크게 만들 수 있다. 우선 [그림 1-3-30]의 좌측 그림과 같이 스트레인 게이지를 한 면에 마주보게 설치하면 위에서 가해진 힘으로 인하여 위쪽은 저항 값이 증가하게 되고 아래쪽은 저항 값이 감소하게 된다. 이 마주보는 두 스트레인 게이지를 [그림 1-3-30]의 오른쪽 그림처럼 브릿지 회로의 아래와 위의 저항으로 설치해 주면 한 방향에 대한 힘을 소자만으로 증폭시켜 더 큰 신호를 얻어낼 수 있게 된다. 하프 브릿지와 비슷한 방식으로 두 개의 스트레인 게이지는 팽창하는 방향으로 사용하고 두 개의 스트레인 게이지는 압축하는 방향으로 사용하여 [그림 1-3-31]과 같이 풀 브릿지 방식으로 사용할 수 있다.

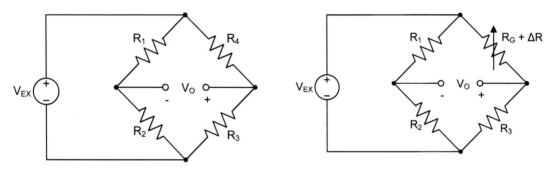

[그림 1-3-27] 휘스톤 브릿지 회로   [그림 1-3-28] 휘스톤 브릿지 회로와 스트레인 게이지 센서

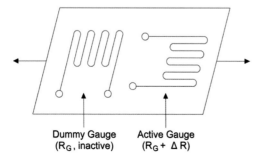

[그림 1-3-29] 더미 게이지를 사용하여 온도로부터 발생하는 노이즈 신호를 제거

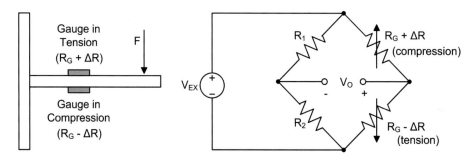

[그림 1-3-30] 하프 브릿지 회로

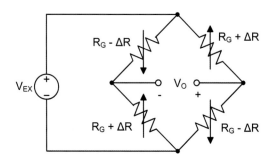

[그림 1-3-31] 풀 브릿지 회로

3-9 빛을 인지하는 CDS

1957년 네덜란드의 필립스사와 미국의 RCA사가 개발해낸 황화카드뮴(CdS, cadmiumsulfide)의 광전도성을 이용한 수광소자이며 [그림 1-3-32]와 같은 형태이다. 황화카드뮴의 강한 빛이 작용하면 전기저항이 줄고 빛이 약해지면 전기저항이 증가하는 특성을 이용하여 빛의 양을 측정한다. 이 CDS는 TTL 측광용 수광소자와 입사광식 노출계에도 널리 사용되어 왔지만, 최근에는 SPD가 사용되면서 일반 카메라에서 사용이 많이 줄어 들었다. 밝은 빛에 노출된 후 복원되기까지 시간이 지연되는 특성이 있다.

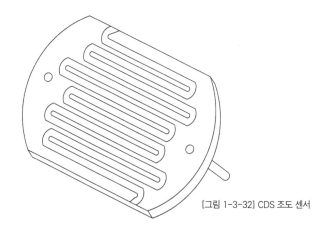

[그림 1-3-32] CDS 조도 센서

3-10 회전 센서

회전의 정도를 측정하는 것은 기계 장치나 로봇에서 바퀴 같은 회전체의 각도를 측정하는 것이다. 일반적으로 스텝 모터는 한 스텝의 각도가 이미 정해져 있어서 센서를 사용할 필요가 없다. 하지만, DC 모터 같이 모터에 가해진 힘으로 인하여 움직인 정도가 불분명할 때 필요한 센서이다. 이렇게 회전의 각도를 센싱하는 방식으로는 포텐셔미터(Potentiometer)와 엔코더(Encoder)가 있다.

포텐셔미터는 전압 분배기를 사용하여 회전하는 정도를 전기저항으로 변화하여 측정한다. 엔코더는 직접적으로 회전을 측정하는 방식이다. 엔코더가 회전을 측정할 때 움직임의 정도를 측정하기 위해 회전체에 구멍이나 어떤 표시를 이용한다. 이러한 표시를 인식하여 회전체가 회전 중인지를 알 수 있다. 그러나, 표시가 하나라면 회전 자체는 알 수 있으나 방향을 알 수 없게 된다. 이러한 문제는 약간의 각도차를 둔 두 개의 표시를 사용하여 해결할 수 있다. 이러한 두 개의 신호를 인식하여 회전의 방향과 정도를 인식할 수 있는 센서를 'quadrature encoder'라고 부른다.

[그림 1-3-33]을 보면 회전체에 설치된 두 개의 엔코더(채널 A, B)에서 들어 오는 신호가 회전의 방향에 따라 시계 방향(Clockwise Rotation)일 때는 채널 A가 ON이 된 후에 채널 B가 ON이 되고, 채널 A가 OFF가 된 후에 채널 B가 OFF 되는 형태로 나타난다는 것을 알 수 있다. 반대로 시계 반대 방향(CounterClockwise Rotation)일 경우는 채널 B가 먼저 변하고 그 후에 채널 A가 따라 변하는 형태가 된다. 이러한 신호를 받아들여 하드웨어적인 회로를 거치거나 프로세서 내부적인 프로그램을 거쳐서 신호의 주기와 두 채널의 관계를 이용하여 방향과 속도를 알아낼 수 있게 된다.

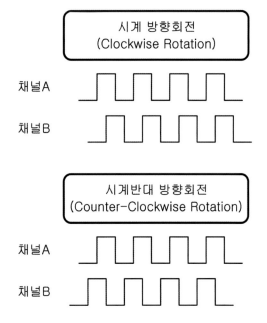

[그림 1-3-33] 회전체의 방향에 따른 엔코더 (Quadrature Encorder) 신호

이러한 엔코더를 DC 모터를 사용하는 마이크로 마우스나 로봇 축구에 널리 사용되었으며 실제 산업용 로봇 제어에도 많이 사용되고 있다.

3-11 터치 센서 (터치 스위치)

터치 센서는 일반적으로 터치 스위치로 알려져 있으며 접촉을 통하여 스위치를 동작시키는 형태의 스위치를 말한다. 현재 다양한 스탠드 램프에 사용되며 터치 스크린은 이러한 터치 센서들이 디스플레이 부분에 모여 있는 형태로 구성되어 있다. 이러한 터치 스위치는 커패시티브 터치 방식과 레지스턴스 터치 방식 등 크게 두 가지로 나누어진다.

손가락의 터치 스위치로 주로 사용되는 방식은 커패시턴스이다. 하나의 일렉트로이드를 사용하여 몸이 가진 기본적인 커패시턴스를 사용하여 일렉트로이드를 충전하고 방전하는 방식을 사용하여 스위치 기능을 한다. 이러한 일렉트로이드는 비전도체(나무, 유리 또는 플라스틱) 뒤에 위치하여 손가락으로 터치하면 커패시턴스가 증가하고 스위치를 동작시키게 된다. 이러한 특성으로 인하여 커패시티브 스위치는 짧은 범위에서 근접 센서로 응용되어 사용되기도 한다.

커패시턴스 방식에 비해 비교적 간단하게 구현할 수 있는 방식으로 레지스턴스 스위치가 있다. 이 방식은 두 개의 금속 사이의 레지스턴스(저항성분)를 사용하여 동작한다. 두 개의 일렉트로이드를 사용하여 더 낮은 레지스턴스로서 동작하기 때문에 커패시턴스 방식에 비해 훨씬 간단하게 구현이 가능하다.

3-12 전류 소비 측정 센서

소비 전류 측정 센서는 전선에 흐르는 직류(DC) 또는 교류(AC)의 전기적인 전류를 측정하는 장치이며 전선을 통해 흘러간 전류의 양만큼 측정이 가능하다. 전류 센서로부터 발생된 신호는 아날로그 전압이나 전류로 출력되며 변환기를 거치면 디지털 출력 값도 얻을 수 있다. 전류를 측정하는 방법은 여러 가지가 있는데 대표적으로 트랜스포머나 전류 클램프 미터를 사용하는 방식, 호올 효과를 측정하는 방식, 그리고 저항을 통과한 전압을 직접 측정하는 방식이 있다. [그림 1-3-34]는 일반적으로 사용되는 전류 클램프이며, [그림 1-3-35]와 같이 전선에 센서 부분을 둘러싸는 방식으로 설치하여 사용한다.

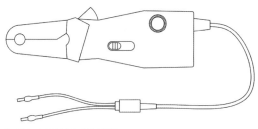

[그림 1-3-34] 전츄 측정 클램프

[그림 1-3-35] 전츄 측정 클램프

3-13 호올 효과(Hall Effect) 측정 센서

호올 효과(Hall Effect)는 전류를 직각 방향으로 자계에 가했을 때 전류와 자계에 직각인 방향으로 기전력이 발생하는 현상이다. 이러한 호올 효과는 일종의 변환기 역할을 하여 자계(Magnetic Field)에 대한 전압 출력을 발생시키며, 근접 인지 스위칭, 위치 인식, 속도 측정, 전류 측정에 응용되는 유용한 기술이다.

가장 간단한 사용법은 센서를 아날로그 변환기로서 사용하여 직접적으로 전압을 출력하는 것이다. 이러한 호올 센서들을 여러 곳에 설치하고 움직이는 물체에 자석성분을 설치하면 특정 물체의 움직인 정도를 알 수 있다. [그림 1-3-36]의 실린터 응

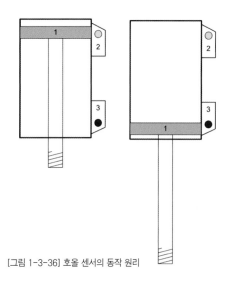

[그림 1-3-36] 호올 센서의 동작 원리

용 예의 그림을 보면 1번이 자석 성분의 움직이는 물체이고, 실린터의 양 끝 쪽에 호올 센서(2번, 3번)를 설치하여 물체의 위치를 측정할 수 있게 된다. 직관적으로 이러한 센서 방식은 앞에서 언급한 것처럼 다양한 방식에 응용할 수 있음을 알 수 있다.

이번 LESSON에서는 현재 일반적으로 사용되는 센서들의 종류와 각 센서들의 센싱 원리 및 특성들에 대해서 알아 보았다. 센서의 사용자 입장에서는 출력 신호만을 받아서 단순히 출력해 주면 된다고 생각할 수 도 있지만, 센서들의 출력 값은 여러 요소에 의해서 쉽게 영향을 받을 수 있다. 그렇기 때문에 센서 자체의 특성을 잘 이해하고 적절하게 선택하여 사용하는 것이 중요하다.

이번 LESSON에서 배운 센서는 대체로 각 센서가 독립적으로 동작하는 센서 들이다. 하지만 이렇게 독립적으로 동작하는 센서들이 함께 동작하면 하나만 사용할 때보다 더 다양하게 응용하여 사용할 수 있다. 이번 LESSON에서 배운 센서들을 잘 이해해 보고 어떤 응용분야에 적용할 수 있을지, 또 몇 가지를 조합하여 새로운 타입의 센싱 시스템을 만들 수 있을지 고민해 보기 바란다.

LESSON 04 기본 전자 회로 지식

라즈베리파이와 함께 주변 회로를 구성하여 하드웨어 제어를 하려면 몇 가지 필수적이면서 기본적인 소자 (Component)를 알아야 한다. 전자공학 전공자 만큼의 이론적인 특성까지는 아니더라도 회로도에서의 기호, 기본적인 특성, 실제 소자의 생김새 등은 꼭 알 필요가 있다.

4-1 저항 (Ω)

저항(Resistor)은 전기적으로 저항 성분(Resistance)을 가지는 수동 소자(Passive Component)이다. 저항은 두 가지 기본적인 동작을 한다. 1) 전류의 흐름을 제한하며 2) 회로의 전압을 설정한다. 이러한 저항은 저항 값이 고정된 형태와 변화하는 형태로 두 가지가 있다. [그림 1-3-37]의 왼쪽 심볼이 고정 저항을, 오른쪽 심볼이 가변 저항을 나타낸다. 이러한 저항의 실제 모양은 [그림 1-3-38]과 [그림 1-3-39]와 같다. 이 책에서 고정 저항은 주로 LED에 가해지는 전압을 설정하기 위해 사용한다. 그리고 가변 저항은 LCD에 출력되는 글자의 밝기 조절에 사용된다.

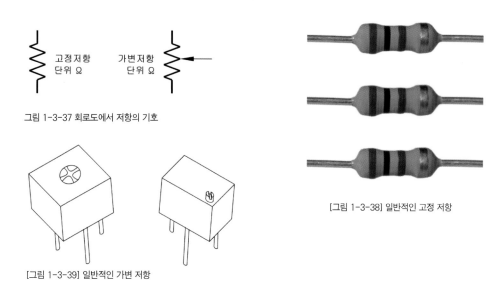

그림 1-3-37 회로도에서 저항의 기호

[그림 1-3-38] 일반적인 고정 저항

[그림 1-3-39] 일반적인 가변 저항

[그림 1-3-38]의 고정 저항을 자세히 보면 저항 표면에 여러 가지 색의 띠들이 보인다. 이는 저항이 가진 용량을 표시하는 것이며 각 색은 특정 숫자나 곱해야 하는 단위를 표시한다. 이러한 색 띠는 4~6개까지 다양한 종류가 있지만 일반적으로 4개의 띠를 사용한다.

[그림 1-3-40]에 보면 저항에 표시된 띠에 대한 의미가 정리되어 있다. 우선 첫 번째 선이 첫 번째 숫자이고 두 번째 선이 두 번째 숫자를 의미한다. 세 번째 색이 곱해야 하는 단위를 나타내며, 마지막 선의 색이 오차를 나타내며, 일반적으로 은색(±10%)이나 금색(±5%)이 있다. 예를 들어 그림에서 나타내는 것처럼 녹색, 빨강, 노랑, 은색으로 표시되었다면, 녹색(5), 빨강(2), 노랑(100), 은색(±10%)를 다음과 같이 조합할 수 있다.

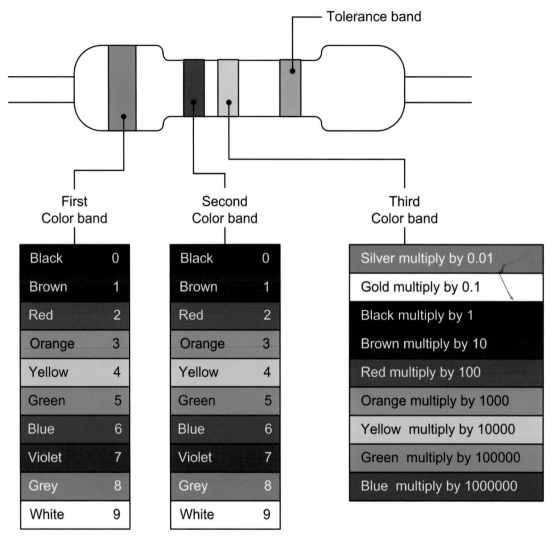

[그림 1-3-40] 저항 값 읽는 방법

$52 \times 10000\Omega = 520K\Omega$

$520K\Omega$에서 오차가 10% 정도 날 수도 있다는 것을 의미한다. 이런 방식으로 4개의 색으로 표시된 저항 값을 읽을 수 있다.

SMD 타입의 칩 저항은 숫자로 표시되어 있으며 표시 방식은 비슷하다. 일반적으로 3개의 숫자가 적혀 있으며 앞의 두 숫자와 마지막 숫자(곱해질 10의 수를 의미)의 구성으로 저항 값을 표시한다. 예를 들어 105는 10×10^5으로 1MΩ을 나타낸다.

4-2 캐패시터(F)

캐패시터는 전자회로에서 다양한 기능을 한다. 그 중에서 가장 일반적으로 사용되는 기능은 에너지의 저장이다. 즉, 제공된 전류가 캐패시터에 충전되었다가 회로에 다시 방전시키게 된다. 이러한 충전과 방전은 앞에서 설명한 저항의 연결을 통해서 제어가 가능하다. 그리고 또 다른 기능은 AC 신호 성분이 통과될 수 있도록 DC 성분의 신호를 막아주는 역할을 하는 것이다. 이런 방식으로 사용되는 캐패시터는 'DCBlocking' 또는 'ACCoupling'으로 사용된다.

회로도에서 사용되는 기호는 [그림 1-3-41]과 같다. 캐패시터는 재료에 따라 다양한 종류가 있으며 일반적으로 세라믹 디스트 타입과 전해 타입이 있다. 세라믹 타입은 극성이 없어 회로에 연결할 때 편하지만 전해 캐패시터의 경우는 [그림 1-3-42]의 왼쪽과 같이 극성이 있으므로 회로에 연결할 때 주의해야 한다.

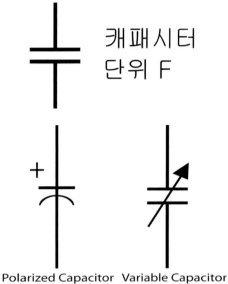

캐패시터
단위 F

Polarized Capacitor   Variable Capacitor

[그림 1-3-41] 회로도에서 캐패시터의 기호

전해 캐패시터는 캐패시턴스 값이 직접 표시되어 있지만 세라믹 캐패시터는 앞의 저항 값처럼 숫자로 표시된다. 역시 앞의 두 숫자가 유효 숫자를 나타내며 세 번째 숫자가 단위를 나타낸다. 단위는 [표 1-3-3]을 참조하여 값을 변환하면 되겠다. 예를 들어 [그림 1-3-42]의 세라믹 캐패시터에 표시된 '104' 값은 앞의 두 숫자 10과 뒤에 4를 [표 1-3-3]에 대입하면 10000(pF)이 된다. 그러므로 10 × 10,000 = 100,000 이므로 0.1uF 이라고 볼 수 있다.

[그림 1-3-42] 일반적인 전해 캐패시터와 세라믹 캐패시터

[표 1-3-3] 캐패시터의 세 번째 숫자가 나타내는 의미

표시된 숫자	곱해질 10의 수 (pF)
0	–
1	10
2	100
3	1000
4	10000

4-3 인덕터(H)

인덕터의 기본적인 기능은 인덕터를 통과하는 전류의 갑작스런 변화를 완화시키는 역할이다. 이 책에서 인덕터 소자를 예제에서는 다루지는 않을 것이지만 저항, 캐패새터와 함께 기본 수동 소자로서 널리 사용되며 특히 기계 장치와 제어 장치를 연결할 때 서로의 영향을 덜 주기 위해서 많이 사용한다. 회로도에서의 기호는 [그림 1-3-43]과 같다.

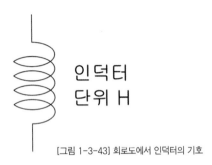

[그림 1-3-43] 회로도에서 인덕터의 기호

4-4 다이오드

다이오드는 두 개의 선을 가지며 한쪽 방향으로 전류를 흐르게 하는 반도체 소자이다. 보통 애노드(Anode)와 캐소드(Cathode)로 구성되며 캐소드 쪽에 'Positive'나 'Negative'의 전압 성분을 더 많게 하느냐에 따라 전류를 흐르게 할 것인지 전류를, 막게 할 것인지를 선택하여 만들 수 있다. (Forward Biasing 또는 Reversed Biasing) 해당 기호와 애노드, 캐소드 표시는 [그림 1-3-44]와 같이 표시한다.

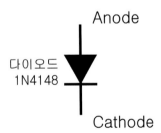

[그림 1-3-44] 회로도에서 다이오드의 기호와 극성

다이오드는 일반적으로 AC 전압 전류를 DC 전압 전류로 변환할 때 주로 사용된다. 전압 관련하여 다양한 응용 회로(VoltageMultiplier, VoltageShifting, VoltageLimiting, VoltageRegulator)에 사용되고 있다.

다이오드는 다양한 종류가 있다. [그림 1-3-45]에 나타난 것처럼 특성 별로 회로에서 사용하는 기호도 다르다.

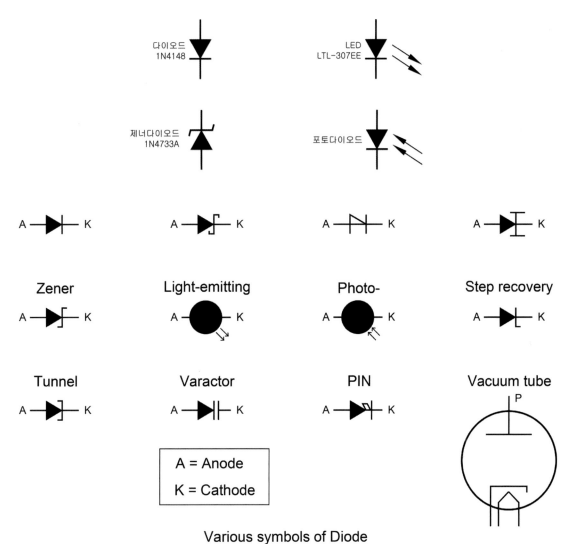

Various symbols of Diode

[그림 1-3-45] 특성별 다이오드 기호

4-5 트랜지스터 (Transistor)

트랜지스터는 전기적으로 콘트롤 가능한 스위치나 증폭기 같은 역할을 하는 반도체 소자이다. 이러한 트랜지스터는 마치 물의 흐름을 조절하는 수도꼭지 같은 역할을 한다. 손가락을 사용한 작은 힘으로 물의 흐름을 조절하듯이 작은 전압이나 전류로 비교적 큰 전기의 흐름을 조절한다. 트랜지스터는 일반적으로 간단한 스위칭 회로에서 디지털 IC까지 거의 모든 회로에 사용될 수 있으며, 특성별로 BJT, MOSFET, JFET 등으로 나뉠 수 있다. 각 트랜지스터별 기호는 [그림 1-3-46]과 같다.

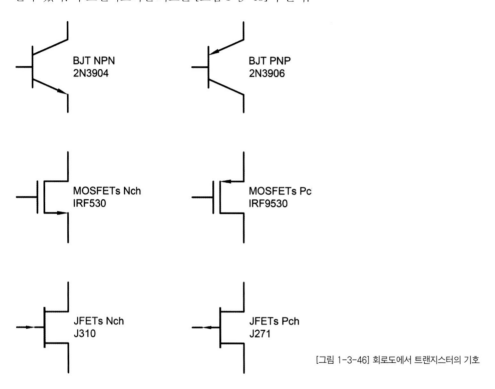

BJT NPN
2N3904

BJT PNP
2N3906

MOSFETs Nch
IRF530

MOSFETs Pc
IRF9530

JFETs Nch
J310

JFETs Pch
J271

[그림 1-3-46] 회로도에서 트랜지스터의 기호

4-6 트랜스포머 (Transformer)

트랜스포머(Transformer)는 입력부와 출력부로 나누어진 장치이며 AC 입력 전압을 더 높거나 더 낮은 AC 출력 전압으로 변환시켜주는 역할을 한다. 일반적으로 트랜스포머는 [그림 1-3-47]과 같이 두 개 이상의 공통 레미네이트를 입힌 철 코일을 공유하는 코일 선으로 구성된다. 한쪽은 'Primary(NP)' 다른 한쪽은 'Secondary(NS)'로 불리며, 여기서 N은 코일 선의 감겨있는 수를 의미한다. 'Primary'쪽의 전압은 VP 그리고 'Secondary'쪽의 전압은 VS이며 두 전압 사이의 관계는 다음의 식으로 정리할 수 있다.

VS = VP (NS / NP)

정리하면 'Primary' 코일 쪽의 감긴 수가 'Secondary' 코일의 감긴 수 보다 크면 VS가 VP보다 작아진다.

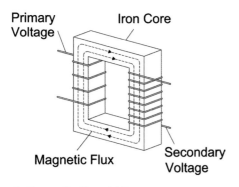

[그림 1-3-47] 트랜스포머의 구조

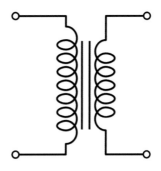

[그림 1-3-48] 회로도에서 트랜스포머의 기호

4-7 직접 회로 (Integrated Circuit, IC)

IC는 앞에서 설명한 저항, 캐패시터, 다이오드, 트랜지스터 같은 소자들을 하나의 실리콘 칩 안에 통합한 회로이다. 이런 하나의 작은 패키지 타입의 칩을 가능하게 하는 것은 n 타입 또는 p 타입의 실리콘 구조로 앞의 모든 소자들이 구현 가능하다는 점이다. 이렇게 구현된 실리콘 칩을 금속 선 프레임에 넣은 후 플라스틱 케이스에 넣은 형태로 사용된다. IC는 기능과 특성에 따라 다양한 종류가 존재한다.

IC는 다양한 형태의 패키지로 제공되며, 핀의 수와 크기에 따라 패키지별로 이름이 정해져 있다. (DIL, SO/SOIC/SOP, MSOP/SSOP, SOT, TQFP, TQFN)

우리가 일반적으로 디지털회로에서 필요한 대부분의 기능은 이 IC의 형태로 이미 구현되어 시중에 판매되고 있다. 그러므로 필요한 디지털 레벨의 회로가 있다면 직접 제작하기 전에 적절한 IC를 먼저 찾아보는 것이 좋다.

생각해 보기

1. 각 센서별로 어떤 회로와 소자들이 필요한가? 필요없다면 이유는 무엇인가?
2. 저항의 경우 금색과 은색이 저항 값의 오차 범위를 나타내고 있다. 그렇다면 오차가 작은 정밀 저항의 경우 오차는 보통 얼마 정도인가?
3. 이 책에서 소개한 센서들 외에 생체 신호를 측정할 수 있는 바이오 센서들이 있다. 어떤 종류가 있고 어떤 원리로 동작하는가?

2 PART

소프트웨어

이번 Part에서는 Part 1에서 구현한 라즈베리파이 하드웨어를 사용하여 실제 동작에 필요한 기본적인 소프트웨어 지식을 공부해보고 이를 활용하여 여러 가지 프로그램을 구현하며 결과를 확인하면서 소프트웨어에 대한 지식을 배워나가 보겠다.

01

간단한 리눅스 명령어
및 리눅스 시스템 구성

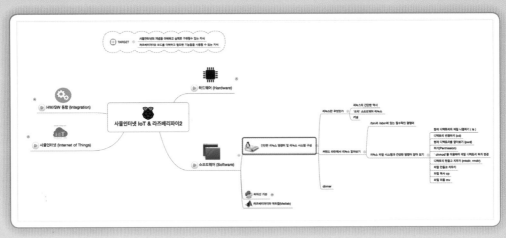

현재 라즈베리파이에 운영체제로 사용되고 있는 리눅스 시스템과 기본적인 리눅스 명령어에 대해서 알아보며
시스템 구성에 필요한 프로그램 설치 및 각 프로그램의 기능에 대해서 설명한다.

LESSON 01 리눅스란 무엇인가

리눅스 제단(Linux.org)에서 제공하는 리눅스에 대한 설명에 따르면, 리눅스는 리누스 토발스 (Linus Torvalds) 에 의해서 만들어진 커널(Kernel)로 부터 확장된 운영체제라고 정의되어있다. 다른 운영체제들(Windows, Mac OS, MS–DOS, Solaris, 등등)과 마찬가지로 리눅스는 단순한 워드나 게임 같은 프로그램이 아닌 컴퓨터 하드웨어와 프로그램 사이에서 프로그램이 실행될 수 있도록 도와주는 일종의 인터페이스라고 보면 된다.

1-1 리눅스의 간단한 역사

리누스 토발스(Linus Torvals)가 헬신키 대학에서 공부할 때, 미닉스 (minix)라는 UNIX 기반 운영체제를 사용 하였다. 리누스와 그 주변 사람들은 미닉스의 창시자인 앤드류 탄앤바움 (Andrew Tanenbaum)에게 미닉스를 개선할 수 있는 요청을 계속해서 보내었다. 그러던 중, 리누스는 사용자들의 개선에 대한 제안들 모아서 자신이 직접 운영체제를 개발하기로 결정하였다. 그렇게 개발된 것이 리눅스 (Linux)이다.

1-2 '프리' 소프트웨어 리눅스

MIT에서 일하고 있던 리차드 스톨만(Richard Stallman)은 프리 소프트웨어 개념의 개척자이며 이러한 방식을 계속적으로 옹호하였다. 여기서 말하는 프리는 '공짜'가 아닌 '자유'를 나타내는 의미로 사용되었다. MIT에서 일을 하면서 이러한 개념에 대한 일을 계속 할 수 없었던 그는 1984년에 MIT를 떠나서 지금의 프리 소프트웨어의 대표적인 기관인 GNU를 설립하게 된다. GNU의 목표는 사용, 배포, 및 수정이 자유로운 프로그램을 생산해내는 것이다. 리누스 토발즈의 목표는 6년 후에 GNU의 목표와 같아지게 되었다.

1-3 커널

리눅스 운영체제의 가장 큰 특징 중에 하나는 커널 (Kernel)이다. 리눅스 커널을 이해하기 위해서는 운영체제 개념에서 메타포어 (metaphor)를 알아야 한다. 만약 당신이 자주 가는 이탈리안 식당에서 스파게티를 주문하였다고 하자. 여기서 스파게티는 그릇에 담겨 나올 것이다. 이 그릇이 운영체제라고 생각하면, 이 그릇에 파스타나 토마토 소스 미트볼, 치즈 등등 수많은 음식들이 만들어져 나올 것이다. 여기서 '파스타'가 바로 커널이라 생각하면 된다. 파스타 없이는 식탁 위에 접시가 존재할 필요가 없다. 요약해서 보면 커널 없이는 운영체제가 존재하지 않으며, 프로그램 없이는 커널이 필요 없다고 생각하면 된다.

참고 자료 [https://linux.org]

LESSON 02 커맨드 라인에서 리눅스 알아보기

리눅스 커맨드 라인은 컴퓨터 시스템 관리에 있어서 가장 강력한 도구 중에 하나라 봐도 무방하다. 보통 이런 커맨드 라인 형태를 터미널, 셸, 콘솔, 커맨드 프롬프트, 커맨드 라인 인터페이스 (Command-line interface, CLI) 라고 다양하게 불려진다. 커맨드 라인은 컴퓨터에서 행해지는 복잡한 작업들을 정확하면서 효율적으로 처리할 수 있는 방법이라 볼 수 있다. 이러한 커맨드 (명령)들의 대부분은 공개 프로그램으로 GNU 프로젝트에서 생성되었다. 대부분의 컴퓨터 사용자들은 윈도우 형태의 그래픽으로 구성된 컴퓨터 환경에 익숙하여 커맨드 라인을 처음 접하게 되면 상당한 불편함을 느낄 것이다. 하지만 컴퓨터 시스템을 제대로 이해하고 사용하려면 이러한 커맨드 라인의 사용에 익숙해져야만 한다고 생각한다. 이 LESSON에서는 커맨드 라인을 실행해 보면서 리눅스 운영체재를 알아보도록 하자.

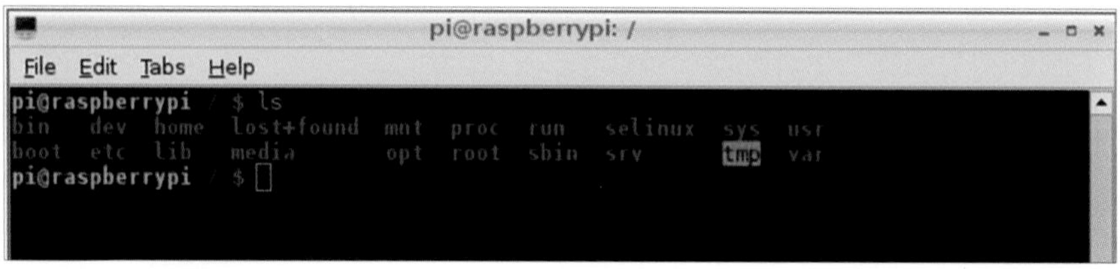

[그림 2-1-1] 기본 폴더

2-1 /bin과 /sbin에 있는 필수적인 명령어

[그림 2-1-1]은 라즈베리파이에 기본적으로 만들어져 있는 폴더들을 나타낸다. 자세히보면 'bin'과 'sbin'이 보일 것이다. 'bin' 디렉토리에는 시스템의 부팅과 구동에 필요한 필수적인 명령어들이 포함되어 있다. 일반적으로 루트 운영자가 'sbin' 디렉토리에 있는 명령어들을 사용하지만, 소프트웨어들은 둘 다 사용한다. [표 2-1-1]에 기본적인 폴더들에 대한 설명이 정리되어 있다.

[표 2-1-1]

1	/	루트 디렉토리
2	/bin	필수적인 명령어들
3	/boot	부트 로더 파일들, 리눅스 커널
4	/dev	디바이스 파일
5	/etc	시스템 컨피규레이션 파일들
6	/home	사용자 홈 디렉토리
7	/lib	공유된 라이브러리, 커널 모듈
8	/lost+found	복구된 파일들을 위한 디렉토리
9	/media	DVD같은 미디어들에 대한 마운트 포인트
10	/mnt	사용자 마운트 포인트
11	/opt	add-on 소프트웨어 패키지
12	/proc	커널 정보, 프로세스 제어

13	/root	슈퍼 사용자 홈
14	/sbin	시스템 명령어들
15	/srv	시스템에서 동작시키는 서비스들에 관련된 정보
16	/sys	커널에 의해서 사용된 장치들의 실시간 정보
17	/tmp	일시적으로 사용되는 파일들
18	/usr	시스템 동작에 필수적이 않은 소프트웨어
19	/var	변수 정보

[그림 2-1-2] 와 [그림 2-1-3]에 'bin' 과 'sbin' 디렉토리에 있는 모든 명령어들이 나타나 있다. 리눅스를 이용해 여러 가지 시스템 관련 프로그램을 사용하려면 명령어들을 자주 사용해야 한다. 그러므로 어떤 명령어가 어디에 위치해 있는지 눈에 익혀두는 것이 좋다.

```
pi@raspberrypi: /bin
File  Edit  Tabs  Help
pi@raspberrypi /bin $ ls
bash          dash           gzexe      modeline2fb     pwd          true
bunzip2       date           gzip       more            rbash        ulockmgr_server
bzcat         dd             hostname   mount           readlink     umount
bzcmp         df             ip         mountpoint      rm           uname
bzdiff        dir            kbd_mode   mt              rmdir        uncompress
bzegrep       dmesg          kill       mt-gnu          rnano        unicode_start
bzexe         dnsdomainname  kmod       mv              run-parts    vdir
bzfgrep       domainname     less       nano            sed          which
bzgrep        dumpkeys       lessecho   nc              setfont      ypdomainname
bzip2         echo           lessfile   nc.openbsd      setupcon     zcat
bzip2recover  ed             lesskey    nc.traditional  sh           zcmp
bzless        egrep          lesspipe   netcat          sh.distrib   zdiff
bzmore        false          ln         netstat         sleep        zegrep
cat           fbset          loadkeys   nisdomainname   ss           zfgrep
chgrp         fgconsole      login      open            stty         zforce
chmod         fgrep          ls         openvt          su           zgrep
chown         findmnt        lsblk      pidof           sync         zless
chvt          fuser          lsmod      ping            tailf        zmore
con2fbmap     fusermount     mkdir      ping6           tar          znew
cp            grep           mknod      plymouth        tempfile
cpio          gunzip         mktemp     ps              touch
pi@raspberrypi /bin $
```

[그림 2-1-2] bin 폴더 내의 프로그램들

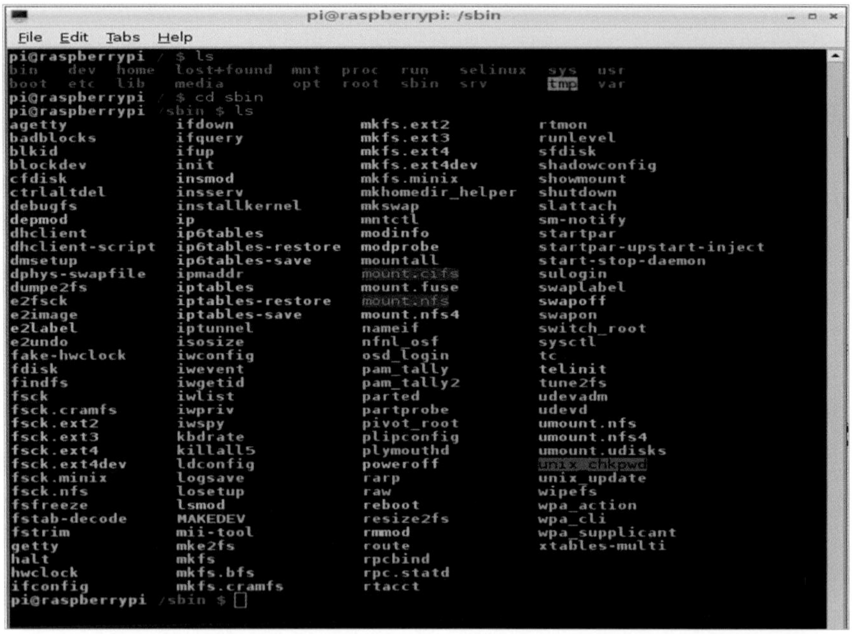

[그림 2-1-3] sbin 폴더 내의 프로그램들

2-2 리눅스 파일 시스템과 간단한 명령어 알아 보기

a. 현재 디랙토리의 파일 나열하기 (ls)

[그림 2-1-4] ls 명령어 실행

'ls' 명령어는 현재 디랙토리의 컨텐츠들의 리스트를 나열하는 명령어로 'ls' 자체만으로도 상당히 자주 사용되며 몇 가지 옵션을 추가해서도 빈번히 사용된다. 'ls' 만으로도 대부분의 파일들을 볼 수 있지만 몇몇 숨겨진 파일들은 단순히 'ls' 명령어만으로는 찾을 수 없다. 그럴 경우 [그림 2-1-5]처럼 'ls -a' 명령어를 사용해서 모든 파일을 펼쳐 보자.

[그림 2-1-5] 'ls -a' 명령어 실행

모든 파일의 이름뿐 아니라 파일의 상세한 정보까지 알고 싶다면 'ls -al' 명령어를 사용하면 된다. 'ls -al' 명령어를 입력하면 [그림 2-1-6]과 같이 각 파일과 디렉토리의 허가 정보와 크기, 수정시점, 등등을 알 수 있다.

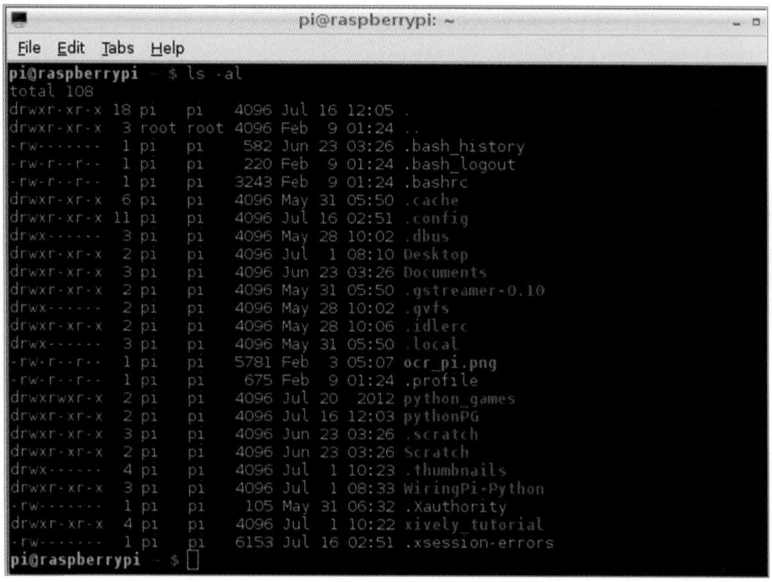

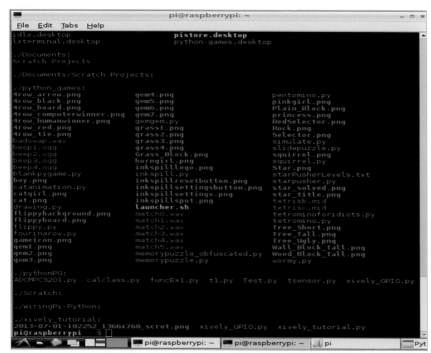

[그림 2-1-6] 'ls -al' 명령어 실행

'ls' 명령어의 또 다른 유용한 옵션은 'ls - R' 이다. 이 명령어를 사용하면 단순히 현재 디렉토리에 있는 파일과 디렉토리들 뿐만 아니라, 디렉토리 하위의 파일과 디렉토리까지 다 볼 수 있다. [그림 2-1-7]에서 보듯이 어떤 폴더에 어떤 파일이 있는지 상세하게 보여준다.

[그림 2-1-7] 'ls -R' 명령어 실행

b. 디렉토리 변경하기 (cd)

'cd' 명령어는 리눅스 파일 시스템에서 한 디렉토리에서 다른 디렉토리로 이동할 때 사용되는 명령어이다. 'cd'를 'change directory'의 약자라고 생각하면 간단히 이해될 것이다. 예를 들어 현재 디렉토리의 하위 디렉토리인 'usr' 디렉토리로 들어가 보고 싶다면 'cd usr' 라고 입력하면 된다. [그림 2-1-8 참조]

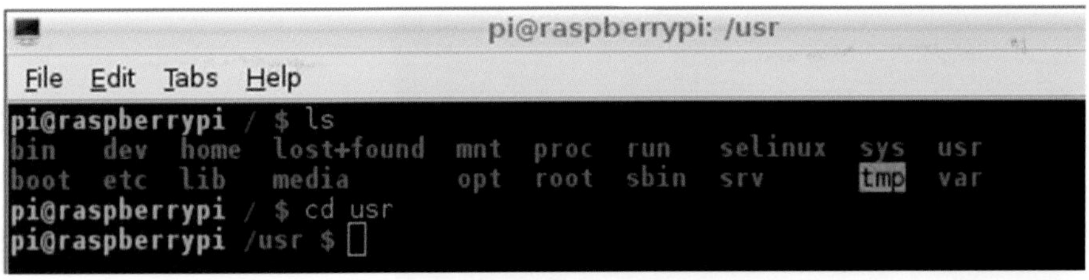

[그림 2-1-8] 'cd usr' 명령어 실행

현재 디렉토리에서 하위 디렉토리로 이동할 때 여러 개의 폴더 이름을 입력하면 한 번에 원하는 곳으로 갈 수 있다. 'home' 디렉토리의 하위 디렉토리인 'pi'로 이동하고 싶다면, 'cd /home/pi' 라고 입력하자. 그러면 [그림 2-1-9]에서 보는 것처럼 현재의 '/' 위치에서 /home/pi' 디렉토리로 한번에 이동하였다.

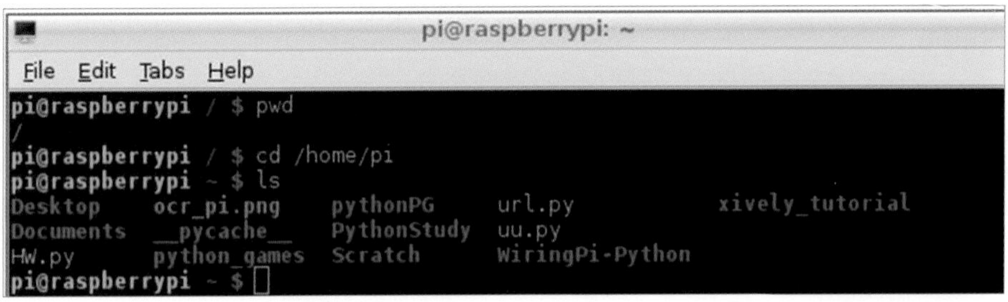

[그림 2-1-9] 'cd /home/pi' 명령어 실행

현재 위치한 디렉토리에서 상위 디렉토리로 이동하고 싶다면 'cd ..' 명령어를 입력하면 된다. [그림 2-1-10]에서 보듯이 'pythonPG' 라는 디렉토리에서 'cd ..' 명령어를 통해서 그 상위 디렉토리로 이동한 것을 확인할 수 있다.

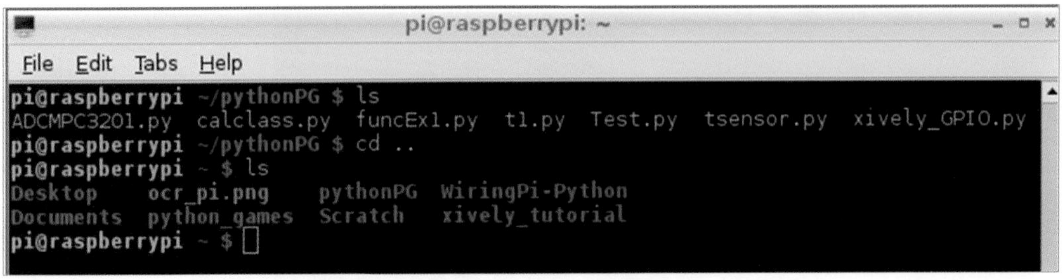

[그림 2-1-10] 'cd ..' 명령어 실행

나의 현재 위치와 상관없이 홈 디렉토리로 한 번에 이동하려면 'cd $HOME' 이라고 입력하면 된다. [그림 2-1-11]은 현재 디렉토리가 '/' 이지만 'cd $HOME' 명령어를 통해서 홈 디렉토리인 '/home/pi'로 한번에 이동하였다.

[그림 2-1-11] 'cd $HOME' 명령어 실행

c. 현재 디렉토리를 알아보기 (pwd)

'pwd' 명령어는 사용자의 파일 시스템 내의 위치를 알려주는 명령어이다.

[그림 2-1-12] 'pwd' 명령어 실행

예를 들어 사용자가 현재 /home/pi 라는 폴더에 있다면 커맨드 라인에 'pwd'라고 입력하자. 그러면 화면에 '/home/pi' 라는 결과를 확인할 수 있다.

d. 허가(Permission)

리눅스 또는 유닉스 시스템에서 파일 시스템의 모든 것(디렉토리나 장치 등등)은 파일이다. 이러한 파일들은 보안적인 측면을 위해서 읽고, 쓰고, 실행하는데 있어서 파일의 주인들이 허가를 해주어야 각 동작이 실행될 수 있다. 허가에 대한 것을 알아보기 위해 다음의 예를 들어 보자.

리눅스에서는 파일과 디렉토리에 대한 접근 권한이 있다. 접근 권한은 3가지 영역으로 나뉘는데, 사용자 (User), 그룹 (Group), 그리고 기타 (Other)로 나누어져 있고 각 영역별로 3가지 설정들, 읽기 (Read), 쓰기 (Write), 그리고 실행 (eXecute)으로 이루어져 있다. [표 2-1-2]에 접근 권한에 대한 구체적인 설정을 볼 수 있다.

[표 2-1-2] 접근 권한

소유자 (User)			그룹 (Group)			그 외 사용자 (Other)		
r	w	x	r	–	–	r	–	–
4	2	1	4	0	0	4	0	0
7			4			4		

파일의 접근 권한과 관련된 정보를 알아 보고 싶다면 화면에 다음과 같은 형태의 명령어를 넣으면 된다.

    ls -l filename

만약 'uu.py'라는 파일의 접근 권한과 각종 정보를 보고 싶다면 다음의 코드를 입력해 보자.

```
pi@raspberrypi ~ $ ls -l uu.py
```

그러면 [그림 2-2-13]과 같은 문자들이 화면에 나타나게 된다. 여기에 파일 타입과 허가 표시 (Permission), 링크 수, 파일 주인 (owner), 속한 그룹 (Group), 파일 크기, 최근 접근 시점, 파일 이름 등이 [그림 2-2-13]에 표시된 것처럼 나타나게 된다. 여기서 표시된 'r' 이나 'w'는 읽고 쓰는 권한을 나타낸 것이다.

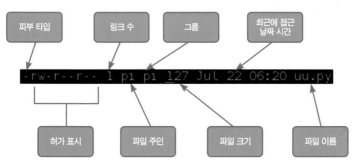

[그림 2-1-13] 파일 정보

e. 'chmod'를 이용하여 파일 디렉토리 허가 변경

앞에서 배운 접근 권한 (허가)은 'chmod'라는 명령어를 이용해서 변경이 가능하다. 'chmod'는 'change mode'의 줄임말이며, 간단히 모드를 변경하는 명령어라고 생각하면 되겠다. 'chmod'의 기본적인 사용법은 다음과 같다

    chmod 옵션 값 파일 이름

옵션 값은 다음 [표 2-1-3]을 참조해서 필요 값을 넣으면 된다.

[표 2-1-3] 접근 권한

옵션	설명
u	사용자 (소유주) 가 읽기, 쓰기, 실행 권한을 추가 또는 제거
g	그룹 읽기, 쓰기 , 실행 권한을 추가 또는 제거
o	파일의 그룹이 아닌 다른 곳의 읽기, 쓰기, 실행 권한을 추가 또는 제거
a	모든 사용자가 읽기, 쓰기, 실행 권한을 추가 또는 제거
r	읽기 권한만 추가 또는 제거
w	쓰기 권한만 추가 또는 제거
x	실행 권한만 추가 또는 제거

자 그럼 간단한 예를 통해서 허가 권한을 알아보자. 우선 'touch' 명령어를 사용해서 파일을 하나 만들어 보자. 'uu.py' 라는 파일을 만들고 앞에서 배운 'ls -l uu.py' 를 입력하여 파일 정보를 확인해 보자.

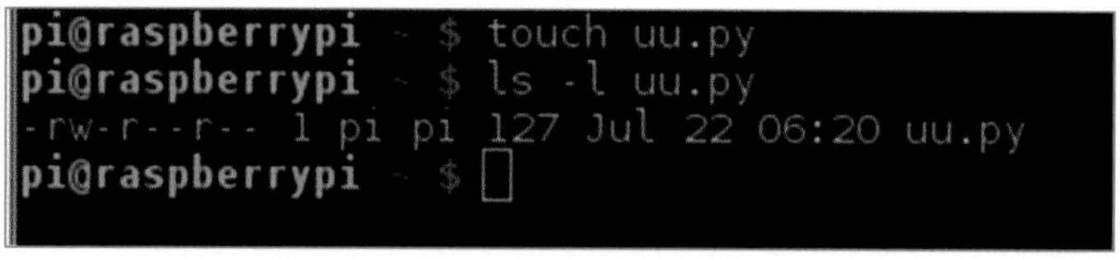

```
pi@raspberrypi ~ $ touch uu.py
pi@raspberrypi ~ $ ls -l uu.py
-rw-r--r-- 1 pi pi 127 Jul 22 06:20 uu.py
pi@raspberrypi ~ $ 
```

[그림 2-1-14] 'touch' 명령어를 사용해서 'uu.py' 라는 파일을 만들고 내부 정보를 확인

파일을 만들게 되면 기본적으로 허가 표시는 'rw- r-- r--' 으로 정해진다. [그림 2-1-14]에서 보는 것처럼 앞부분에 'rw-' 가 보일 것이다. 이 부분이 사용자의 권한을 나타내는 것으로 사용자는 이 파일을 읽고 쓰는 권한을 가지고 있다는 뜻이다.

그럼 여기에서 만들어진 'uu.py' 파일에서 모든 쓰기 권한을 제거해 보자. 이 파일에서는 사용자 권한에서만 'w'가 있는 상태이다. 여기서 모든 사용자를 지칭하는 'a'를 추가하고 제거 표시 '-'를 사용하면 된다. 다음의 코드를 입력해 보자.

```
chmod a-w uu.py
```

```
                    pi@raspberrypi: ~
 File  Edit  Tabs  Help
pi@raspberrypi ~ $ chmod a-w uu.py
pi@raspberrypi ~ $ ls -l uu.py
-r--r--r-- 1 pi pi 127 Jul 22 06:20 uu.py
pi@raspberrypi ~ $ 
```

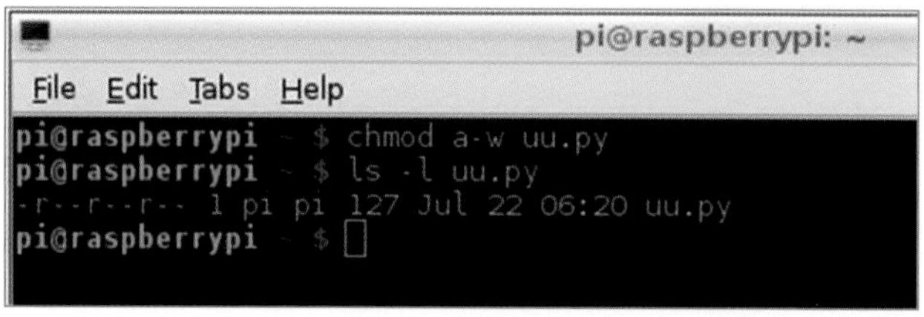

[그림 2-1-15] 'chmod' 명령어를 이용하여 사용자의 쓰기 권한을 지우기

'chmod' 명령어에서 읽기, 쓰기, 실행 권한을 추가하고 싶다면 '+' 기호를 사용하면 된다. 예를 들어, 앞에서 제거하였던 쓰기 권한을 여기서 추가해 보자. 옵션에 'u+rw' 를 추가하면 사용자 권한에 읽고 쓰는 권한을 추가 하겠다는 의미이다. 앞의 예에서 읽기 권한은 이미 추가되어 있으므로 그대로이지만 쓰기 권한 'w'은 사용자 권한에 추가되어 있는 것을 [그림 2-1-16] 를 통해서 알 수 있다.

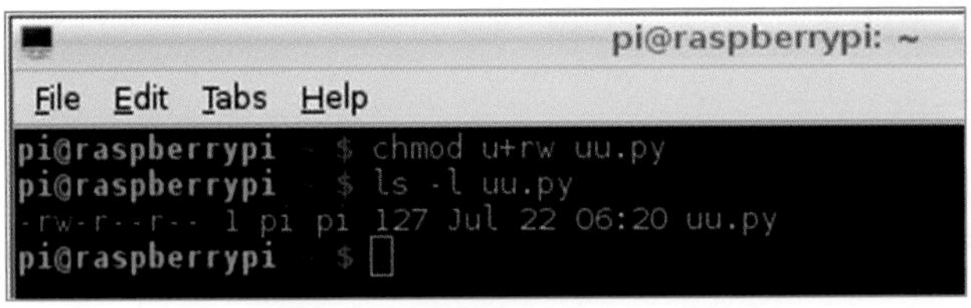

[그림 2-1-16] 'uu.py' 파일의 사용자 권한에 읽기 와 쓰기 권한을 추가한 모습

읽기, 쓰기, 실행 권한을 'rwx' 로 직접 입력할 수도 있지만, 숫자를 사용해서 입력도 가능하다. 직관적으로 생각해보자. '---' 은 아무 권한이 없는 상태이며 'rwx'는 모든 권한이 설정된 상태이다. 이를 숫자로 바꾸면 '---' 은 '000' 이며, 'rwx' 는 '111' 이다. 여기서 '000' 과 '111'은 이진수로 표시된 것이며 이를 10진수로 바꾸면 '000' 은 '0', '111' 은 '7' (4 + 2 + 1) 이다. 정리하면 다음과 같이 표현될 수 있다.

> 4 – 'r' 읽기
>
> 2 – 'w' 쓰기
>
> 1 – 'x' 실행

앞에서 설정된 'rw- r-- r--' 값을 숫자로 변환하면 '6 4 4' 가 된다. 자 그럼 숫자로 사용자에게만 읽기, 쓰기 권한을 부여하고 나머지는 아무 권한도 없게 설정하려면 어떻게 할까? 'rw- --- ---'로 설정해야 하므로 '6 0 0'이 되겠다. 그러면 'uu.py' 파일에 적용하여 확인해 보자. [그림 2-1-17]에서 'chmod 600 uu.py'로 파일의 허가 권한을 변경한 뒤에, 'ls -l uu.py' 명령을 통해서 허가 권한을 확인해 보니 'rw- --- ---'로 설정되어 있는 것을 확인할 수 있다.

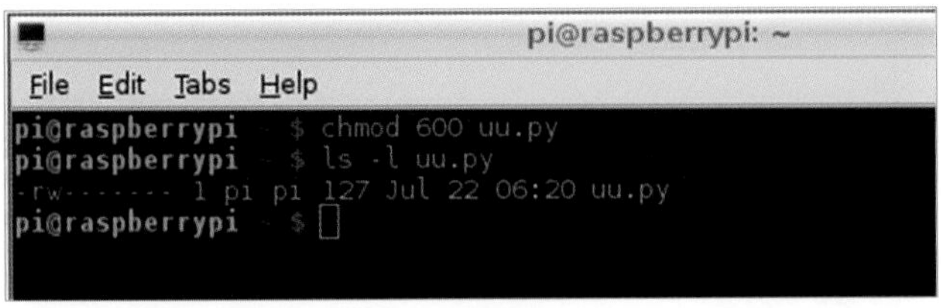

[그림 2-1-17] 숫자 '600' 으로 허가 권한 변경하기

f. 디렉토리 만들고 지우기 (mkdir, rmdir)

'mkdir' 명령어는 커맨드 라인에서 디렉토리를 만드는 명령어이다. 사용법은 간단하다.

```
mkdir 디렉토리 이름
```

현재 디렉토리에서 'IOT'라는 디렉토리를 만들어 보자. [그림 2-1-18]에서 보는 것처럼 IOT라는 디렉토리가 만들어져 있는 것을 확인할 수 있다.

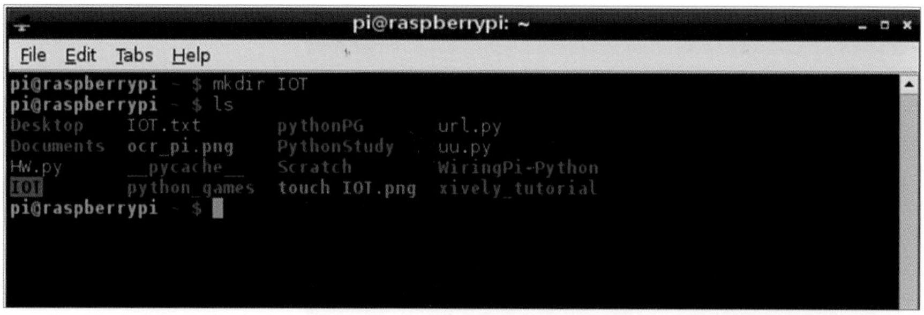

[그림 2-1-18]디렉토리 만들기 mkdir

디렉토리를 만드는 명령어가 있다면 지우는 명령도 있을 것이다. 디렉토리를 지우는 명령어는 'rmdir' 이다. 사용법은 디렉토리를 만드는 것과 비슷하다.

```
rmdir 디렉토리 이름
```

[그림 2-1-19]와 같이 ls 로 'IOT' 디렉토리가 있음을 확인하고 'rmdir' 명령어를 통해서 디렉토리를 지운 다음 'ls'를 이용해서 'IOT' 디렉토리가 지워 졌음을 확인할 수 있다.

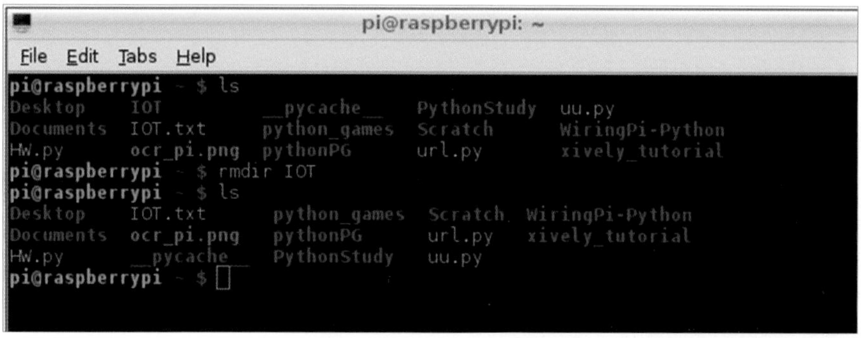

[그림 2-1-19]디렉토리 지우기 rmdir

g. 파일 만들고 지우기

파일을 만드는 것은 앞서 간단히 언급한 것처럼 'touch' 명령어를 사용하면 파일을 생성할 수 있다.

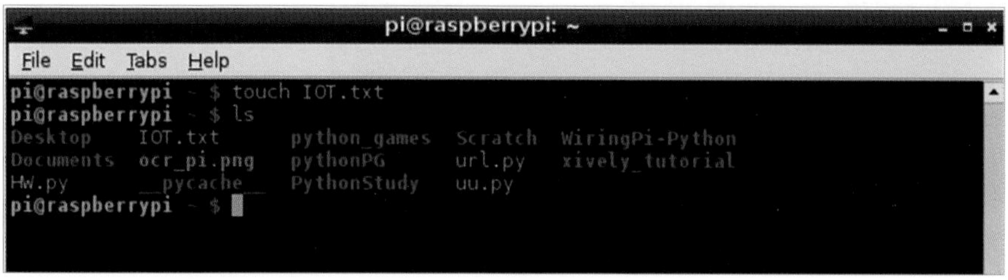

[그림 2-1-20] 'IOT.txt' 파일 만들기

파일 지우기는 'rm' 명령어를 사용하여 쉽게 제거할 수 있다. 혹시 파일이 지워지지 않는다면 앞에서 배운 허가 권한을 체크해 보면 'w'가 체크되어 있지 않기 때문이다.

[그림 2-1-21] 'IOT.txt' 파일 지우기

h. 파일 복사 cp

파일을 복사할 때는 'cp' 명령어를 사용하면 된다. 'cp'의 사용법은 다음과 같다.

cp 복사할-파일 저장할-곳

일반적으로 cp 명령어를 사용해서 파일을 복사하려면 'permission denied' 에러 메세지를 볼 수 있을 것이다. 이럴 때는 'sudo' 명령어를 쓰면 쉽게 복사할 수 있다. [그림 2-1-22]처럼 명령어를 입력하면 에러 메세지가 발생하지 않는다. 파일 복사한 후에 [그림 2-1-23]에서처럼 PythonStudy 디렉토리를 체크해보면 'cptest.txt' 파일이 복사되어 있는 것을 확인할 수 있다.

[그림 2-1-22] cp 명령어를 사용하여 cptest.txt 파일을 PythonStudy 폴더에 복사

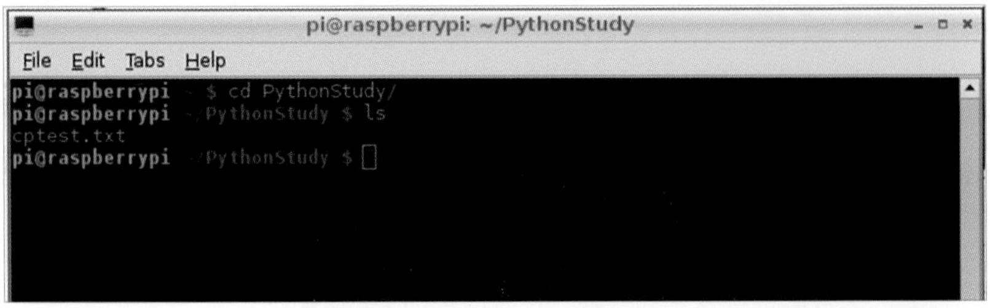

[그림 2-1-23] PythonStudy 폴더에 cptest.txt 파일이 복사되어 있음

i. 파일 이동 mv

파일 이동은 파일 복사와 비슷한 동작을 하지만 파일이 복사된 후에 원본 파일이 지워진다는 차이가 있다.
사용법은 다음과 같다.

    mv 이동할-파일 저장할-곳

[그림 2-1-24] 에서 보는 것처럼 현재 디렉토리에 'mvtest.txt' 파일이 있는 것을 알 수 있다. 이 파일을 파일
이동 명령을 통해서 'PythonStudy'으로 이동하였으며, 'PythonStudy' 디렉토리를 확인해 보면 'mvtest.txt' 파
일이 이동해 온 것을 알 수 있다.

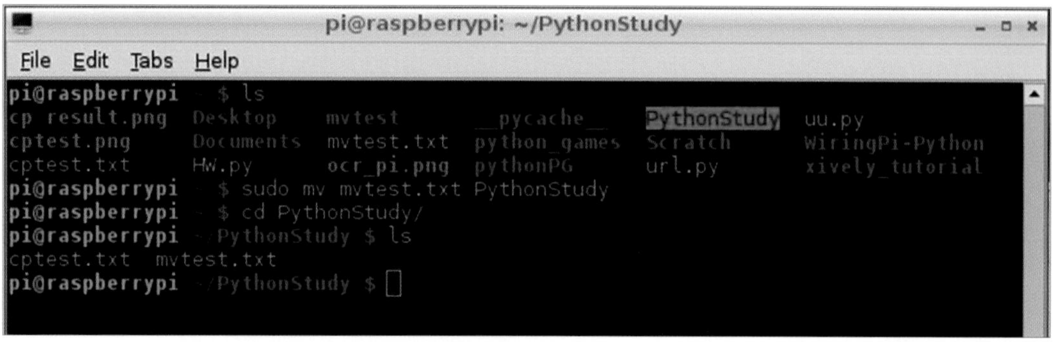

[그림 2-1-24] PythonStudy 폴더에 cptest.txt 파일이 이동되어 있음

자, 여기까지 리눅스에서 필요한 기본적인 명령어들과 사용법을 알아보았다. 이제 이 책에서 사용하는 리눅
스 관련 명령어나 용어들을 이해하는데 문제 없을 정도의 리눅스 지식은 생겼다고 보면 되겠다. 윈도우 GUI
운영체제를 사용하여 파일들을 관리해 봤던 사용자라면 탐색기를 사용하여 폴더를 만들고 파일을 정리해봤
을 것이다. 여기서 소개했던 다양한 리눅스 명령어들은 파일 관리 명령어를 주로 사용하여 파일을 정리하는
것이라고 생각하면 된다. 이러한 방식이 우선은 어려워 보이지만 커맨드 라인에 익숙해지면 더 빠르게 작업
들을 수행할 수 있을 것이다.

생각해 보기

1. USB에 파일을 가지고 있다고 하자. 이 파일을 라즈베리파이의 기본 폴더에 복사하고 싶다면 명령어를 어떻게 입력하면
   될까?
2. 1번에서 새로 'test'라는 폴더를 만들어서 복사하고 싶다면 어떻게 하면 될까?
3. 현재 폴더에 있는 'test.txt' 파일을 사용자만 읽고 쓰기가 가능하게 하려면 어떻게 하면 될까?
4. 각 파일과 디렉토리의 허가 정보와 크기, 수정 시점 등을 알고 싶다면 어떤 명령어를 입력하면 되나?
5. 파일을 하나 만드는 명령어는 어떤 것이 있는가?

02

파이선 기본

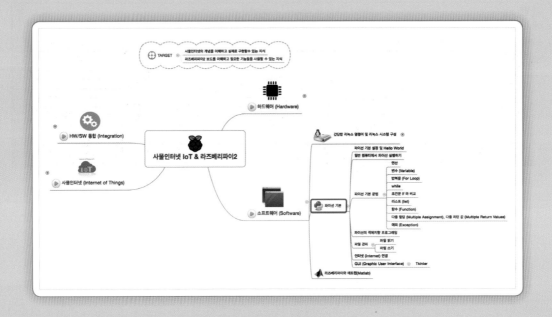

이번 Chapter에서는 라즈베리파이에서 프로그래밍 언어로 사용되고 비교적 배우기 쉬운 프로그래밍 언어인 파이선의 기본적인 사용법을 다룬다. 프로그래밍 언어로서 필수적으로 알아야 할 여러 문법들과 기본적인 자료구조 및 모듈화 방법 등에 대해서 설명한다. 이번 Chapter에서는 라즈베리파이와는 별개로 파이선 자체만을 공부할 것이기 때문에, 굳이 라즈베리파이 위에서 파이선을 공부할 필요 없이 일반 컴퓨터에서 프로그램을 학습하면 된다. 이 Chapter에서는 파이선을 배우기 위해 두 가지 방식을 사용할 것이다. 구글 웹스토어에서 제공하며 크롬 웹 브라우저만 있으면 언제든 사용 가능한 파이선 피들과 라즈베리파이에서 제공하는 파이선 쉘 프로그램이다. 두 가지 중에 원하는 것을 선택해서 공부하면 되겠다. 물론 여기선 둘 다 다룰 것이다.

LESSON 01 파이선 기본 설정 및 Hello World

어떤 동작을 하는 프로그램을 만들기 위해서는 프로그래머가 라즈베리파이에게 무엇을 어떻게 동작할 것인지를 담은 어떤 명령을 내려야 한다. 이러한 명령들을 효과적으로 전달하기 위해 라즈베리파이와 사용자가 함께 이해할 수 있는 하나의 언어를 알아야 한다. 라즈베리파이에서 쓰이는 대표적인 언어로 파이선 (Python)이란 프로그래밍 언어가 있다. 파이선은 다른 여러 프로그래밍 언어들에 비해 비교적 배우기 쉽고 이전에 작성된 다양한 프로그램이나 소스코드를 자유롭게 사용할 수 있는 많은 장점을 가진 프로그래밍 언어이다.

필자는 프로그래밍 언어를 배우는데 가장 좋은 방법으로 명령어를 직접 입력해서 결과를 눈으로 확인하는 것이라 생각한다. 라즈베리파이에서는 파이선 쉘 이라는 프로그램을 제공하며 이 툴을 사용하면 입력하는 명령어의 결과를 바로 확인할 수 있다. 이전에 보았던 command prompt와는 다르게 Python console은 ">>>"으로 나타난다. 간단한 예로 덧셈 연산을 해보려면 명령창에 "1 + 1"을 입력하고 [enter]키를 치면 2라는 결과를 볼 수 있다.

```
1   >>> 1 + 1
2   2
3   >>>
```

비록 파이선 쉘은 입력된 명령어의 결과를 확인할 수 있는 좋은 툴이지만, 프로그램을 작성하기에는 부적절하다고 볼 수 있다. 여러분이 어떤 프로그램을 작성할 때는 명령어들을 어떤 파일에 순차적으로 입력해놓고 논리적인 흐름에 따라 차례로 실행되게 한다. 파일을 저장하는 프로그램으로 간단한 Editor를 사용할 것이다.

일반적으로 프로그래밍 언어를 배울 때는 화면에 "Hello World"라는 글자를 출력하는 프로그램을 작성 함으로서 학습을 시작한다. 그러므로 우리도 간단히 "Hello World"라는 글자를 출력하는 프로그램을 작성해서 실행해 보는 걸로 파이선 언어 공부를 시작해 보겠다. 먼저 커멘드라인에서 'startx'를 입력하여 윈도우 UI를 실행시키면 [그림 2-2-1] 과 같은 화면이 나타날 것이다. 화면에 IDLE 아이콘을 더블 클릭하여 프로그램을 실행시켜보자.

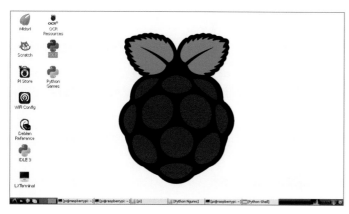

[그림 2-2-1] 라즈베리파이의 GUI 기반 운영체제가 실행된 화면

'Python Shell' 프로그램 화면이 뜨면서 [그림2-2-2]와 같이 될 것이다. 이 상태에서 파이선 쉘에 간단한 파이선 프로그램은 바로 테스트가 가능하다. 하지만 여기서는 파이선 파일을 만들어서 실행해 볼 것이기 때문에 에디터 윈도우를 하나 띄울 것이다.

[그림 2-2-2] 파이선 쉘이 실행된 화면

먼저 화면 위쪽의 메뉴 바에서 새로운 파일을 생성해보자. 메뉴에서 File - New Window의 순서로 마우스를 옮겨 New Window를 [그림2-2-3]처럼 클릭하자.

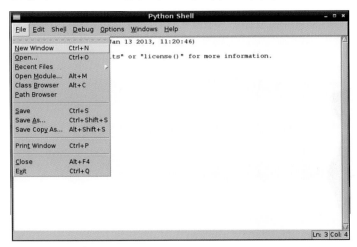

[그림 2-2-3] 파이선 Idle 쉘에서 File-New Window를 선택하거나 Ctrl+N을 입력한다.

그러면 [그림 2-2-4] 와 같은 'Untitled' 에디터 창이 하나 뜰 것이다. 여기에 자유롭게 프로그램을 작성하고 수정한 후에 저장해서 사용할 수 있다.

[그림 2-2-4] 파이선 Idle의 에디터 화면

에디터에 다음 코드를 작성해 보자

```
print ('Hello World')
```

print 같은 함수는 주황색으로 나타나며 'Hello World' 같은 문자열은 초록색으로 표시된다

[그림 2-2-5] 에디터에 프로그램을 입력한 화면

파이선 쉘과 다른 점은 "〉〉〉" 표시가 없다. 이것은 우리가 위의 명령어를 바로 실행하지 않는다는 의미로 볼 수 있다. 작성한 코드는 사용자 임의로 저장해도 된다. 확장자, 파일명 뒤에 붙는 파일의 속성을 알려주는 부분은 'Files of type'에서 이미 py 또는 pyw로 정해져 있다. 따라서 따로 입력하지 않아도 파이선 파일로 저장된다. 필자는 HW라는 파일명을 사용하였다.

파일명.확장자 (파일 타입) → HW.py

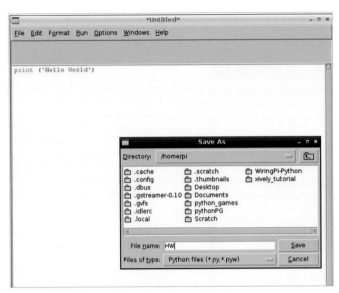

[그림 2-2-6] 파이선 프로그램을 HW라는 이름으로 저장하는 화면

저장은 /home/pi/ 폴더에 임의로 저장해 보자.

그럼 이제 저장된 파이선 프로그램을 실행해 보자. [그림 2-2-7]에서 보는 것처럼 메뉴에서 Run - Run Module을 선택하자.

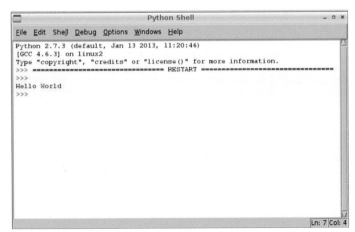

[그림 2-2-7] 파이선 프로그램 실행

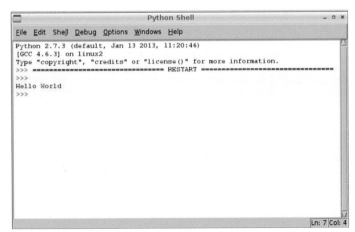

[그림 2-2-8] 파이선 쉘에 Hello World가 출력된 화면

앞으로 파이선을 배우면서 여러 프로그램들을 작성해 볼 것이다. 작성된 코드들이 SD카드 여기 저기 저장되어서 찾기가 힘들어질 수도 있으므로 하나의 폴더를 작성하여 한 곳에 모아 두도록 하자. 일단 파일 브라우저를 실행하고 /home/pi 폴더 아래에 마우스 오른쪽 버튼을 클릭 후에 New 밑에 Folder를 클릭하면 새로운 폴더를 만들 수 있다. 폴더 이름은 물론 사용자 임의로 정할 수 있다. 필자는 여기서 'PythonStudy' 라는 이름을 사용하겠다.

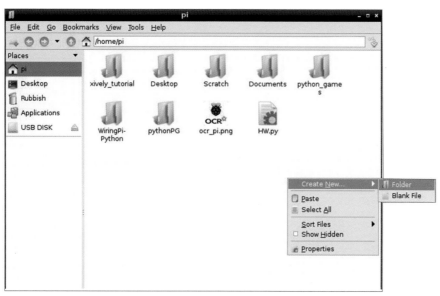

[그림 2-2-9] 폴더 만들기

[그림 2-2-10] 파일 이름을 PythonStudy로 입력해준 화면

다른 프로그램들과의 비교

C

```
1   #include <stdio.h>
2   main() {
3     printf("Hello world\n");
4   }
```

C++

```
1   #include <iostream.h>
2   main() {
3    cout << "Hello World\n";
4   }
```

JAVA

```
1   public class HelloWorld {
2    public static void main( String[] args ) {
3      System.out.println("Hello world");
4    }
5   }
```

C#

```
1   public class Hello1
2   {
3      public static void Main()
4      {
5         System.Console.WriteLine("Hello, World");
6      }
7   }
```

Python{

```
print('Hello world');
```

[그림 2-2-11] C, C++, JAVA, C# 각 언어의 Hello World 예제

[그림 2-2-11]에서 보는 것처럼 화면에 'Hello World'라는 문자열을 출력하는 동작을 하기 위해서 사용하는 명령어의 수가 파이선이 가장 작은 것을 알 수 있다. 물론 이런 단순 비교가 파이선이 다른 언어보다 우수하다고 볼 수 있는 것은 아니지만 적어도 많은 부분이 단순화되어 있어 프로그래밍 언어를 배우는데 있어 쉽게 접근할 수 있는 것만은 분명하다.

LESSON 02 일반 컴퓨터에서 파이선 실행하기

파이선 프로그램의 문법을 배우는 단계에서 군이 라즈베리파이에서 프로그램을 작성하고 테스트해야 할 필요는 없다. 사용자가 익숙한 컴퓨터 환경에서 파이선을 이용한 프로그래밍을 배우고 나서 다시 라즈베리파이에서 실제 필요한 프로그램을 테스트하는 것도 좋은 방법이다. Part 1 Chapter 1에서 설치한 라즈비언 운영체제에는 기본적으로 파이선 프로그램이 설치되어 있어 사용자가 별도로 설치할 필요는 없다. 하지만 윈도우나 맥등 다른 컴퓨터에 사용되는 운영체제에는 파이선이 기본으로 포함되어 있지 않는 경우가 있다. 이 경우에 파이선을 다운받고 환경을 설정해주어야 파이선 프로그램을 테스트해볼 수 있다.

최근 구글에서 제공하는 인터넷 웹브라우저 구글 크롬 기반으로 동작하는 여러 가지 앱 중에 파이선 프로그램을 작성하고 결과를 확인할 수 있는 앱이 있다. 이 프로그램을 이용하면 학습자가 별도의 프로그램을 다운 받고 환경 설정에 힘들어할 필요 없이 파이선 자체만을 공부할 수 있다.

자 그럼 이제부터 실제로 크롬 웹 스토어에서 파이선 앱을 사용해 보자. 우선 학습자는 구글 아이디를 만들어야 한다. 아이디는 google.com에서 간단히 만들 수 있다. 아이디를 만들었다면 구글 크롬 스토어에서 'python'으로 앱을 검색하면 [그림 2-2-12]에서처럼 파이선 관련 몇 가지 앱들을 볼 수 있다. 이 중 학습자가 마음에 드는 것으로 설치하여 사용하면 된다. 필자는 'Python Fiddle'이라는 프로그램과 'Python Shell'을 설치하여 사용하였다.

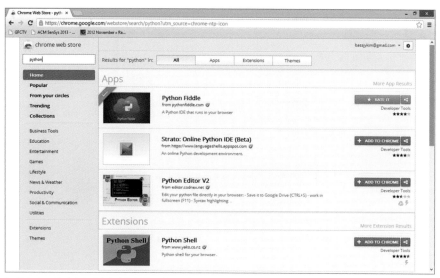

[그림 2-2-12] 파이선 피블이 선택된 구글 웹 스토어

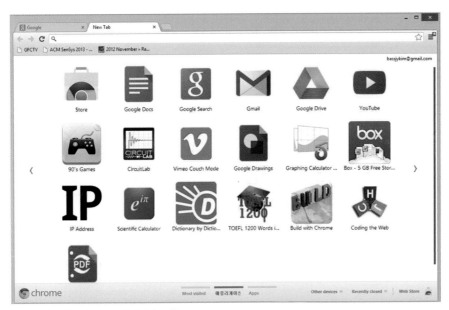

[그림 2-2-13] 구글 크롬 기본 화면에 각종 웹들

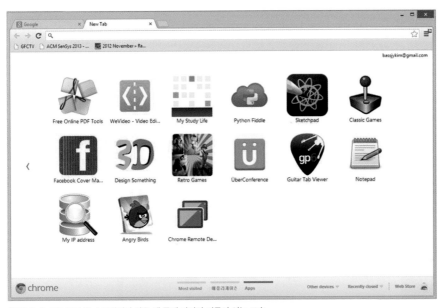

[그림 2-2-14] 구글 웹 스토어에서 받은 웹 중에 파이선 피들이 있는 모습

[그림 2-2-15] 파이선 피들이 실행된 화면

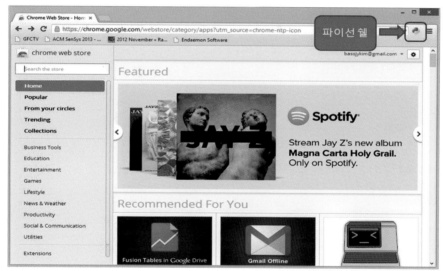

[그림 2-2-16] 파이선 쉘이 추가된 모습

[그림 2-2-17] 파이선 쉘 버튼을 클릭하면 나타나는 파이선 쉘 모습

[그림 2-2-15]의 구글 크롬 웹 브라우저의 파이선 피들 프로그램의 가운데 창에 파이선 프로그램을 입력 후 왼쪽 위쪽에 보이는 "Run" 버튼을 클릭하면 프로그램의 실행 결과를 아래쪽에 있는 창에서 확인할 수 있다. 그럼 앞서 라즈베리파이의 라즈비언 운영체제에서 실행해 보았던 "Hello World"를 출력하는 프로그램을 실행시켜 보자. 그러면 [그림 2-2-18]과 같이 Hello World 글자가 출력된 것을 확인할 수 있다. 마찬가지로 파이선 쉘에서 'print('Hello World')' 코드를 입력하고 엔터키를 누르면 [그림 2-2-19]와 같은 결과를 볼 수 있다.

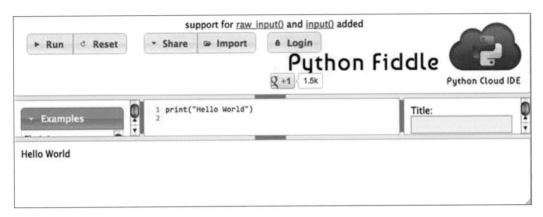

[그림 2-2-18] Hello World 프로그램 실행 화면 (파이선 피들)

```
Python    Popup    Options

> print('Hello World')
  Hello World

>
```

[그림 2-2-19] Hello World 프로그램 실행 화면 (파이선 쉘)

여기까지 해서 파이선 프로그램을 이용해서 3가지 (LESSON 1의 예제 포함) 다른 개발 환경에서 'Hello World' 문자열을 출력해 보았다. 이제 기본적인 개발 환경은 준비가 되었으니 본격적으로 파이선에 대해서 알아보자. 다음 LESSON에서 배울 내용을 실제로 확인하고 싶을 때 3가지 중 원하는 방법으로 하면 된다. 간단한 동작은 파이선 쉘에서 바로하면 되지만 프로그램 길이가 길어지거나 여러 함수를 만들어야 한다면 피들이나 프로그램 작성 후 파이선 쉘에서 'Run' 버튼을 이용해 테스트해 보는 것을 추천한다.

LESSON 03 파이선 기본 문법

3-1 연산

프로그램에서 대수 연산은 기본적인 기능 중에 하나라 볼 수 있다. 프로그램에서 공통적으로 사용하는 몇 가지 연산자 (더하기, 빼기, 곱하기, 나누기 등등)들은 대체로 프로그래밍 언어에서는 공통적으로 같은 기호를 사용한다.

+   더하기

−   빼기

*   곱하기

/   나누기

이 연산자들에는 우선순위가 있는데 곱하기, 나누기, 덧셈, 뺄셈 순서로 된다.

예를 들어,

```
1  >>> 4 * 3 / 2 +10
2  16.0
```

```
>  4*3/2+10
   16
>
```

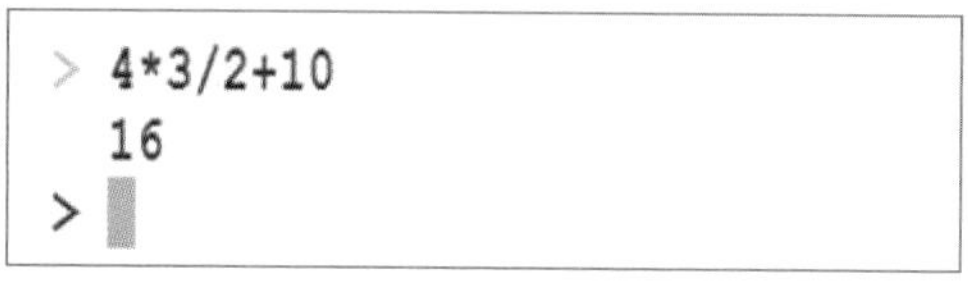

[그림 2-2-20] 파이선 쉘에서 실행 결과

```
                          pi@raspberrypi: ~                        _ □ ✕
File  Edit  Tabs  Help
pi@raspberrypi ~ $ sudo python
Python 2.7.3 (default, Jan 13 2013, 11:20:46)
[GCC 4.6.3] on linux2
Type "help", "copyright", "credits" or "license" for more information.
>>> 4*3/2+10
16
>>>
```

[그림 2-2-21] 라즈베리파이 파이선 쉘에서 실행 결과

사용자가 특별히 먼저 연산을 처리하고 싶은 부분은 괄호를 사용하여 먼저 수행할 수 있다.

```
1  >>> 4 * 3 / (2 + 10)
2  1.0
```

[그림 2-2-22] 파이선 쉘에서 실행 결과

[그림 2-2-23] 라즈베리파이 파이선 쉘에서 실행 결과

괄호를 추가해 줌으로서 결과가 달라지게 된다.

이러한 대수 연산은 정수(integer)형과 실수(float)형으로 나뉘어 지는데 integer형은 소수점 이하의 연산은 무시하는 것이라 보면 되고 float형은 소수점 이하의 숫자까지도 연산하고 보여주는 형이라 보면 된다.

3-2 변수 (Variable)

변수란 특정한 형태의 값을 저장할 수 있는 메모리 공간을 나타내는 문자의 조합이라 정의할 수 있다. 변수는 반드시 하나의 단어로 구성되어야 하며 영문 letter들 사이에 빈 공간이 없어야 한다. 여러 개의 단어로 구성하고 싶을 때는 단어 사이에 "_"를 사용하거나 다음 단어의 첫 단어를 대문자로 표기하여 표시 하는 게 일반적이다. 일반적으로 프로그래머들이 사용하는 규칙을 따르는 것이 다른 사람과의 협업을 하는데 도움이 된다. 전통적인 규칙으로 변수의 시작은 소문자로 시작하되 다음 문자는 "_"를 사용하거나 대문자로 구분하는 것이 보통이다.

예를 들어 변수 명으로 raspberry pi study라는 이름을 써서 변수를 만들 때

1. raspberry_pi_study
2. raspberryPiStudy

중에 하나를 사용하면 되겠다. 필자는 1번이 더 편하다. 변수의 시작은 반드시 문자가 되어야 하며 숫자를 사용하면 에러 (SyntaxError: invalid syntax)가 발생한다. 변수의 간단한 예를 써보면 r 이란 변수에 앞서 사용한 연산 값을 넣고 싶다면

```
>>> r =  4 * 3 / 2 +10
```

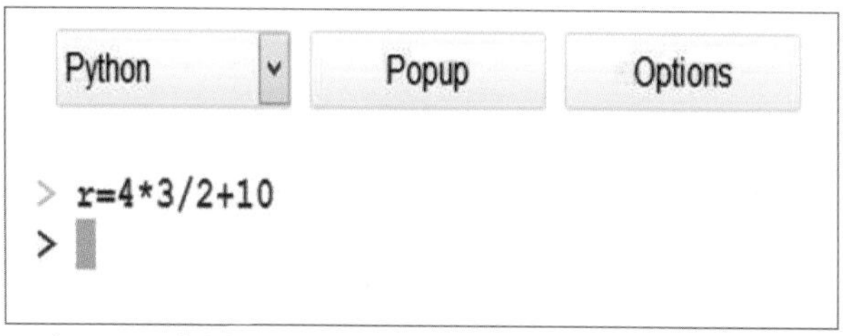

[그림 2-2-24] 파이선 쉘에서 실행 결과

[그림 2-2-25] 라즈베리파이 파이선 쉘에서 실행 결과

이렇게 쓰면 되겠다. 앞에서의 예와 다르게 여기서 연산 값이 화면에 바로 출력되지 않는다. 여기서는 r 이라는 변수에 저장이 되어있으므로 결과를 바로 보여주지 않는다. 그럼 r 변수의 값을 확인하고 싶으면 간단히 "r"을 입력하고 [ENTER] 키를 누르면 된다.

```
1   >>> r
2   16.0
```

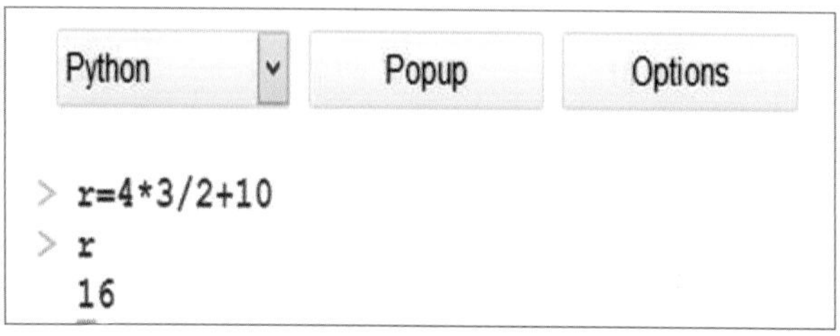

[그림 2-2-26] 변수 'r'의 값을 확인하는 프로그램 실행 화면

3-3 반복문 (For Loop)

프로그램을 작성해보면 비슷한 명령을 반복적으로 수행해야 할 때가 많다. 그럴 때마다 명령어를 하나하나 입력하는 것은 상당히 귀찮은 일이다. 이러한 반복적인 명령어들을 "for"라는 loop 명령어를 사용하면 많은 양의 코딩을 줄일 수 있다. 예를 들어 1부터 5까지의 값을 출력한다고 하면 loop명령어 없이

    print('1')

    print('2')

    print('3')

    print('4')

    print('5')

이렇게 표현될 수 있다. 루프를 사용하면 단 한 줄로 같은 표현이 가능하다.

    for r in range (1, 6) : print(r)

값을 확인해 보면,

```
`>>> for r in range (1, 6) : print(r)
1
2
3
4
5
>>>
```

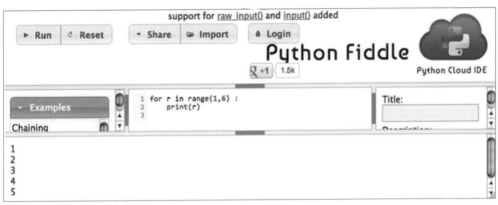

[그림 2-2-27] 파이선 피들에서 실행 결과

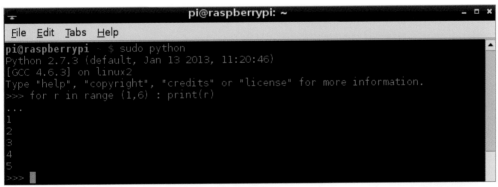

[그림 2-2-28] 변수 'r'의 값을 'for'문을 이용하여 확인하는 프로그램 실행 화면

파이선에서 'for' 문의 사용은 아래와 같은 형태로 사용하면 된다.

　for 변수명 in 범위 값 : 명령어

위의 간단한 예에서 5개의 숫자를 반복하는 것은 단순히 'print'문을 다섯 번 사용하는 것이 코드의 수로서는 별 차이가 없어 보인다. 하지만 반복하는 횟수가 100이나 1000을 넘어가면 이러한 반복 문이 코드의 길이를 극단 적으로 작게 만들 수 있으므로 반복이 많지 않더라도 프로그램을 작성할 때 반복문을 잘 활용해 보기를 권장한다.

3-4 while

'for' 와 비슷한 형태의 반복 명령어로서 'while'이 있다. 'while' 명령어는 조건 부분이 'true'면 내부에 있는 코드들을 반복적으로 실행하게 되는 명령어이다. 일반적으로 임베디드 프로그래밍에서 인터럽트를 기다리기 위해 'while'의 조건으로 'true' 또는 '1'을 넣어서 무한 반복을 만들기도 한다. 'while'문을 이용해서 1 부터 10 까지의 숫자를 화면에 보이게 하는 예를 간단하게 만들어 보면, 아래와 같다.

```
1  i=1
2  while (i<=10) :
3   print(i)
4   i += 1
```

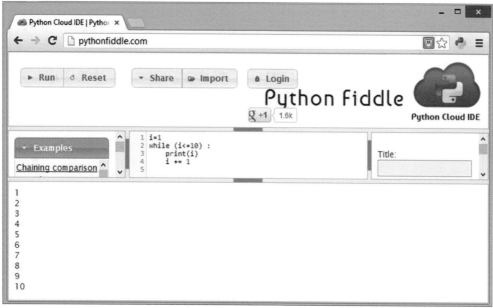

[그림 2-2-29] 'while'문을 이용한 변수의 값을 확인하는 프로그램 (피들)

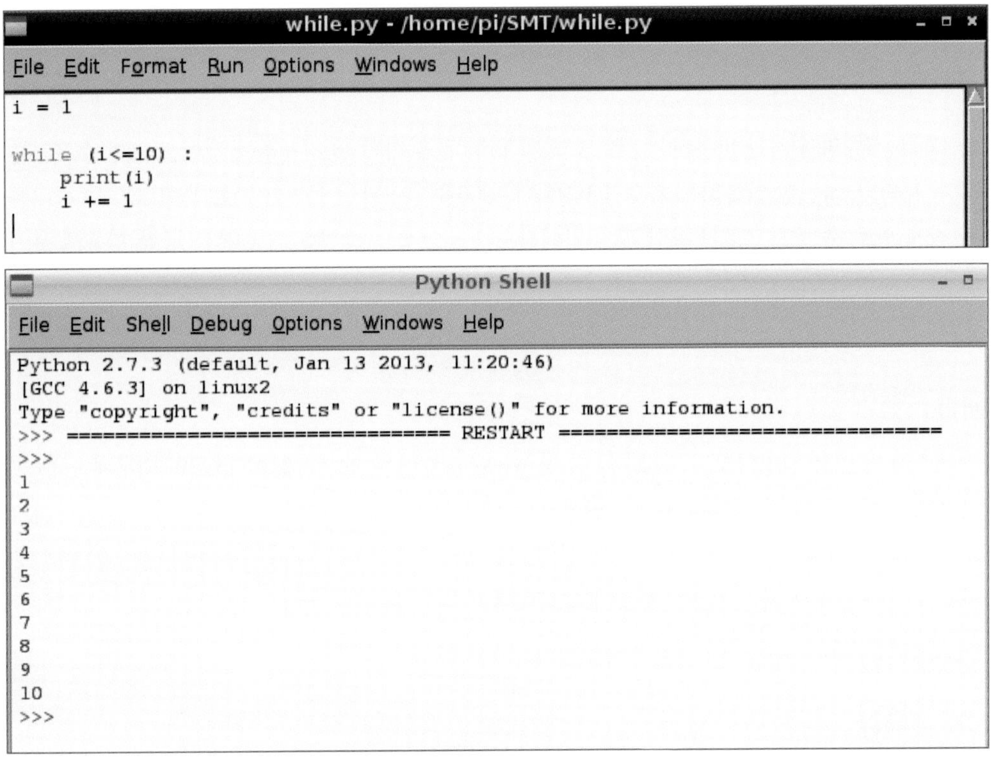

[그림 2-2-30] 'while'문을 이용한 변수의 값을 확인하는 프로그램의 실행 화면

3-5 조건문 If 와 비교

조건문은 비교적 간단하다. 조건문은 명령어가 나타내듯 만약에라고 보면 된다. if라는 명령어 뒤에 오는 어떤 조건이 참일 때와 거짓일 때를 구분하는 명령어라고 보면 된다.

예를 들어 변수 r 의 값이 특정 숫자와 같을 때와 다를 때를 알고 싶다면 다음과 같은 형태로 작성하면 된다.

　　if r == 특정 숫자 :

　　　실행할 문장

여기서 변수 r값에 1이란 값이 저장되어 있다고 보면 주어질 특정 숫자 값이 1과 같은가 다른가를 판단하고 같다면 ":" 다음에 있는 문장을 실행하고 아니면 ":" 다음의 문장을 건너뛰는 것이라 생각하면 된다. "=="는 비교에 사용되는 연산자로서 흔히 비교 연산자 (comparison operators)라고 부른다.

==	같다
!=	다르다
〉	크다
〈	작다
〉=	크거나 같다
〈=	작거나 같다

명령 창에서 간단히 비교 연산자로 인하여 나오는 결과를 확인할 수 있다.

```
1  >>> 5 > 4
2  true
```

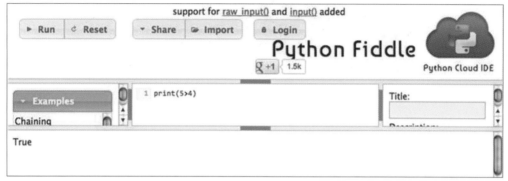

[그림 2-2-31] 비교 연산자의 값을 확인하는 프로그램의 실행 화면 (피들)

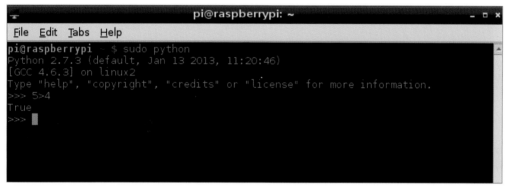

[그림 2-2-32] 비교 연산자의 값을 확인하는 프로그램의 실행 화면 (파이)

```
1  >>> 5 < 4
2  false
```

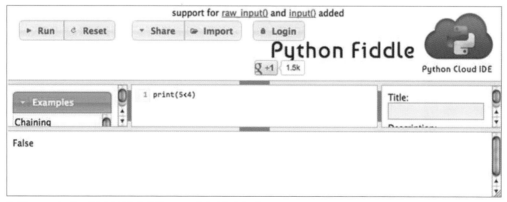

[그림 2-2-33] 비교 연산자의 값을 확인하는 프로그램의 실행 화면 (피들)

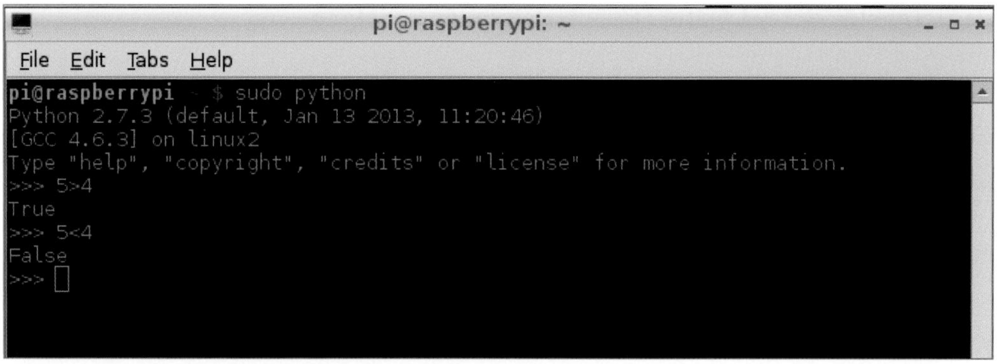

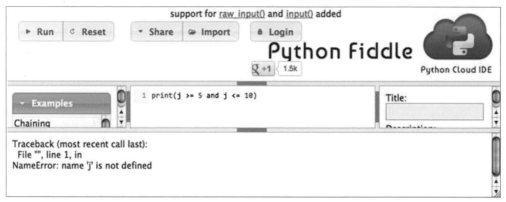

[그림 2-2-34] 비교 연산자의 값을 확인하는 프로그램의 실행 화면 (파이)

if문 안의 조건은 논리 값 (and, or)을 이용하여 여러 개의 조건을 넣을 수 있다. 예를 들어 5보다는 크거나 같고 10보다는 작거나 같은 값이란 조건을 넣고 싶을 때는 다음과 같이 입력하면 된다.

```
1   if r >= 5 and r <= 10 :

2   print ('it's between 5 to 10')
```

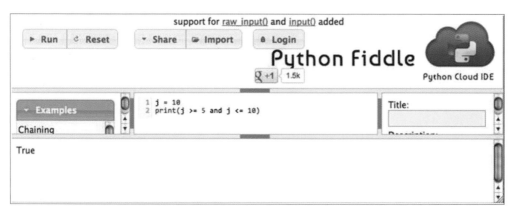

[그림 2-2-35] 정의되지 않은 변수에 대한 비교 연산자의 값을 확인하는 프로그램의 실행 화면 (피들)

[그림 2-2-36] 정의된 변수에 대한 비교 연산자의 값을 확인하는 프로그램의 실행 화면 (피들)

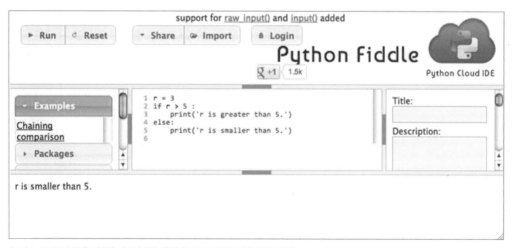

[그림 2-2-37] 정의된 변수에 대한 비교 연산자의 값을 확인하는 프로그램의 실행 화면 (파이)

위에 조건이 아닌 경우는 그 다음 문장을 실행하지 않고 건너 뛰게 된다. 하지만 건너뛰는 형태가 아닌 두 문장 중에 하나만 실행하고 싶다면 'else'란 명령어를 쓰면 된다. 다음의 예를 보면 if와 else의 쓰임을 좀 더 명확히 알 수 있다.

```
1   r = 3
2   if r > 5 :
3       print('r is greater than 5.')
4   else :
5       print('r is smaller than 5.')
6
7   ----> r is smaller than 5.
```

[그림 2-2-38] 'if'문을 이용한 변수의 값을 확인하는 프로그램의 실행 화면 (피들)

```
if else.py - /home/pi/SMT/if else.py                    _ □ ✕
File  Edit  Format  Run  Options  Windows  Help

r = 3

if r > 5 :
    print('r is greater than 5.')
else :
    print('r is smaller than 5.')

>>> ============================ RESTART ============================
>>>
r is smaller than 5.
>>>
```

[그림 2-2-39] 'if'문을 이용한 변수의 값을 확인하는 프로그램의 실행 화면 (파이)

3-6 리스트 (list)

a) String

String은 문자열이라고 부르기도 하며 문자들의 모임을 하나의 변수로 지정하는 방식이라 보면 된다. 파이선에서 'string' 변수를 만들려면 특별히 변수에 따로 변수 타입을 지정해주지 않고, 변수에 아래와 같이 원하는 문자열을 인용부호(' ' 또는 " ")와 함께 할당해주면 된다.

```
>>> project_name = 'Smart Home with Raspberry Pi'
```

또는

```
>>> project_name = "Smart Home with Raspberry Pi"
```

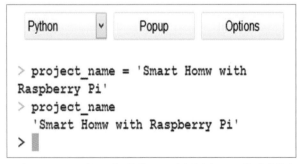

[그림 2-2-40] (' ') 인용부호를 이용한 String 값의 할당과 String 변수의 값 확인 실행 화면

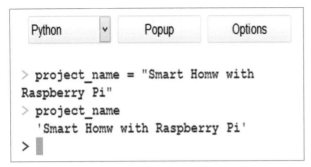

[그림 2-2-41] (' ') 인용부호를 이용한 String 값의 할당과 String 변수의 값 확인 실행 화면

파이선 피블에서는 'print' 함수를 이용해서[그림 2-2-42]과 같이 확인할 수 있다.

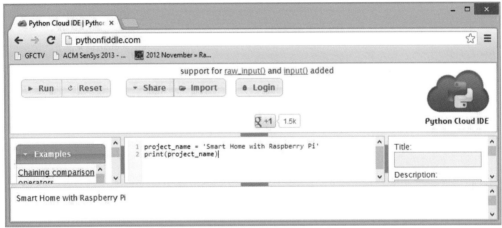

[그림 2-2-42] 'string' 값을 확인하는 프로그램의 실행 화면 (피들)

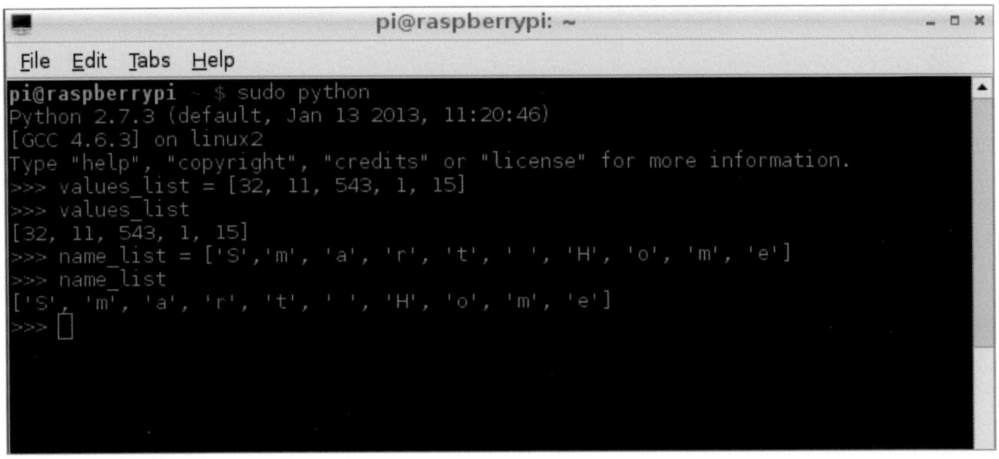

[그림 2-2-43] 'string' 값을 확인하는 프로그램의 실행 화면 (파이)

위의 두 예에서 두 결과는 약간의 차이가 있다. 단순히 변수만으로 값을 확인하면 'Smart Home with Raspberry Pi'로 결과와 함께 인용부호(' ')를 함께 출력하여 출력된 값이 'string' 변수 임을 나타낸다. 하지만 'print' 함수를 이용하면 인용부호 없이 내부의 문자열을 바로 출력한다.

이렇게 문자열이 저장된 변수에 얼마만큼의 글자가 들어 있는지 알아보려면 'len()' 함수를 사용하면 된다. 문자열 변수를 다음과 같이 입력 파라미터로 집어 넣으면[그림 2-2-44]과 같은 결과를 볼 수 있다.

len(문자열 변수)

[그림 2-2-44] 'String' 변수의 문자열 길이를 확인하는 프로그램의 실행 화면

String 문장열 변수에 어떤 문장이 저장되어 있다면 그 문장에서 특정한 위치의 문자만을 가져올 수 있다. 예를 들어 'Smart Home with Raspberry Pi'라는 문장이 있다면, [그림 2-2-44]에서 보듯이 문장의 총 길이는 28 이다. 위의 문자열을 공백을 포함해서 세어보면 정확히 28개의 문자가 있다는 것을 알 수 있다. 그렇다면 문자열에서 첫 번째는 'S', 두 번째는 'm', 세 번째는 'a'라는 것을 알 수 있다. 이와 같은 각 문자는 번호가 있는데 이 번호는 0부터 시작한다. 그러므로 첫 번째 글자인 'S'는 'project_name[0]' 에 저장된 것이고, 세 번째 값은 'project_name[2]'에 저장된 것이라고 보면 된다. [그림 2-2-45]는 문자열의 세 번째 값을 출력하는 간단한 프로그램의 결과 화면이다.

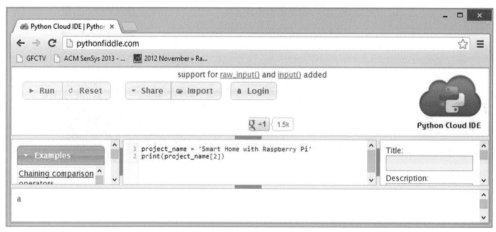

[그림 2-2-45] 'String' 변수의 세 번째 값을 확인하는 프로그램의 실행 화면

이렇게 'String' 변수의 값을 직접 확인할 수 있지만 주의해야 할 점이 하나 있다. 프로그램을 실제로 작성해 보면 가장 흔히 볼 수 있는 오류가 'index out of range' 일 것이다. 이는 배열이나 문자열이 메모리에 특정 영역을 차지할 때 크기가 정해지기 때문에 주어진 범위 이상의 영역에서 값을 요구하게 되면 이러한 오류가 발생하게 된다. 간단히 예를 들면 앞에서 보았던 문자열에서 문자열 변수의 크기는 28이었다. 이 문자열 보다 큰 66번째의 문자를 요구해보자 [그림 2-2-46]과 같은 오류에 대한 결과를 확인할 수 있을 것이다.

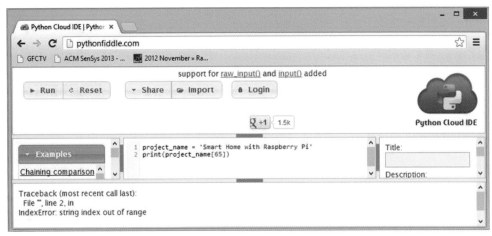

[그림 2-2-46] 'String' 변수의 66번째 값을 확인하는 프로그램의 실행 화면

list는 다른 프로그래밍 언어에서 배열과 같은 기능을 한다고 보면 된다. 변수에 임의로 값을 다음과 같이 저장하면 숫자 값은 배열의 형태로 저장된다. 저장된 값들은 실제로 메모리에 [그림 2-2-47]과 같은 형태로 저장된다.

```
>>> values_list = [32, 11, 543, 1, 15]
```

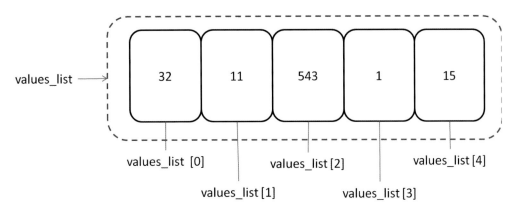

[그림 2-2-47] 숫자 값들이 배열에 저장된 상태.

각 문자도 다음 같이 배열의 형태로 직접 저장할 수 있다.

```
>>> name_list = ['S', 'm', 'a', 'r', 't', ' ','H' ,'o' ,'m' ,'e']
```

저장된 값들을 'for' 문을 통해서 [그림 2-2-48]과 같이 확인할 수 있다.

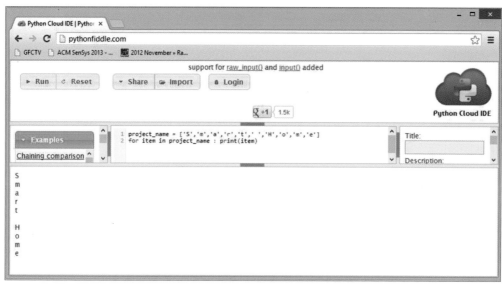

[그림 2-2-48] 'String' 변수의 각 값을 확인하는 프로그램의 실행 화면 (피들)

3-7 함수 (Function)

간단한 프로그램을 작성할 때는 프로그램의 라인이 길지 않기 때문에 한 번에 작성하면 된다. 하지만 조금이라도 프로그램 크기가 커지면 프로그램을 한 번에 작성하기란 쉽지 않다. 이런 경우 전체 프로그램을 기능별로 따로 쪼갠 후에 각각을 작은 프로그램으로 만들어서 사용한다. 이렇게 만든 각 단위 프로그램을 함수 (Function)라고 부른다.

자 그럼 파이선에서 간단한 함수를 하나 만들어 보자. 앞에서 함수를 하나의 기능을 수행하는 단위 프로그램으로 보았으니, 여기서는 입력한 문자에 특정 문자를 추가해주는 함수를 만들어 보자. 기본적으로 함수는 값을 입력 받고 특정 동작을 한 후에 결과 값을 리턴하는 방식이라 생각하면 된다. 라즈베리파이의 파이선 에디터로 [그림 2-2-49] 와 같이 프로그램을 입력하도록 하자. 프로그램에서 첫 번째 라인에서 'input' 이라는 이름의 파라미터를 입력 변수를 받는 'SmartHomeEx' 라는 이름의 함수를 정의하겠다는 의미이다.

```
def SmarHomeEx1(input):
```

함수 내부를 보면

```
output = input + " was typed."
```

'output' 이란 변수에 입력 받은 'input' 변수의 값에 'was typed.' 라는 문자열을 추가하여 저장하겠다는 의미
이다.

    return output

이렇게 저장된 'output' 문자열 변수를 함수가 호출되어 실행되고 나면 결과로서 돌려준다는 의미이다.

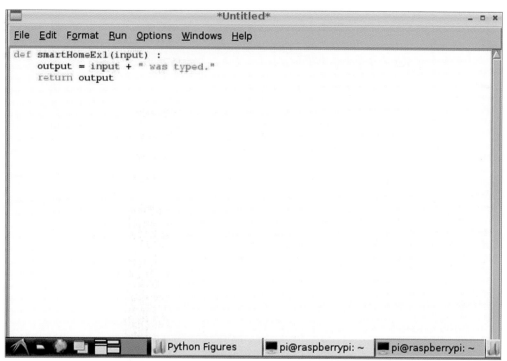

[그림 2-2-49] 'smartHomeEx1'이란 이름을 가진 함수의 프로그램 코드

여기까지 입력하고 실행하면 아무런 결과가 나타나지 않을 것이다. 이는 단순히 함수를 정의만 하였지 실
제로 호출하여 사용하지 않았다는 의미이다. 같은 파일에서 [그림 2-2-50]과 같이 다음의 코드를 추가해
주자.

    print(smartHomeEx1('Test'))

이 코드에서 'smartHomeEx1' 함수에 'Test'라는 문자열을 입력하여 리턴 값을 화면에 출력한다.

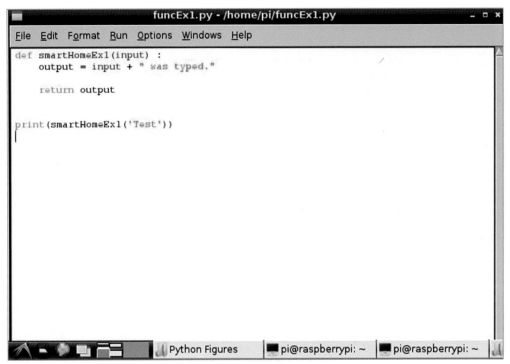

funcEx1.py - /home/pi/funcEx1.py
File Edit Format Run Options Windows Help
def smartHomeEx1(input) :
output = input + " was typed."
return output
print(smartHomeEx1('Test'))
Python Figures
pi@raspberrypi: ~
pi@raspberrypi: ~
[그림 2-2-50] 'smartHomeEx1'이란 이름을 가진 함수의 프로그램 코드에 함수를 호출하는 부분을 추가한 화면

파일을 저장한 후 메뉴에서 Run-Run Module을 선택해서 결과를 확인하면 [그림 2-2-51]과 같이 입력된 문자에 'was typed.'라는 문자가 추가된 것을 확인할 수 있다.

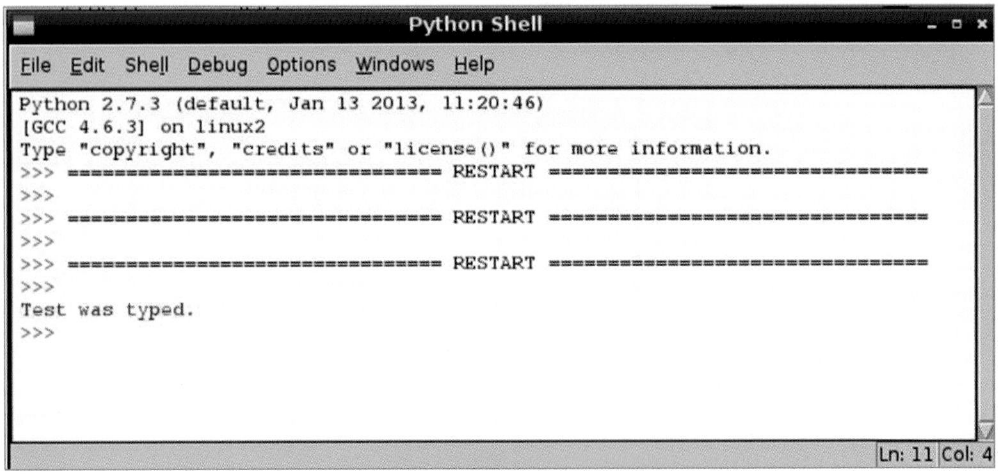

Python Shell
File Edit Shell Debug Options Windows Help
Python 2.7.3 (default, Jan 13 2013, 11:20:46)
[GCC 4.6.3] on linux2
Type "copyright", "credits" or "license()" for more information.
>>> ================================ RESTART ================================
>>>
>>> ================================ RESTART ================================
>>>
>>> ================================ RESTART ================================
>>>
Test was typed.
>>>
Ln: 11 Col: 4
[그림 2-2-51] 'smartHomeEx1'이란 이름을 가진 함수의 프로그램 실행 화면

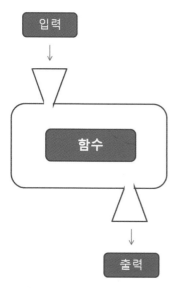

[그림 2-2-52] 'String' 변수의 값을 받고 문자열을 추가하여 리턴하는 프로그램

개념적으로 알아보기 위해 [그림 2-2-52]을 잠깐 보도록 하자. 이 그림은 수학에서 함수를 배울 때 자주 사용하는 그림이다. 위에서 작성한 코드를 이 그림과 비교해 보면 함수의 입력과 출력 부분이 있고 입력으로 'input' 변수가 정의되어 있지만 아직 아무것도 입력되지 않은 상태이다. 여기에 입력으로 'Test' 문자열을 주고 출력으로 'Test was Typed.'으로 받았다. 위에서 정의한 smartHomeEx1 함수는 그림에서 중간에 위치한 상자라고 생각하면 되겠다.

3-8 다중 할당 (Multiple Assignment), 다중 리턴 값 (Multiple Return Values)

다중 할당이란 여러 개의 값들을 변수들에 한 문장으로 할당하는 것이다. 우선 간단히 변수에 어떤 값을 할당 할 때는 '=' 연산자를 사용한다. 파이선에서는 이러한 할당을 여러 변수에 한 번에 수행할 수 있다.

```
>>> r, a, s, p = 1, 2, 3, 4
```

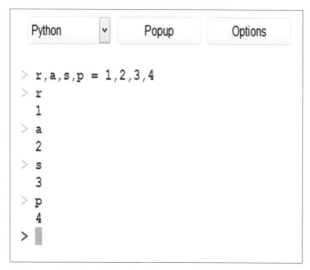

[그림 2-2-53] 값들을 여러 변수에 할당하는 코드의 결과

일반 C언어에서 함수 내의 값을 리턴하려면 하나의 값 밖에 할 수 없지만, 파이선에서는 여러 개의 값들을 리턴할 수 있다. 예를 들어 어떤 함수가 여러 개의 값을 받은 후에 총합과 평균 값을 한 번에 리턴하고 싶다고 하자. 이런 경우 함수가 두 개의 리턴 값을 돌려주어야 한다. 간단히 다음의 코드를 살펴보자.

```
1   def sumNavg(numbers) :
2     V_sum = sum(numbers)
3     V_avg = V_sum / len(numbers)
4     return (V_sum, V_avg)
5
6   list = [1, 2, 3, 4, 5, 6, 7, 8, 9, 10]
7   r_sum, r_avg = sumNavg(list)
8   print(r_sum)
9   print(r_avg)
```

위 코드는 sumNavg라는 함수가 리스트 값을 입력으로 받아들여 받은 숫자의 총합과 평균 값을 리턴해주는 프로그램이다. 코드의 4번째 라인을 보면 리턴 값이 두 개인 것이 보일 것이다.

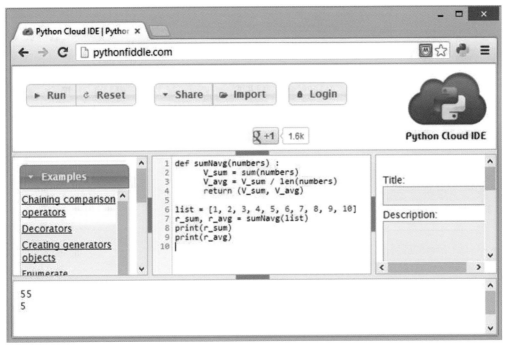

[그림 2-2-54] 다중 리턴 프로그램의 실행 결과

3-9 예외 (Exception)

프로그램은 실행 중에 프로그램 내의 어떤 오류로 인해서 동작하지 않을 수 있다. 가장 일반적인 오류로는 리스트의 크기보다 큰 범위 값을 요구할 때 흔히 발생한다. 이런 오류가 발생했을 때 프로그램이 멈춰버리기 때문에 프로그램의 특정 부분을 시도해보고 오류가 발생할 때 동작을 미리 정해 놓을 수 있다. 이러한 오류를 피하는 법을 예외 (Exception)라 할 수 있다. 다음의 간단한 예를 보자.

```
1  list = [1,2,3,4,5]
2  print(list[5])
```

위의 코드와 같이 리스트에 5개의 값이 있는데 6 번째 값(list[5])을 요구하게 되면 [그림 2-2-55]처럼 IndexError가 발생하였다고 메세지를 보여주고 프로그램은 멈추게 된다.

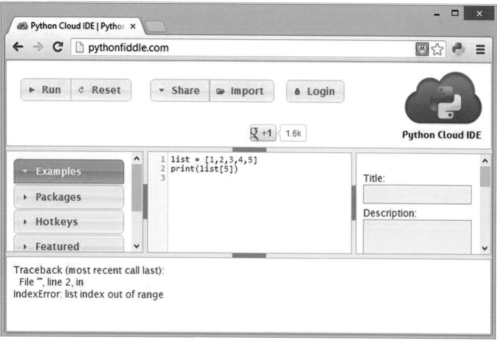

[그림 2-2-55] 인덱스 에러가 발생한 화면

이렇게 프로그램에 의해서 오류 메세지가 발생하는 것을 프로그래머가 다음의 코드처럼 특정 동작을 정해서 실행할 수 있다. 여기서는 'Index Error'라는 문자열을 출력해보겠다.

```
1  try:
2    list = [1,2,3,4,5]
3    print(list[5])
4  except IndexError:
5    print('Index Error')
```

[그림 2-2-56]의 결과 화면에서 보듯이 예외를 이용하여 프로그램의 에러 메세지 대신에 사용자가 입력한 메세지를 화면에 출력하였다.

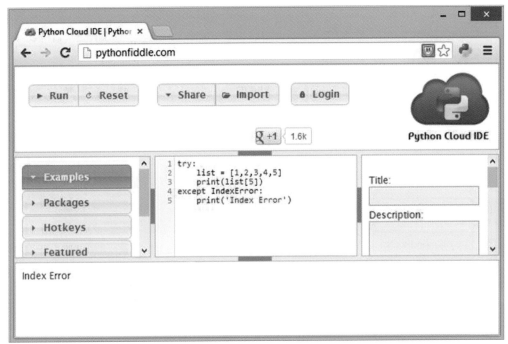

[그림 2-2-56] 예외 개념을 이용한 'Index Error' 메세지 출력 화면

[그림 2-2-56]에서 보듯이 실행한 결과로 인해 'Index Error' 라는 문장이 출력되었다.

list 배열 번호는 0 에서부터 시작하므로 ([0], [1], [2], [3], [4]) list[4]의 값을 출력하면 문제없이 '5'가 아래와 같이 출력된다.

```
1  try:
2      list = [1,2,3,4,5]
3      print(list[4])
4  except IndexError:
5      print('Index Error')
```

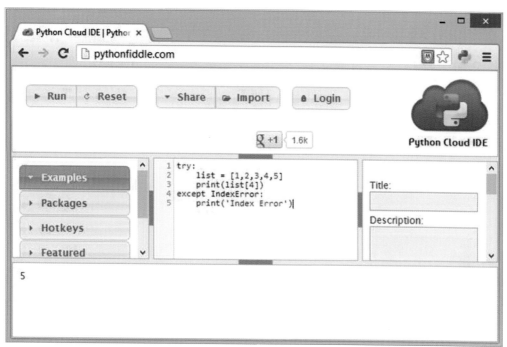

[그림 2-2-57] 다중 리턴 프로그램의 실행 결과

LESSON 04 파이선의 객체지향 프로그래밍

객체지향은 같은 목적의 모듈들을 함께 모아서 쉽게 관리 및 사용하기 위한 개념으로 사용된다. 앞에서 여러 가지 예들을 보였지만 문자열 값들도 이미 객체로서 역할을 하고 있었다. 간단한 예를 들어 'DATA'라는 문자열을 변수에 할당한 후에 변수 이름 뒤에 '.' 을 붙이고 'lower()' 함수를 추가해주면 대문자였던 'DATA' 값이 소문자로 변경된다. 여기서 r과 'DATA'는 내부에 이미 정해져 있는 str 클래스의 인스턴스이다.

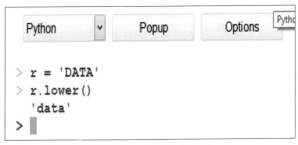

[그림 2-2-58] 'DATA' 문자열의 lower() 매소드 실행 결과

이와 같이 문자열이 정해지면 그에 따른 클래스가 자동으로 정해진다. 각 객체의 클래스는 다음의 명령어를 통해 알아볼 수 있다. (변수.__class__)

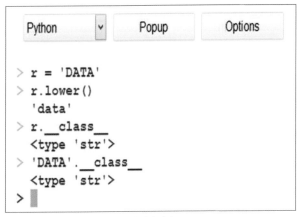

[그림 2-2-59] 다중 리턴 프로그램의 실행 결과

이렇게 내부적으로 이미 정해져 있는 클래스가 있지만, 사용자가 직접 클래스를 정의할 수 있다. 클래스를 정의할 때는 처음에 'class'를 입력하고 그 이름을 적어준다. 클래스 내에는 여러 개의 함수들을 넣을 수 있다. 그럼 간단한 계산기 클래스를 만들어 보자. Calculator() 클래스에 사칙연산에 대한 4가지 함수들이 구현되어 있다.

```
1  class Calculator():
2    def add(self, a, b):
```

```
3      return a + b
4   def sub(self,a, b):
5      return a - b
6   def mul(self,a, b):
7      return a * b
8   def div(self,a, b):
9      return a / b
10
11  cal = Calculator()
12  print cal.add(3, 4)
13  print cal.sub(3, 4)
14  print cal.mul(3, 4)
15  print cal.div(3, 4)
```

Calculator() 클래스로부터 'cal' 이란 인스턴스를 생성한 후에 각 사칙 연산에 3과 4를 집어 넣어 값을 확인한다. [그림 2-2-60]는 파이선 피들로 실행해본 결과이다. 7, –1, 12, 0 이라는 출력 값을 확인할 수 있다.

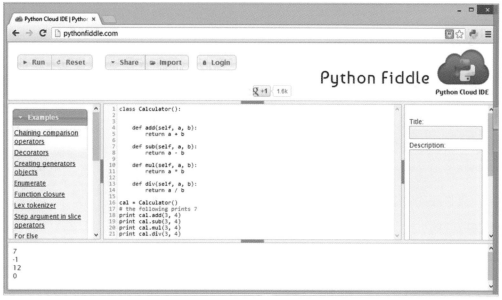

[그림 2-2-60] 다중 리턴 프로그램의 실행 결과

```
1   class Calculator(object):
2    def __init__(self,instanceName, arg1):
3      self.arg1 = arg1
4      self.instanceName = instanceName
5    def add(self, a, b):
6      return a + b
7    def sub(self,a, b):
8      return a - b
9    def mul(self,a, b):
10     return a * b
11   def div(self,a, b):
12     return a / b
13
14   cal = Calculator('INST', 1)
15   # the following prints 7
16   print cal.add(3, 4)
17   print cal.sub(3, 4)
18   print cal.mul(3, 4)
19   print cal.div(3, 4)
```

이번 예제가 앞의 예제와 다른 부분이 몇 가지 있다. 일단 클래스 앞부분에 보면 '__init__' 메소드 이름 앞뒤로 약간 생소해 보이는 언더바('_')들이 보인다. 파이선이 클래스의 인스턴스를 만들 때, 초기화 메소드인 '__init__'를 자동적으로 호출한다. 아래의 코드를 자세히 보면 'self' 라는 파라미터가 보일 것이다. 이는 '__init__' 메소드가 반드시 첫 번째 파라미터로 포함하여야 하는 것이다. 'self' 파라미터는 객체 자체를 참조하는 것으로서 '__init__' 메소드 내부에서 클래스 내에서 자기 자신을 참조할 때 사용하면 된다.

```
def __init__(self, instanceName, arg1):
    self.arg1 = arg1
    self.instanceName = instanceName
```

여기서 새로 만든 'Calculator' 클래스의 인스턴스인 'cal'에 두 개의 인자를 할당하여 인스턴스를 생성하였다.

객체 지향의 개념에서 빠질 수 없는 것이 캡슐화 (encapsulation)이다. 캡슐화는 클래스가 하는 모든 작업을 클래스 내부에 캡슐에 넣듯이 집어 넣는 것이라 보면 된다. 여기서 보았던 계산기 클래스를 예로 들면 클래스의 두 개의 변수와 4개의 사칙연산 메소드들이 하나의 클래스 안에 저장되어 있다는 의미로 해석하면 된다.

객체 지향에서 빠질 수 없는 또 하나의 개념이 바로 상속이다. 앞에서 작성한 계산기 프로그램을 예로 들면 사칙 연산을 포함한 클래스는 그대로 놔두고 다른 연산 하나만을 추가해서 새로운 클래스를 하나 만들고 싶다고 하자. 그럴 경우 앞의 'Calculator' 클래스는 그대로 두고 새로운 클래스에서 'Calculator'를 상속받으면 된다. 이렇게 되면 새로운 클래스에 따로 사칙 연산 메소드들을 다시 구현하지 않아도 상속받은 변수와 클래스들을 그대로 사용할 수 있게 된다. 다음의 코드를 보자.

```
1   class Calculator(object):
2     def __init__(self,instanceName, arg1):
3       self.arg1 = arg1
4       self.instanceName = instanceName
5     def add(self, a, b):
6       return a + b
7     def sub(self,a, b):
8       return a - b
9     def mul(self,a, b):
10      return a * b
11    def div(self,a, b):
12      print(self.instanceName)
13      return a / b
14  # Calculator 클래스를 상속 받은 클래스
15  class Calculator_inheritance(Calculator):
16    def __init__(self,instanceName, arg1):
17      self.arg1 = arg1
18      self.instanceName = instanceName
19  def factorial(self, a):
20    fac = 1
21    while (a > 1) :
22      fac = fac * a
23      a -= 1
24   return fac
25
26  cal_inher = Calculator_inheritance('INHERITANCE', 1);
27
28  print cal_inher.add(5,6)
29  print cal_inher.factorial(5)
```

'Calculator' 클래스를 상속받기 위해서 클래스 이름을 쓰고 인자가 들어가는 곳에 상속받을 클래스의 이름을 다음과 같이 넣으면 된다.

```
class Calculator_inheritance(Calculator):
```

그리고 클래스 내부에 새로운 메소드를 다음과 같이 추가해 보자.

```
def factorial(self, a):
    fac = 1
    while (a > 1) :
        fac = fac * a
        a -= 1
    return fac
```

이제 새로운 클래스 'Calculator_inheritance' 로 부터 'cal_inher' 인스턴스를 생성하자.

```
cal_inher = Calculator_inheritance('INHERITANCE', 1);
```

여기서 'Calculator' 클래스에 있는 'add' 메소드와 'Calculator_inheritance' 에 새로 만든 'factorial' 메소드를 'cal_inher'를 이용해서 실행해보면 두 메소드가 잘 동작하는 것을 확인할 수 있다.

```
print cal_inher.add(5,6)
print cal_inher.factorial(5)
```

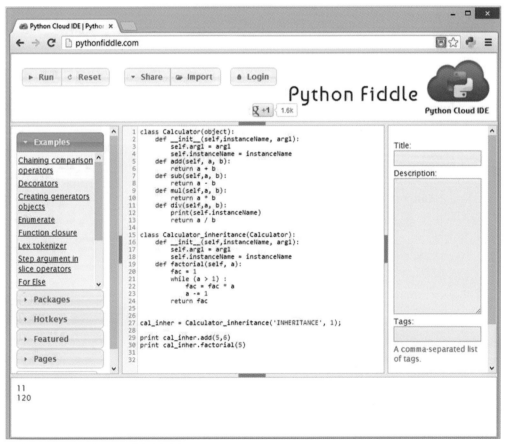

[그림 2-2-61] 클래스 상속 프로그램의 실행 결과

LESSON 05 파일 관리

프로그램이 사용하는 각종 값들은 메모리 공간에 저장되고 사용되며 프로세서에 의해서 값이 계산되고 변경된다. 이렇게 사용된 값들은 프로그램이 종료되면 사라지는 휘발성 데이터라고 생각할 수 있다. 사용된 값들을 저장 장치 (하드디스크 또는 메모리 카드)에 저장시켜두고 필요할 때 다시 꺼내서 사용할 수 있게 해주는 가장 대표적인 방법이 파일에 저장하는 것이다. 파이선은 프로그램이 파일 사용을 쉽게 해주는 여러 가지 파일 관련 기능들을 제공해준다. 프로그램으로 파일을 사용할 때, 크게 두 가지 기능 (파일 읽기, 쓰기) 만 제대로 알면 된다.

5-1 파일 읽기

앞서 언급한 것과 같이 파이선 프로그램은 파일을 읽는 방법을 아주 쉽게 만들어 놓았다. 파일 읽는 법은 간단한 예제를 통해서 이해해 보자.

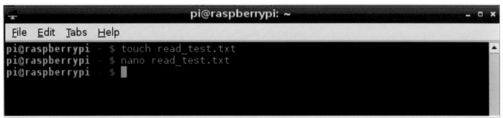

[그림 2-2-62] 'touch' 명령어를 이용해 텍스트 파일 만들기

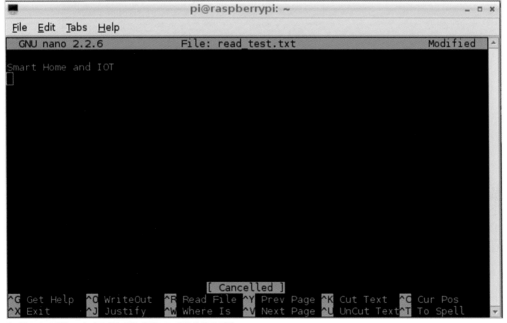

[그림 2-2-63] 'nano' 에디터를 이용해 텍스트 파일에 문자 입력

우선 IDLE 프로그램에서 [그림 2-2-62]과 같이 'touch' 명령어를 사용해서 텍스트 파일을 하나 만들자. [그림 2-2-63]에서 보듯이 앞에서 배운 'nano' 에디터를 사용해서 파일에 문자를 입력하고 입력이 완료되면 'ctrl + X'를 입력하고 'Y'를 눌러 저장하자. 파일이 정상적으로 저장되었다면 파이선 콘솔에서 다음의 명령어로 파일을 불러올 수 있다.

```
>>> rf = open ('PythonStudy/read_test.txt')
```

파이선 콘솔은 현재 디렉토리를 기본 위치로 인식하고 있으므로, '/home/pi' 가 현재 폴더일 것이다. 우리가 이번 Chapter 초반에 'PythonStudy'라는 폴더를 만들고 파일을 저장하였으므로 파일 이름 앞에 프로그램이 저장된 폴더 이름을 적어 주었다. 혹시 여기서 오류가 발생한다면 파일이 저장된 위치를 잘 확인해 보기 바란다.

앞선 코드에서 rf 인스턴스를 생성하였으므로 해당 파일 인스턴스로부터 파일 내부 값을 다음의 코드를 이용해서 읽어보자.

```
>>> rf.read()
```

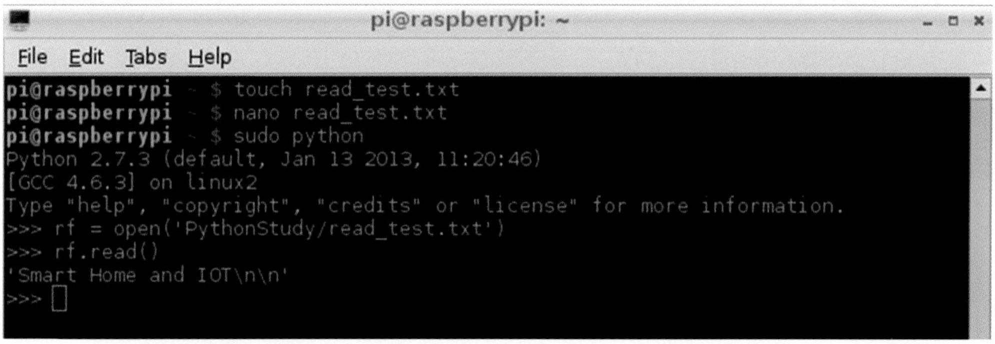

[그림 2-2-64] 'read_test.txt'로 부터 저장된 텍스트를 읽어 온 화면

일단 파일 내의 값을 읽는 것은 [그림 2-2-64]에서 보는 것처럼 간단한 코드 몇 줄로 해결되었다.

이제 파일 내의 텍스트들을 한 줄씩 분리해서 배열 내의 각 공간에 저장해 보자. 일단 코드를 알아보기 전에 [그림 2-2-65] 처럼 'read_test.txt' 파일에 문자를 한 줄에 한 단어씩 입력하고 저장하자.

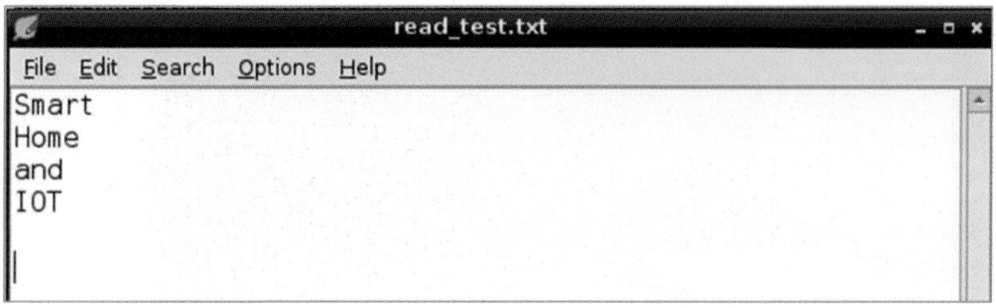

[그림 2-2-65] 'read_test.txt'에 내용 입력

파일이 저장되었다면, 다음의 코드를 실행해보자.

```
1  Rwords = rf.read()
2  Rwords.splitline()
3  Print(Rwords.splitlines())
```

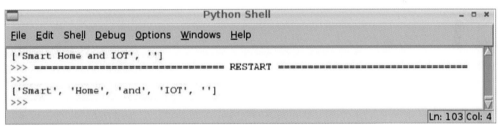

[그림 2-2-66] 파일을 읽어 내용을 분리하는 파이선 프로그램

[그림 2-2-67]에 결과가 나와 있다. 위에 보이는 'Smart Home and IOT'는 이전의 파일을 라인별로 분리 한 것이다. 첫 번째 줄에 모든 문자가 있어서 하나의 값으로 저장되었고 다음 줄은 빈 칸이므로 ' '으로 나타나 있는 것을 볼 수 있다. [그림 2-2-67]의 아래쪽의 결과를 보면 'Smart', 'Home', 'and', 'IOT', ' '이런 배열이 출력되었다. 이를 통해서 각 줄에 있는 문자가 하나씩 저장되었음을 알 수 있다.

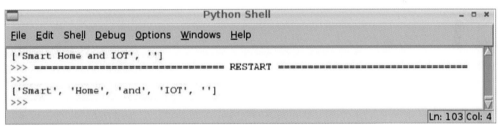

[그림 2-2-67] 'read_test.txt'로부터 읽어온 값을 한 줄씩 저장한 화면

[그림 2-2-67]에서 보는 것과 같이 파일에서 읽어온 값들이 배열에 차례대로 저장된 것을 확인할 수 있다. 파일에서 값을 읽기 위해서 'open' 함수를 사용하여 파일을 읽어 왔으므로 필요한 데이터를 가져왔다면 'close'함수로 파일을 닫아 주는 것이 좋다. 이렇게 함으로서 운영체제가 잠시 점유하였던 리소스들을 다른 곳에 사용할 수 있게 해주기 때문에 프로그램을 좀 더 효율적으로 운영할 수 있다. 다음의 코드와 [그림 2-2-68]이 텍스트 파일에서 텍스트들을 읽어오는 기능의 시작과 끝을 간략하게 보여 준 것이다.

```
1  rf = open ('PythonStudy/read_test.txt')
2  Rwords = rf.read().splitlines()
3  rf.close()
```

```
rf open.py - /home/pi/rf open.py
File Edit Format Run Options Windows Help
rf = open('PythonStudy/read_test.txt')
Rwords = rf.read()
print(Rwords.splitlines())
rf.close()

>>> ================================ RESTART ================================
>>>
['Smart', 'Home', 'and', 'IOT', '']
>>>
```

[그림 2-2-68] rf.close() 추가하고 실행한 화면

하지만 위의 코드를 바로 프로그램에 적용해서는 안 된다. 우리는 'PythonStudy' 폴더 안에 'read_test.txt' 파일이 있다고 알고 있기 때문에 위와 같이 테스트하였지만, 파일을 읽어 오는 것은 다른 변수들이 존재할 수도 있다. 앞서 배운 개념 중에 예외(Exception)란 개념이 있었다. 파일을 읽어 오는 기능을 제대로 구현하기 위해서는 이 개념을 활용하여야 한다. 간단히 다음의 코드를 살펴보자.

```
try :
  rf = open ('PythonStudy/read_test.txt')
  Rwords = rf.read().splitlines()
  rf.close()
except IOError :
  print('File Error')
  exit()
```

파이선 프로그램이 파일을 읽으려 할 때 파일이 없거나 파일명이 다른 경우가 있을 수 있다. 이 경우 예외 기능을 넣지 않으면 프로그램이 바로 멈춰버릴 수 있다. 따라서 위와 같이 일종의 안전 장치를 같이 넣어주는 것이 좋다.

```
rf open.py - /home/pi/rf open.py
File Edit Format Run Options Windows Help
try :
    rf = open('PythonStudy/read_test.txt')
    Rwords = rf.read()
    print(Rwords.splitlines())
    rf.close()

except IOError :
    print('File Error')
    exit()
```

[그림 2-2-69] 'try except' 기능을 추가하고 실행한 화면

5-2 파일 쓰기

파일 쓰기도 파일 읽기와 마찬가지로 쉽고 상당히 비슷하다. 정해준 파일 이름으로 파일을 열고 파일에 텍스트를 입력해준 후에 열었던 파일을 닫아주면 된다. 여기에 파일 쓰기와 관련된 몇 가지 모드를 설정해 주면 된다. 모드는 4가지가 존재하는데 아래의 [표 2-2-1]을 참조해서 넣어 주면 된다. 만약에 사용자가 모드를 정해주지 않으면 모드 'r'로 자동 설정된다.

[표 2-2-1] 파일 쓰기 모드

모드	설명
r	읽기
w	쓰기, 같은 이름의 파일이 존재하면 새로운 파일로 대체해준다.
a	추가, 이전에 존재했던 파일의 끝부분에 새로운 텍스트를 추가해준다.
r+	읽고 쓰는 것을 동시에 할 수 있게 파일을 연다.

그럼 파이선 콘솔에서 간단히 쓰기 기능을 알아보자.

```
1  >>> wf = open('write_test.txt', 'w')
2  >>> wf.write('Write Test File')
3  >>> f.close()
```

위에서 콘솔에 입력한 코드들은 'write_test.txt' 파일을 쓰기 모드로 열어 준 후에 'Write Test File'이란 글자를 파일에 쓰고 파일을 닫아 준 것이다. 실행한 후에 해당 폴더에 가면 write_test.txt 파일이 저장되어 있는 것을 확인할 수 있다.

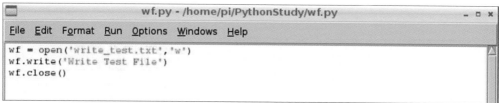

[그림 2-2-70] 파일 쓰기 프로그램

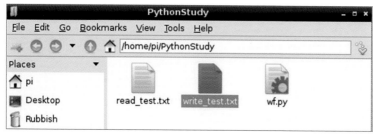

[그림 2-2-71] 파일이 저장된 화면

LESSON 06 인터넷 (Internet) 연결

요즘 만들어지는 대부분의 프로그램들은 인터넷과 연결되어 동작한다. 이러한 동작은 주로 프로그램이 HTTP (Hypertext Transfer Protocol) 요청을 웹 서버로 전송하고, 웹 서버가 응답에 해당하는 데이터를 프로그램으로 보내주는 방식으로 동작한다. 이렇게 받은 데이터를 이용해서 프로그램 사용자에게 서비스를 제공한다. 다음의 간단한 예제를 보자.

```
1   From urlib2 import urlopen
2   url_v = 'http://www.psu.edu'
3   file_v = urlopen(url_v)
4   contents = file_v.read()
5   print (contents)
6   file_v.close()
```

앞의 예제는 'urllib2' 로부터 'urlopen' 페키지를 호출하고 'http://www.psu.edu' 웹 페이지에서 정보를 가져와서 화면에 출력하는 프로그램이다.

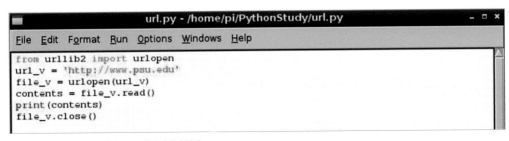

[그림 2-2-72] 파이선 인터넷 프로그램이 저장된 화면

이 프로그램을 실행하면 [그림 2-2-72]에서 보는 것처럼 웹 페이지의 HTML 정보를 가져와 화면에 출력하는 것을 확인할 수 있다.

```
Python Shell                                          _ □ ×

File  Edit  Shell  Debug  Options  Windows  Help

js/js_mruokrwicr:zoruormxaobjroznr:vonxxxicxromrxuo.js ></script>
<script type="text/javascript">
<!--//--><![CDATA[//><!--
    var _gaq = _gaq || [];
    _gaq.push(['_setAccount', 'UA-190618-5']);
    _gaq.push(['_setDomainName', document.domain]);
    _gaq.push(['_trackPageview']);

    _gaq.push(['2._setAccount', 'UA-26745558-1']); //  roll up account
    _gaq.push(['2._setDomainName', '.psu.edu']);
    _gaq.push(['2._trackPageview']);

    (function() {
      var ga = document.createElement('script');
      ga.type = 'text/javascript';
      ga.async = true;
      ga.src = ('https:' == document.location.protocol ? 'https://ssl' : 'http:/
/www') + '.google-analytics.com/ga.js';
      var s = document.getElementsByTagName('script')[0];
      s.parentNode.insertBefore(ga, s);
    })();

    window.onload = function() {
      var links = document.getElementsByTagName('a');
      for (var x = 0; x < links.length; x++) {
        links[x].onclick = function(e) {
        var mydomain = new RegExp(document.domain, 'i');
        var link = this.getAttribute('href');
        if (link.indexOf("http:") != -1) {
          if (!mydomain.test(link)) {
             tracker = _gat._createTracker('UA-26745558-1');
             tracker._trackEvent('outgoing', 'click', link);
        }
      }
    };
    }
  }
//--><![]]>
</script>
</body>
</html>
>>>
                                                       Ln: 849 Col: 4
```

[그림 2-2-73] 파이선 인터넷 프로그램이 저장된 화면

LESSON 07 GUI (Graphic User Interface)

Part 2에서 지금까지 배운 파이선 프로그램들은 중요한 부분들이지만 실제 사용자 화면에서 확인하려면 'print' 함수 등을 이용해서 화면에 글자를 출력하여 확인을 시켜 주어야만 했다. 현재 대부분의 프로그램들은 사용자에게 그래픽을 통하여 정보를 알려주는 형태로 되어 있으며, 이러한 방식의 인터페이스는 실제적인 프로그램을 작성 함에 있어 중요한 요소이다. 자 그럼 GUI 방식의 프로그램에 대해서 알아보자.

7-1 Tkinter

Tkinter는 파이선 프로그램 뿐만 아니라 다양한 다른 프로그래밍 언어에서도 제공하는 GUI 시스템이며, 파이신 프로그램에 기본적으로 포함되어 있으므로 따로 설치가 필요없다. 우선 Tkinter를 이용한 간단한 프로그램을 하나 작성해서 실행해 보자. 앞에서 계속 해왔던 것처럼, 라즈비언 화면에서 'Idle' 프로그램을 더블 클릭해서 실행하고 메뉴에서 'New Window'를 클릭하여 새로 에디터를 하나 열고나서 아래의 코드를 입력하고 'TK_Test.py'로 저장하자.

```
1   From Tkinter import *
2   tk_var = Tk()
3   Label(tk_var, text='Smart Python').pack()
4   tk_var.mainloop()
```

저장을 완료하였다면 에디터 창의 메뉴에서 'Run – Run Module'을 클릭하여 프로그램을 실행하자. [그림 2-2-74]에서 보는 것처럼 간단한 Tkinter 프로그램이 실행되는 것을 확인할 수 있다.

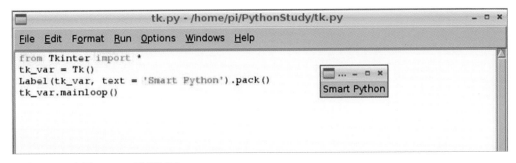

[그림 2-2-74] 간단한 GUI 프로그램 실행 화면

위의 예제 코드에서 Tk 의 객체를 변수 'tk_var'에 저장하였다. 그 후에 'Label' 클래스의 인스턴스를 생성하여 Label 클래스의 첫 번째 인자로서 tk_var를 입력하였고, 레이블의 글자로 'Smart Python'이란 글자를 입력하였다. 'Label' 클래스의 pack이라는 메소드가 윈도우 공간에서 사용할 수 있게 해준다. 이 말을 정리 해보면,

- Tkinter 모듈을 가져온다.
- GUI 응용 프로그램의 메인 윈도우를 만든다.
- Label 클래스를 통해서 레이블과 입력할 글자들을 팩 해준다.
- 사용자에 의해서 발생된 각 이벤트에 대한 액션을 취하기 위해 메인 이벤트 루프에 들어간다.

'Tkinter' 는 GUI 응용 프로그램을 만들기 위해 필요로 하는 다양한 컨트롤을 제공한다. [표 2-2-2]에 10가지의 자주 사용하는 컨트롤에 대해서 정리해 놓았다.

[표 2-2-2] Tkinter의 컨트롤 리스트

Operator	설명
Button	응용 프로그램에 버튼을 보이게 할 때 사용함
Canvas	캔바스는 선, 달걀형, 팔각형, 직사각형 등을 응용프로그램에 그릴 때 사용함
Label	레이블은 다른 위젯을 위한 한 줄의 캡션을 제공하며, 이미지를 포함할 수 있음.
Listbox	리스트 박스는 사용자에게 옵션 리스트를 제공함.
Menubutton	메뉴 버튼은 프로그램에 메뉴를 보여주기 위해 사용함.
Menu	메뉴는 메뉴 버튼에 포함된 다양한 명령어들을 제공함.
Message	메세지는 사용자로부터 받은 값을 여러 줄의 텍스트 필스로 보여줌.
Scrollbar	스크롤바는 리스트 박스 같은 여러 개의 컨텐츠를 볼 때 스크롤링하여 찾는 기능임.
Text	텍스트를 여러 줄에 걸쳐 보여주기 위해 사용함.
tkMessageBox	메세지 박스를 출력하기 위하여 사용함

여기까지 파이선 프로그래밍 언어의 기본적인 사용 방법에 대해서 알아보았다. 앞서 설명한 것처럼 파이선 프로그래밍 언어는 비교적 사용하기 쉽고 객체 지향의 개념을 가진 활용도가 높은 언어이다. 파이선은 다양한 분야에 완성도가 높은 다양한 라이브러리가 제공되고 있으니, 라즈베리파이뿐만 아니라 독자의 관심에 따라 여러 분야에 응용하여 파이선 프로그램을 자신의 것으로 만들기 바란다. 이제 파이선을 활용하여 다음 Part에서 실제 라즈베리파이의 하드웨어를 동작시켜 하드웨어와 소프트웨어를 통합하여 보자.

생각해 보기

1. 화면의 특정 변수(변수x)의 값을 출력하려면 어떻게 하면 되는가?
2. 앞서 배운 계산기의 사칙 연산 기능 외에 어떤 계산 기능을 추가할 수 있을까?
3. 자신이 지금 필요한 프로그램을 만든다면 어떤 기능을 하는 함수가 필요할지 생각해 보자.
4. 앞서 배운 기능들을 이용해 시계를 만들려고 한다면 어떤 기능이 추가로 필요할까?

라즈베리파이 2와
메트랩 (Matlab)

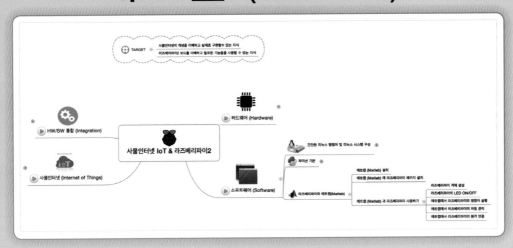

메트랩 (Matlab)은 MathWorks사에서 개발한 기술 관련 컴퓨팅용 언어를 기반으로한 프로그래밍이 가능한 개발 환경이다. 메트랩을 사용하여 알고리즘 개발, 데이타 분석, 데이터의 시각화 그리고 수학적 연산 등 다양한 분야에서 활용할 수 있으며 교육, 연구, 산업 분야에서 현재 다양하게 사용되고 있다. 특히 다방면의 엔지니어들이 메트랩을 이용하여 아이디어를 구체화하고 구현할 수 있으며, 다양한 분야의 연구 주제들, 신호 및 이미지 프로세싱, 통신, 제어 시스템, 그리고 제정 (Finance) 관련 연산 등을 융합하여 함께 연구나 개발할 수 있게 해주는 프로그램 환경이다. 이렇게 활용도가 높고 다양한 분야에 응용이 가능한 개발환경 프로그램인 메트랩에서, 저렴한 가격의 하드웨어인 라즈베리파이를 통해서 사물인터넷 환경을 구현할 수 있게 해주는 다양한 소프트웨어 패키지(Support Package)를 지원하기 시작했다. 기존 메트랩 사용자들에게는 쉽게 메트랩에서 구현한 다양한 기능들을 라즈베리파이를 통하여 컴퓨터 환경 밖에서 실제로 구현할 수 있게 되었으며, 외부 환경과 데이터를 주고 받음으로서 실제 로봇이나 구동장치를 제어할 수 있게 되었다. 또한 라즈베리파이를 통하여 다양한 센서들로부터 데이터를 입력 받아 메트랩 프로그램에서 비교적 저렴한 비용으로 과학적인 분석이 가능하게 되었다. 메트랩을 이용하여 라즈베리파이와 통신을 할 수 있으며 메트랩의 시뮬링크 (Simulink) 패키지를 사용하면 좀 더 손쉽게 라즈베리파이용 코드를 GUI환경을 통하여 만들 수 있다. 이렇게 만들어진 코드는 메트랩 프로그램에 있는 배포(Deploy)버튼을 통해 라즈베리파이로 전달되어 메트랩 프로그램과의 연결이 없어도 정해진 코드에 따라 라즈베리파이가 독자적으로 동작할 수 있게 된다.

대부분의 라즈베리파이의 하드웨어 인터페이스는 플러그앤플레이 (plug-and-play), 즉 연결 즉시 동작하는 형태가 아니다. 이러한 임베디드 인터페이스를 사용하기 위해서는 앞서 Part 1 하드웨어에서 배운것과 같은 기본 전기,전자 관련 개념을 확실하게 이해하는 것이 좋다. 만약 이러한 이해없이 회로 구성을 하게되면 여러 가지 문제들이 발생할 수 있다. 예를 들어 GPIO핀 연결을 잘못하게 되면 경우에 따라 해당 GPIO 핀이 망가지게 될 수도 있으므로 기본적인 전기전자 관련 지식은 어느 정도 익혀 두는 것이 좋겠다.

라즈베리파이를 메트렙에 연결하기 위한 다양한 자료는 아래의 링크를 통해 얻을 수 있다.

http://www.mathworks.com/hardware-support/raspberry-pi-matlab.html

LESSON 01 메트랩 (Matlab) 설치

이번 LESSON에서는 메트랩을 설치하는 법을 알아 볼 것이다. 기존에 메트랩을 자유롭게 사용하였거나 이미 프로그램을 가지고 있는 독자라면 다음 LESSON로 바로 넘어가면 되겠다. 단지 라즈베리파이 2를 메트랩과 연결하려면 메트랩의 버전이 2014b이상이어야 한다는 것만 알아두자. 메트랩 프로그램은 'Mathworks'사의 웹페이지에서 30일간 무료로 사용할 수 있는 버전을 다운 받을 수 있다.

https://www.mathworks.com/programs/nrd/matlab-trial-request.html?ref=ggl&s_eid=ppc_5852767762&q=+matlab%20download&refresh=true

학생들에게는 특별히 할인된 가격에 판매하고 있으며 학교에 따라 무료로 배포하는 곳도 있다. 우선 위의 링크를 통해서 들어가면 [그림 2-3-1]과 같은 화면을 볼 수 있다. 화면의 오른쪽에 보이는 'Get your free trial now' 버튼을 클릭하자

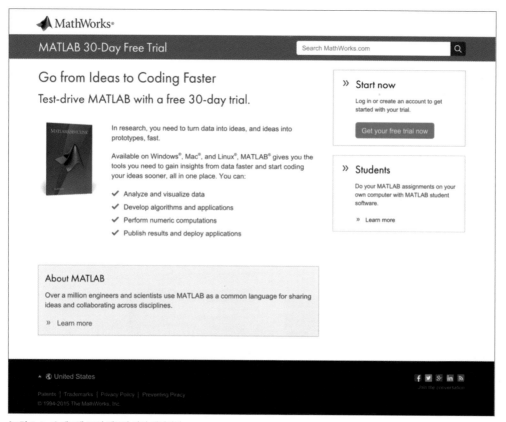

[그림 2-3-1] 메트랩 30일 배포판 관련 웹페이지

그러면 [그림 2-3-2] 와 같은 화면을 볼 수 있을 것이다. 여기에 본인의 이메일 주소를 입력하고 다음에 나오는 기본정보를 입력하여 회원 가입을 하고나면 메트랩과 관련된 다양한 소프트웨어를 사용해볼 수 있게 된다.

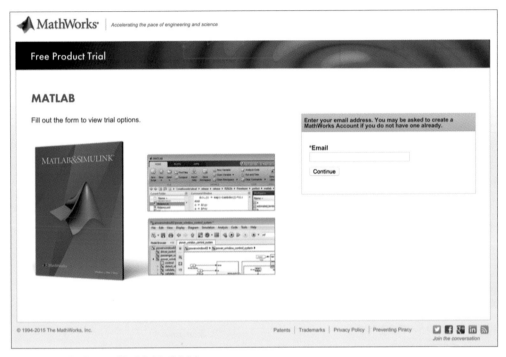

[그림 2-3-2] 메트랩 프로그램을 얻기 위한 웹페이지

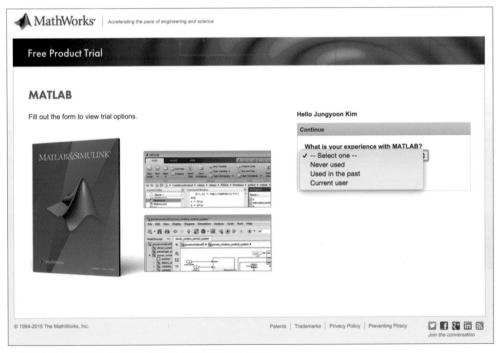

[그림 2-3-3] 회원 가입 후 로그인하면 메트랩에 대한 경험을 물어보는 화면

회원 가입 후 로그인을 하면 Trial 버전을 선택할 수 있는 화면이 [그림 2-3-4]와 같이 나온다. 여기서 중요한 것은 라즈베리파이 2는 R2014b버전부터 지원된다는 것이다. 그러므로 R2014b 이후의 버전을 선택하자. 참고로 필자가 여기서 사용한 버전은 R2014b버전이다.

[그림 2-3-4] 다운로드할 메트랩 버전을 선택하는 화면

내려 받을 메트랩 버전을 선택하고나면 [그림 2-3-5] 와 같이 설치할 컴퓨터의 종류를 물어보는 화면이 나오게 된다.

메트랩 프로그램은 [그림 2-3-5]에서 보는 것과 같이 리눅스, 윈도우, 맥 등 3가지 운영체제에서 사용이 가능하다. 사용자의 컴퓨터 종류에 맞는 운영체제를 선택하여 내려받으면 된다. 메트랩 엔지니어에 따르면 윈도우와 맥에서는 라즈베리파이 패키지가 잘 동작하지만 리눅스용은 아직 지원되지 않는 기능들이 있다고 하니 리눅스 운영체제 컴퓨터를 가진 사용자는 참고하기 바란다.

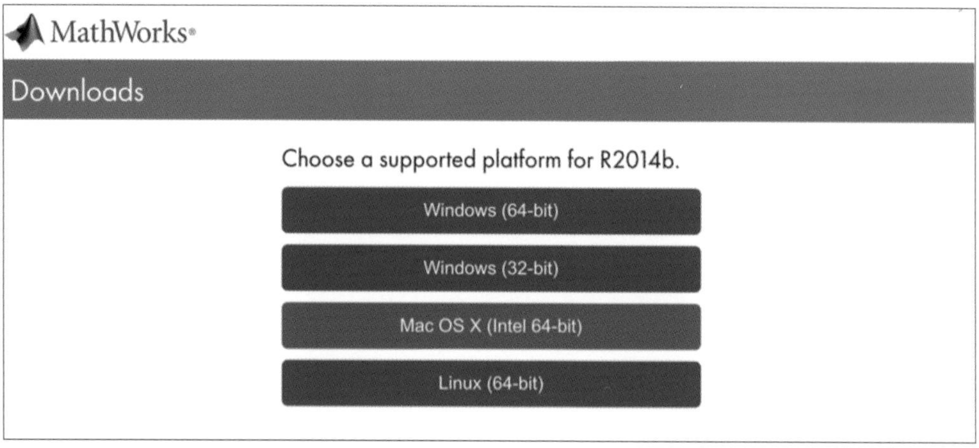

[그림 2-3-5] 다운로드 할 컴퓨터 종류를 선택하는 화면

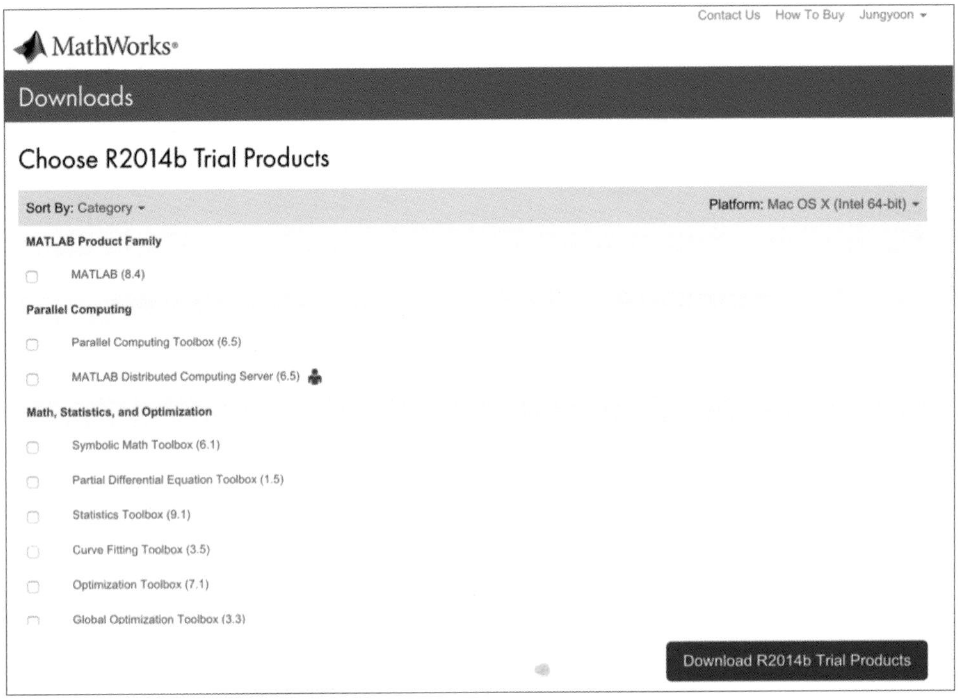

[그림 2-3-6] 다운로드 관련 옵션 선택 화면

마지막으로 [그림 2-3-6] 과 같이 다운로드할 메트랩 프로그램과 옵션 프로그램들을 선택하는 화면이 나
온다. 기본적으로 MATLAB (8.4)를 선택하고 나머지는 필요에 따라 선택하면 된다. 단순히 라즈베리파이
와의 연결이 목적이라면 다른 패키지들은 선택 안 해도 괜찮다. 오른쪽 아래의 다운로드 버튼을 누르면 프
로그램이 받아지기 시작한다. 다운로드가 완료되면 다운로드된 압축 파일을 풀어서 설치 프로그램을 실
행하면 된다.

[그림 2-3-7] 메트랩 프로그램을 실행한 화면

모든 설치가 완료되고 메트랩 프로그램을 실행하면 [그림 2-3-7]과 같은 화면을 볼 수 있다.

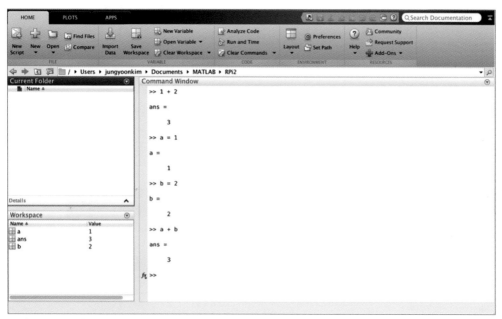

[그림 2-3-8] 메트랩 프로그램을 실행한 화면

메트랩 프로그램은 흔히 공학용 고차원 계산기라고 부른다. [그림 2-3-8]을 보면 간단한 연산을 입력하면 바로바로 결과를 확인할 수 있다. 숫자들을 더하거나 숫자들을 변수에 넣어서 더하는 것과 같이 프로그래밍 언어에서 컴파일 등이 필요한 작업의 결과를 간단히 확인할 수 있다. 물론 스크립트를 작성하여 복잡한 프로그램을 실행하는 것도 가능하다.

LESSON 02 메트랩 (Matlab)에 라즈베리파이 패키지 설치

앞 LESSON에서 메트랩을 컴퓨터에 설치하였으면 이제 라즈베리파이와 메트랩을 연결할 준비가 된 것이다. 연결 관련 패키지와 여러 가지 예제들은 [그림 2-3-9]와 같이 MathWorks 웹페이지에서 다운 받을 수 있다. 물론 이런 패키지를 메트랩 프로그램에서 간단하게 다운 받을 수도 있다. 이 책에서는 메트랩 프로그램에서 직접 추가하는 방식으로 설명할 것임으로 [그림 2-3-10] 부터 차분하게 따라해 보기 바란다.

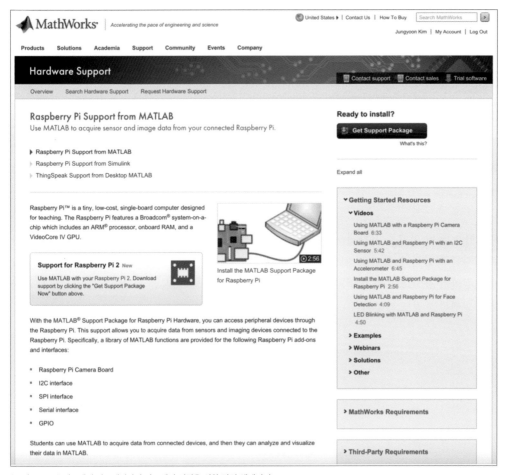

[그림 2-3-9] 메트랩에 라즈베리파이 하드웨어 연결을 위한 관련 웹페이지

[그림 2-3-10] 윈도우 운영체제에서 메트랩을 실행

우선 앞에서 설치한 메트랩 프로그램을 실행하자 [그림 2-3-10, 11].

[그림 2-3-11] 메트랩의 초기 실행 화면

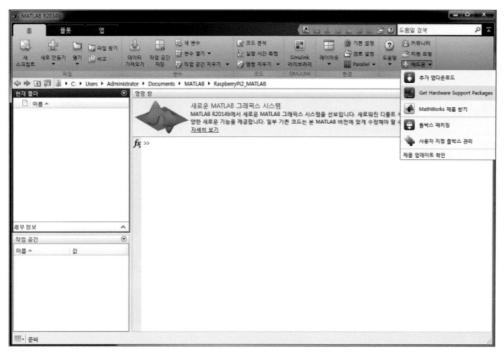

[그림 2-3-12] 라즈베리파이 관련 패키지를 메트랩에서 직접 다운 받기 위한 화면

라즈베리파이 관련 하드웨어 지원 패키지를 얻기 위해 [그림 2-3-12]에서 오른 쪽 상단의 애드온 (Add on) 버튼을 클릭하고 그 아래 매뉴 중에 'Get Hardware Support Package'를 클릭한다.

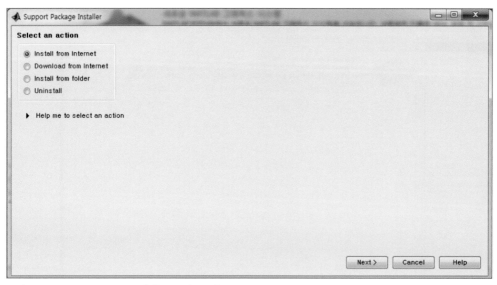

[그림 2-3-13] 'Install from Internet' 선택후 'Next'버튼 클릭

그러면 패키지를 설치하려는 방식을 물어본다. 사용자의 컴퓨터가 인터넷에 연결되어 있다면 간단히 'Install from Internet'을 선택하고 다음으로 넘어가자.

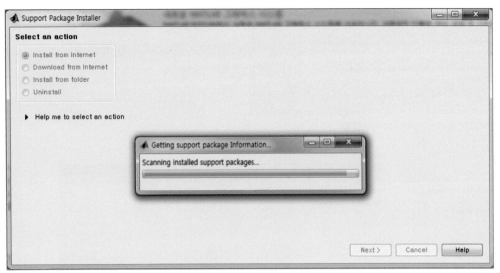

[그림 2-3-14] 메트랩 프로그램이 인터넷에서 패키지를 찾는 화면

그러면 [그림 2-3-14] 과 같이 메트랩이 하드웨어 관련 패키지를 찾는 화면을 볼 수 있다.

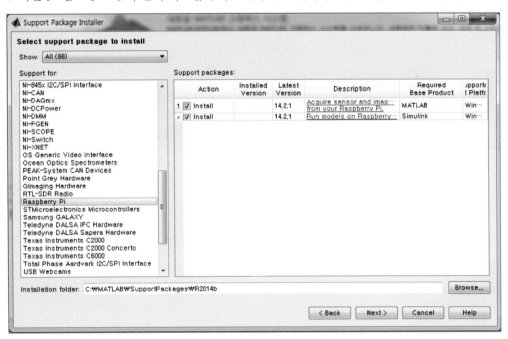

[그림 2-3-15] 메트랩이 지원하는 다양한 하드웨어 목록

이제 [그림 2-3-15] 과 같은 화면이 보일 것이다. 화면의 왼쪽 목록에 보면 'Raspberry Pi'가 보일 것이다. 여기서 해당 장치를 선택하면 오른쪽 화면에 두 개의 선택 메뉴가 나타난다. MATLAB과 Simulink 둘 다를 선택하고 다음으로 넘어가면 [그림 2-3-16]과 같은 확인 화면이 나타난다. 'OK'버튼을 누르고 다음으로 넘어가자.

[그림 2-3-16] 메트랩에 설치할 패키지에 대한 확인 매세지

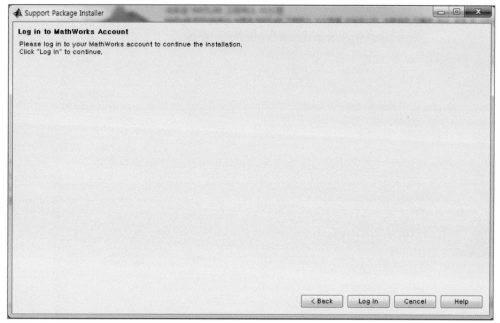

[그림 2-3-17] MathWorks 계정 확인 화면

패키지를 다운 받을려면 앞서 메트랩을 다운 받을 때 만든 계정이 필요하다. 계정을 만들지 않았다면 [그림 2-3-18] 의 위쪽에 계정 만들기를 클릭하여 정보를 입력하면 간단히 계정을 만들 수 있다.

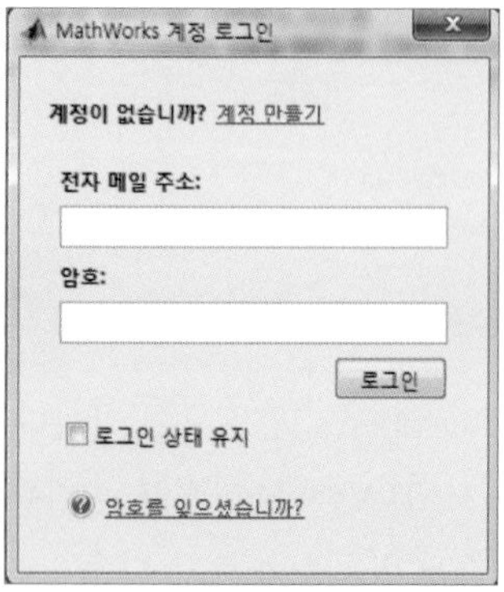

[그림 2-3-18] MathWorks 계정 로그인 화면

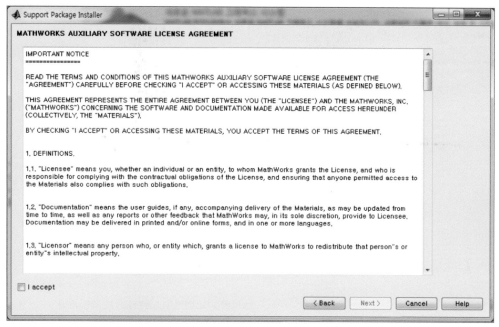

[그림 2-3-18] MathWorks 계정 로그인 화면

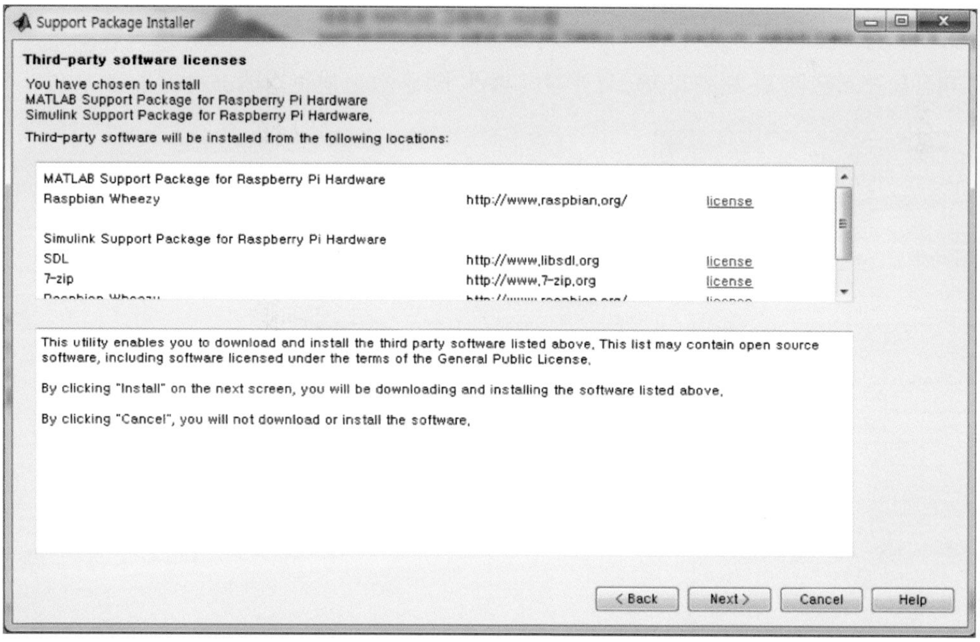

[그림 2-3-20] Third-party 소프트웨어 라이센스 동의 화면

라즈베리파이 관련 소프트웨어는 메트랩 외에 다른 서드파티의 프로그램을 사용한다. 그러므로 프로그램 사용 관련 라이센스 동의가 필요하다. [그림 2-3-19,20]의 화면에서와 같이 라이센스 동의 관련 절차를 마치면 된다.

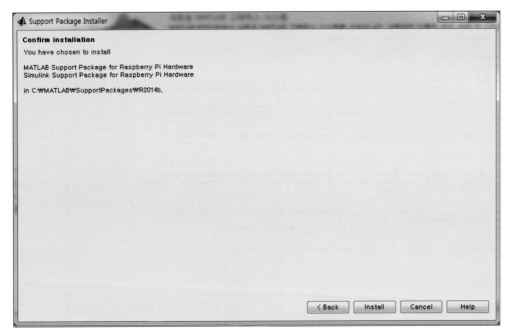

[그림 2-3-21] 라즈베리파이용 MATLAB 패키지와 Simulink 패키지가 선택이 되었다는 확인 화면

[그림 2-3-21]의 라즈베리파이용 MATLAB 패키지와 Simulink 패키지가 선택이 되었다는 확인 화면에서 설치(Install)버튼을 누르면 [그림 2-3-22,23,24]과 같이 패키지들을 다운 받는 상태 표시 창을 볼 수 있다.

[그림 2-3-22] 패키지들을 다운 받는 상태 표시 창

[그림 2-3-22] 패키지들을 다운 받는 상태 표시 창

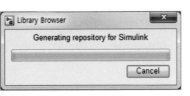

[그림 2-3-24] 시뮬링크 관련 설치 화면

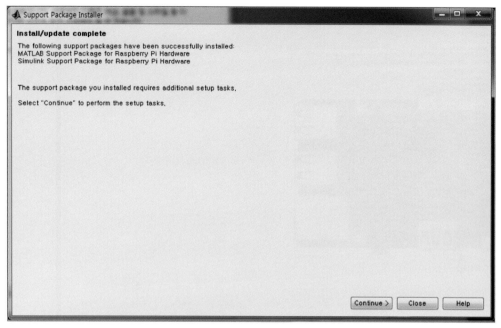

[그림 2-3-25] Matlab과 Simulink 패키지가 설치 완료된 화면

패키지 설치가 완료되면 설치된 두가지 패키지 중에 시작할 때 사용할 패키지를 선택하는 화면이 나온다. [그림 2-3-26] 여기서는 MATLAB 패키지로 설정을 시작하였다.

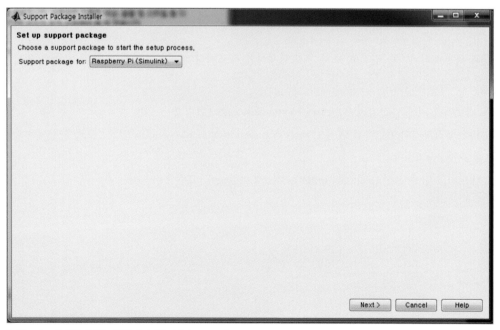

[그림 2-3-26] 설정 과정을 시작할 패키지를 선택 (Matlab 또는 Simulink)

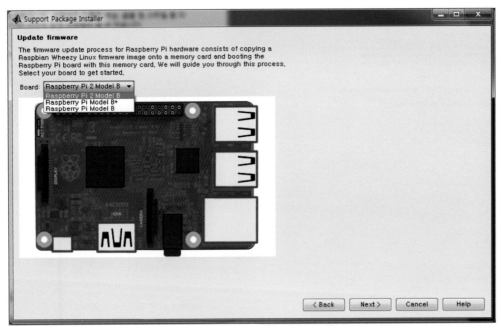

[그림 2-3-27] 펌웨어 업데이트 하드웨어 타입 선택 (라즈베리파이2모델 B)

[그림 2-3-27] 에서와 같이 메트랩이 지원하고 있는 세 가지 버젼의 라즈베리파이 중에 연결에 사용할 하드웨어 버젼을 선택하는 화면이 나온다. 물론 이 책에서는 라즈베리파이 2 모델 B를 사용하므로 'Raspberry Pi 2 Model B'를 선택하면 되겠다. 혹시 앞에서 메트랩 버젼이 R2014b 이상이 아니라면 라즈베리파이 2를 사용할 수 없으므로 반드시 R2014b이상의 메트랩 버젼을 사용하기 바란다.

이제 메트랩과 라즈베리파이를 연결해 보자. 메트랩에서는 라즈베리파이를 연결하는 세 가지 방법을 제공한다.

1. 근거리 홈 네트워크 기반 연결 (Local Area or Home Network) [그림 2-3-28]
2. 컴퓨터와 라즈베리파이의 1:1 직접 연결 (Direct connection to host computer) – 이 책에서 사용하는 방법! [그림 2-3-29]
3. 수동으로 네트워크 값을 설정 (Manually enter network settings) [그림 2-3-30]

이 책에서는 두 번째 방법인 1:1 직접 연결을 통해서 라즈베리파이와 메트랩을 연결할 것이다.

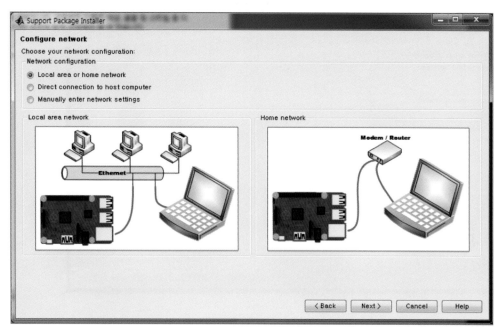

[그림 2-3-28] LAN 또는 홈 네트워크

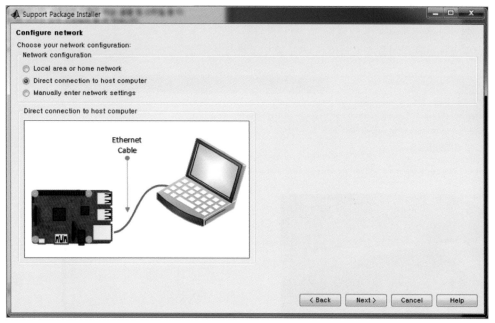

[그림 2-3-29] 컴퓨터와 직접 연결

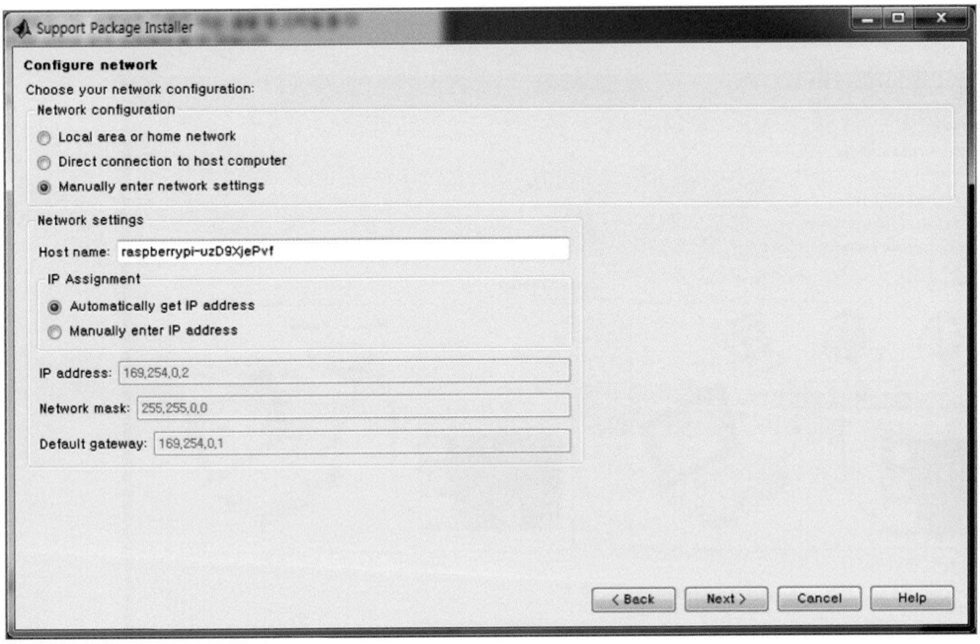

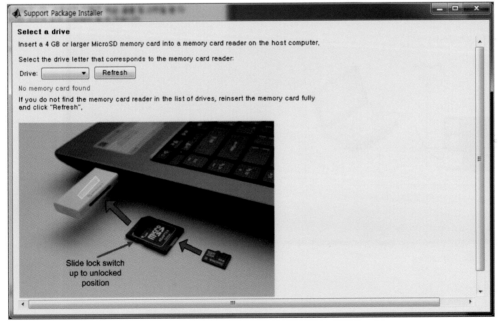

[그림 2-3-30] 연결 정보를 직접 연결

연결 관련 설정을 정하였다면 [그림 2-3-31]과 같이 마이크로 SD카드를 컴퓨터에 연결하라는 화면이 나타날 것이다. 마이크로 SD카드는 대부분 SD카드 슬롯과 함께 판매되기 때문에 컴퓨터에 일반 SD카드 슬롯이 있다면 바로 연결하여 운영체제를 구워 넣을 수 있다. 하지만 SD카드 슬롯이 없는 컴퓨터 사용자라면 [그림 2-3-31]과 같이 USB 변환 장치를 사용하여 SD카드를 연결하자.

[그림 2-3-31] 마이크로 SD 카드 연결 방법 (연결 전)

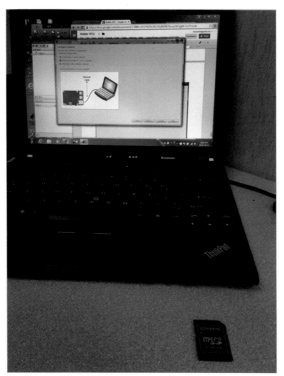

[그림 2-3-32] 마이크로 SD 카드 연결

마이크로 SD카드가 연결되면[그림 2-3-33]와 같이 'Drive'에 해당 저장장치의 위치가 표시된다.

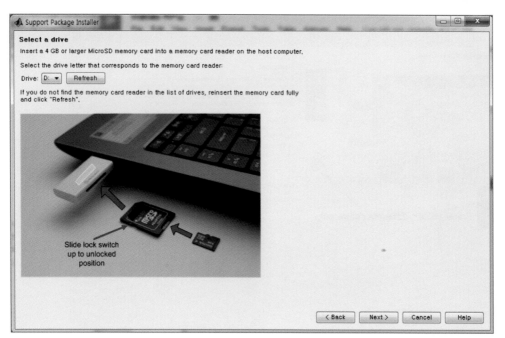

[그림 2-3-33] 마이크로 SD 카드 연결 방법 (연결 후)과 운영체제 굽기

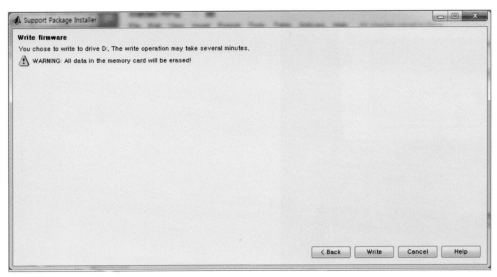

[그림 2-3. 34] 펌웨어를 SD 카드에 구워 넣기 위한 화면

[그림 2-3-34]과 같이 'Write' 버튼을 누르면 라즈베리파이와 메트랩 전용 운영체제를 마이크로 SD카드에 구워 넣을 수 있다.

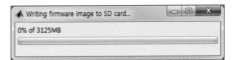

[그림 2-3-35] 펌웨어를 마이크로 SD카드에 굽고 있는 화면

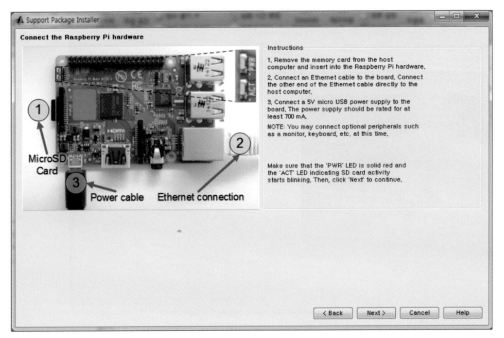

[그림 2-3-36]라즈베리파이 2를 컴퓨터와 연결하기 위한 하드웨어 연결 관련 설명 화면

여기까지 문제 없이 진행하였다면, 이제 운영체제가 들어간 마이크로 SD카드를 라즈베리파이 2에 연결하자. [그림 2-3-36]에서 하드웨어를 연결하는 방법을 순서대로 잘 보여주고 있다.

1. 마이크로 SD카드를 연결
2. Ethernet 연결
3. 전원 케이블 연결

하드웨어를 순서대로 연결하였다면 다음 버튼을 클릭하자.

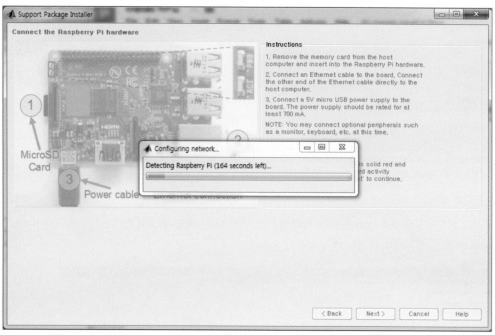

[그림 2-3-37] 라즈베리파이 2를 컴퓨터와 연결 시도 화면

그러면 [그림 2-3-37] 과 같이 라즈베리파이 2와 컴퓨터간의 연결을 시도하는 화면이 나타난다. 혹시 여기서 연결이 잘 안되거나 시간이 초과된다면 무선 네트워크 설정에서 연결을 잠시 끊거나 다른 근거리 통신 관련 세팅을 리셋해주면 연결된다. 연결에 성공하면 [그림 2-3-38]과 같은 화면이 나타나게 된다.

[그림 2-3-38] 라즈베리파이 2를 컴퓨터와 연결 성공 화면

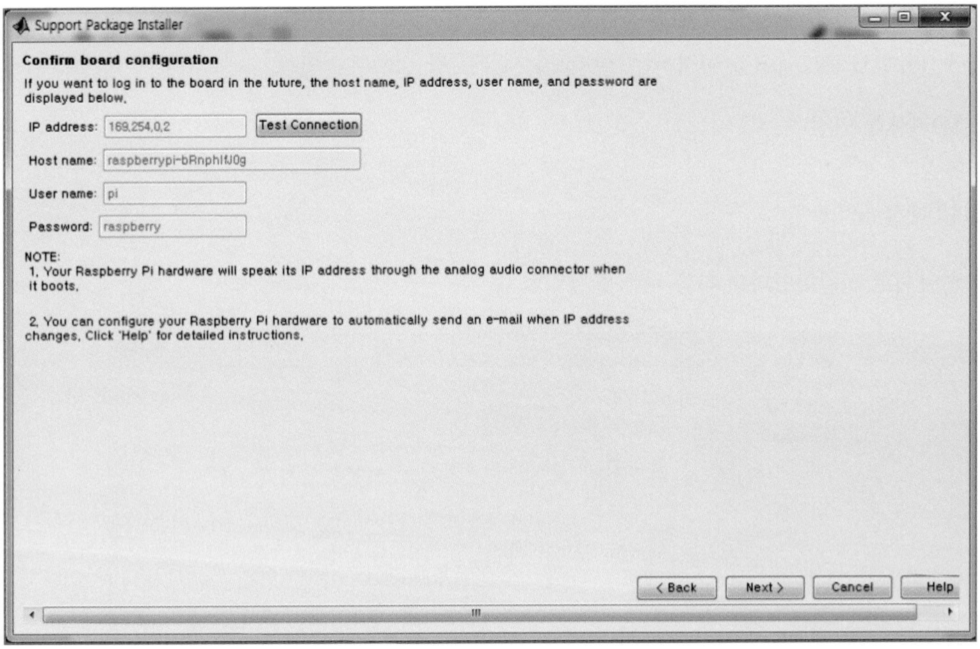

[그림 2-3-39] 연결 성공 후 나타나는 화면

연결이 성공하고 나면 [그림 2-3-39]와 같은 화면이 나타나게 된다. 화면에 보이는 'Test Connection' 버튼을 누르면 연결이 잘 되었는지 확인해볼 수 있다.

[그림 2-3-40] 모든 연결 성공 후 나타나는 화면

이제 모든 연결 관련 작업이 완료되었다. 마지막으로 관련 예제를 볼 수 있게 체크박스를 체크하고 마침 버튼을 누르면, [그림 2-3-41]과 같이 다양한 예제와 샘플 코드들을 볼 수 있다.

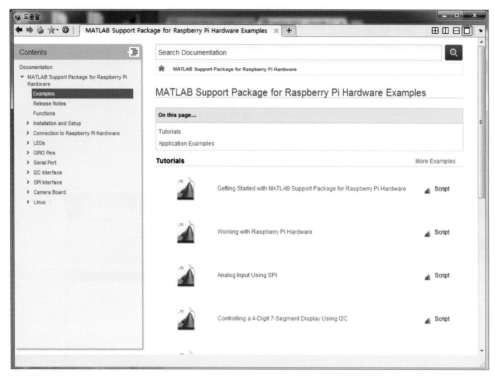

[그림 2-3-41] Matlab 지원 패키지 관련 각종 예제

여기까지 메트랩 프로그램에 라즈베리파이 2 모델 B를 연결하여 보았다. 다음 LESSON에서는 연결된 라즈베리파이 장치를 메트랩 개발 환경에서 실제로 사용하는 법을 알아보도록 하자.

LESSON 03 메트랩 (Matlab) 과 라즈베리파이 사용하기

3-1 라즈베리파이 객채 생성

메트랩에서 라즈베리파이를 다루기 위해서는 우선 라즈베리파이를 객체로 생성하여야 한다. 다음의 명령어를 통하여 객체를 생성할 수 있다. 명령어를 생성하면 [그림 2-3-42]와 같이 왼쪽 아래의 작업 공간 rpi 인스턴스 변수가 생긴것을 확인할 수 있다.

```
rpi = raspi();
```

[그림 2-3-42] 라즈베리파이 함수를 객체 인스턴스 변수에 저장

'raspi()'로부터 생성된 'rpi' 객체는 메트랩이 TCP/IP 통신 프로토콜을 통하여 라즈베리파이 2의 하드웨어 내에서 운영되고 있는 서버에 연결된다. 쉽게 설명하면, 메트랩 프로그램이 클라이언트로서, 라즈베리파이가 서버로서 동작하여 두 장치가 연결되어 있는 형태라고 생각하면 된다. 이런 연결 형태에서 라즈베리파이 객체인 'raspi()'의 인스턴스 변수인 'rpi'를 통하여 필요한 기능들을 구현하게 된다.

Raspi객체의 특성은 라즈베리파이에 대한 정보와 주변 장치의 상태를 보여주는 역할을 한다. GPIO 핀과 이용가능한 주변장치는 라즈베리파이의 모델과 버전에 따라 다르므로 raspi객체를 이용하여 체크하고 사용하는게 좋다. Raspi 객체를 사용하여 다음의 정보들을 확인해볼 수 있다.

- DeviceAddress – TCP/IP 연결 관련 포트와 주소 정보를 볼 수 있음

- BoardName – 포트와 현재 사용 중인 보드의 모델과 버전 정보

- AvailableLEDs – 포트와 사용자가 제어가능한 LED 정보

- writeLED 포트와 메소드를 사용하여 LED를 ON/OFF시킬 수 있다.

- AvailableDigitalPins – 포트 디지털 입출력 핀

- AvailableI2CBuses – 포트와 I2C 버스 통신 프로토콜

- AvailableSPIChannels – 포트와 SPI 채널 통신 프로토콜

사용법은 인스턴스 변수인 'rpi' (인스턴스 변수의 이름은 사용자가 임의로 정할 수 있다.), 뒤에 ' . ' 점을 붙이고 위의 'properties'관련 명령어를 붙여주면 된다. 예를 들어 사용 가능한 LED정보를 알아보고 싶다면

```
rpi.AvailableLEDs{1}
```

와 같이 입력하면 된다. 이렇게 입력하게 되면 현재 이용 가능 LED인 'led0'라는 결과가 출력되는 것을 확인할 수 있다.

3-2 라즈베리파이의 LED ON/OFF

자 이제 메트랩을 이용하여 라즈베리파이의 LED를 제어해보자. 앞 LESSON에서와 마찬가지로 raspi객체에서 rpi인스턴스 변수를 아래의 명령어를 통해 만들어 보자.

```
rpi = raspi();
```

만들어진 인스턴스 변수에 AvailableLEDs를 아래와 같이 입력하여 사용 가능한 LED를 'led'변수에 저장하자.

```
led = rpi.AvailableLEDs{1};
```

아래의 명령어는 writeLED 메소드를 사용하여 rpi인스턴스의 led를 OFF 시키는 명령어이다.

```
writeLED(rpi, led, 0);
```

위의 명령어에서 0을 1로 바꿔주면 led를 ON 시키는 명령어가 된다. [그림 2-3-45]

```
writeLED(rpi, led, 1);
```

[그림 2-3-43] 저장된 인스턴스 변수를 사용하여 사용 가능한 LED를 찾고, 변수(led)에 저장

[그림 2-3-44] LED Off 상태 'writeLED(rpi, led, 0);'

[그림 2-3-45] LED On 상태 'writeLED(rpi, led, 1);'

메트랩 프로그램은 사용자가 직관적으로 이해할 수 있는 다양한 기능을 제공한다. 아래의 명령어를 입력하면 현재 rpi인스턴스 변수에 사용되는 LED에 대한 정보를 [그림 2-3-46]과 같이 보여준다.

```
showLEDs(rpi);
```

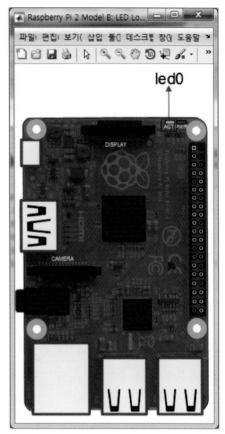

[그림 2-3-46] 현재 사용중인 LED를 표시

아래의 코드는 LED를 약간의 딜레이를 주어 5번 깜빡이게 하는 코드이다. 코드를 입력하고 결과를 확인해보자.

```
for i = 1:5
    writeLED(rpi, led, 1);
    pause(1);
    writeLED(rpi, led, 0);
    pause(1);
end;
```

[그림 2-3-47] 앞에서 수행하였던 명령어들의 입력 화면

이번에는 raspi 객체에서 'rpi2'라는 이름으로 인스턴스 변수를 만든 후 'showPins' 메소드를 호출하여 GPIO
핀 정보를 확인해 보자. [그림 2-3-48]과 같이 입력하면 [그림 2-3-49]와 같은 현재 사용하고 있는 라즈베
리파이 2의 GPIO정보를 그림으로 보여준다.

[그림 2-3-48] rpi2 인스턴스 변수와 showPins메소드를 메트랩 프롬프트에 실행한 화면

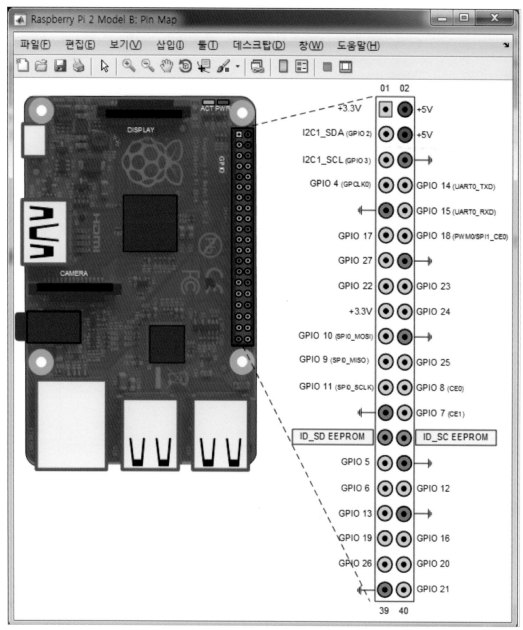

[그림 2-3-49] showPins 메소드를 이용하여 GPIO핀을 확인하는 화면

이제 기본적인 동작을 어느 정도 배웠으니 라즈베리파이를 메트랩에서 셧다운 시켜보자. 방법은 역시 system 명령어를 사용하여 기존 라즈베리파이 명령어를 아래와 같이 사용하는 것이다.

```
system(rpi2, 'sudo shotdown -h now');
```

섯다운을 시키고 나면 라즈베리파이 2 장치의 ACT LED가 몇 번 깜박거리다 꺼지는 것을 확인할 수 있다. 마지막으로 사용하였던 'raspi' 객체의 'rpi2' 변수를 아래의 명령어를 통해 해제 시켜주면 된다.

```
clear rpi2;
```

그러면 [그림 2-3-51]과 같이 해당 인스턴스 변수는 작업 공간에서 사라지게 된다.

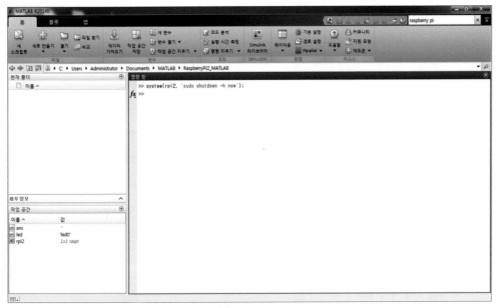

[그림 2-3-50] 메트랩으로 라즈베리파이를 섯다운 시키는 화면

[그림 2-3-51] raspi객체의 인스턴스를 제거하는 화면

여기까지 메트랩을 통하여 라즈베리파이의 LED를 제어해 보고 간단한 명령어들을 알아보았다.

3-3 **메트랩에서 라즈베리파이의 명령어 실행**

여기서는 메트랩을 통해서 라즈베리파이의 시스템 명령어를 실행하여 보자. 아래의 명령어는 리눅스 디렉토리 리스트인 ls 명령어와 결과 텍스트를 메트랩 명령어 프롬프트에 [그림 2-3-52]과 같이 출력하게 한다.

```
system(rpi, 'ls -al /home/pi')
```

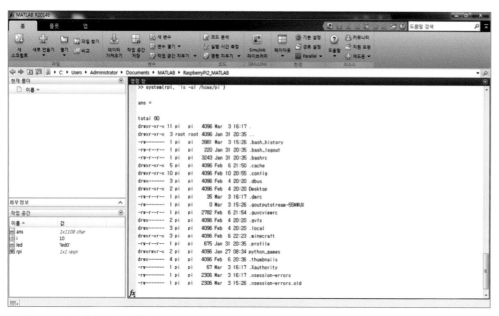

[그림 2-3-52] 시스템 명령어를 실행한 화면1

앞의 명령어는 아래와 같이 메트랩 변수에 저장이 가능하다.

```
output = system(rpi, 'ls -al /home/pi')
```

메트랩 프롬프트에 명령어를 입력할 때 마지막에 세미콜론(' ; ')을 추가하지 않으면 결과 값을 바로 확인할 수 있다. 위의 명령어를 실행하면 [그림 2-3-53]와 같이 output 변수에 디렉토리 리스트 정보가 저장되고 결과 값이 화면에 출력된다.

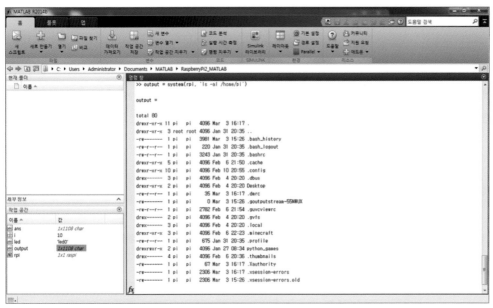

[그림 2-3-53] 시스템 명령어를 실행한 화면2

앞의 이 방식을 사용하면 Part 2 Chapter 1에서 배웠던 다양한 리눅스 관련 명령어를 메트랩을 통하여 실행해 볼 수 있다.

3-4 메트랩에서 라즈베리파이의 파일 관리

raspi 객체를 이용하면 라즈베리파이와 메트랩이 서로 파일을 주고 받게 할 수 있다. 우선 매트랩이 설 치된 컴퓨터에서 이미지 파일을 하나 보내 보자. 우선 컴퓨터에 적당한 이미지 파일을 하나 준비하자. 이 책에서는 'logo_matlab.png'라는 이름의 [그림 2-3-54] 같은 이미지 파일을 '/Documents/Matlab/ Raspberrypi2_MATLAB/' 폴더에 저장해 놓고, 해당 폴더를 메트랩의 작업 공간으로 설정하였다.

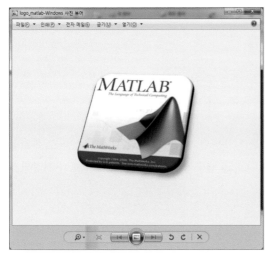

[그림 2-3-54] 매트랩이 설치된 컴퓨터에 있는 이미지 파일 ('logo_matlab.png')

파일을 메트랩에서 라즈베리파이로 보내기 위해서는 'putFile'이란 명령어와 보내고자 하는 라즈베리파이에서의 폴더 위치 정보가 필요하다. 여기서는 '/home/pi/'라는 폴더에 파일을 전송해보겠다. 이미지 파일의 원래이름은 'log_matlab.png' 이지만 라즈베리파이로 보낼 때는 'putTest.png'로 이름을 바꿔서 보내 보겠다. 우선아래의 명령어를 매트랩의 명령창에 입력해보자.

```
putFile(rpi, 'logo_matlab.png', '/home/pi/putTest.png');
```

위의 명령어를 입력하면 매트랩 화면에는 아무런 변화가 없다. 간단하게 파일이 잘 전송되었는지 확인하기 위해 라즈베리파이에 있는 파일을 매트랩으로 가져오는 명령어인 'getFile'메소드를 사용하여 아래와 같이 명령어를 입력하면 해당 파일을 가져 올 수 있다.

```
getFile(rpi, '/home/pi/putTest.png');
```

위의 명령어를 입력하고 나서 조금 기다리면 매트랩 화면의 왼쪽에 있는 현재 폴더에 'putTest.png' 파일이 생성되는 것을 [그림 2-3-55]과 같이 확인할 수 있다.

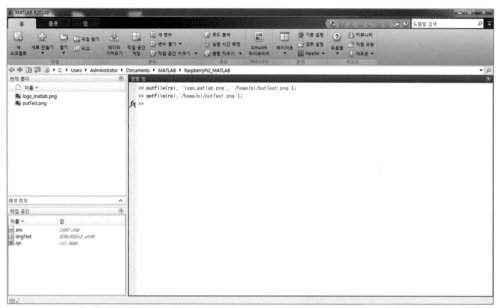

[그림 2-3-55] 'putFile'과 'getFile' 메소드 실행 결과 화면

이렇게 받아온 이미지 파일을 다음의 명령어를 통해 작업 공간으로 불러올 수 있다.

```
imgTest = imread('putTest.png');
```

작업공간에 불러온 이미지를 다음의 명령어를 통해서 화면에 출력하여 보자.

```
image(imgTest);
```

[그림2-3-56]와 같이 메트랩 명령창에 입력이 되면 [그림 2-3-57]과 같이 메트랩 출력 화면을 통해 이미지 파일을 확인할 수 있다.

[그림 2-3-56] 이미지 파일을 작업공간으로 불러오고 화면에 출력하는 화면

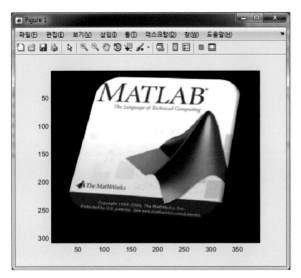

[그림 2-3-57] 이미지 파일을 작업공간으로 불러오고 화면에 출력하는 화면

앞에서는 메트랩에서 라즈베리파이로 파일을 보내고 전송이 잘 되었는지 확인하기 위해 파일을 다시 받아 보았다. 하지만 앞서 배운 'system'명령어를 이용하면 확실하게 전송 여부를 확인할 수 있다. 아래의 명령어를 입력해 보자.

```
system(rpi, 'ls -l /home/pi/putTest.png')
```

그러면 [그림 5-3-58]와 같이 'putTest.png' 파일에 대한 자세한 정보를 받아 출력해 준다.

[그림 2-3-58] 메트랩에서 라즈베리파이로 전송된 파일을 확인하는 화면

라즈베리파이로 보냈던 파일을 메트랩에서 아래의 명령어를 통해 지울 수도 있다.

```
deleteFile(rpi, '/home/pi/ putTest.png ');
```

위의 명령어를 입력하고 파일이 잘 있는지 다시 한번 system명령어를 입력하여 확인해 보면 [그림 2-3-59]와 같이 파일이 존재하지 않는다고 오류 메세지를 보여준다.

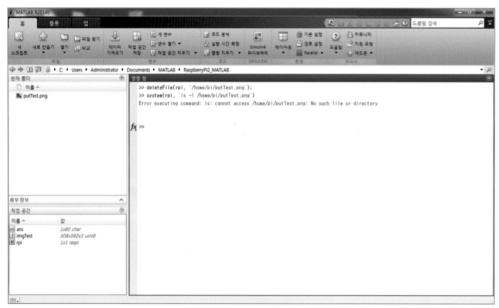

[그림 2-3-59] 파일을 지우고 확인하는 화면

3-5 메트랩에서 라즈베리파이의 원격 연결

Part 1에서 라즈베리파이가 동작하는 것을 확인하기 위해 HDMI포트를 연결하여 모니터를 통해 동작을 확인하였다. 하지만 통신이 연결된 라즈베리파이는 쉘 클라이언트 프로그램을 통해서 동작 여부를 체크해 볼 수 있다. 물론 라즈비언 운영체제에서 사용하는 GUI환경을 실행할 수는 없지만, 커맨드 프롬프트 기반의 환경은 문제 없이 동작 시킬 수 있다. 우선 아래의 명령어를 메트랩 명령창에 입력하여 보자.

```
openShell(rpi)
```

위의 명령어를 실행하면 [그림 2-3-60]과 같은 로그인 화면이 나타날 것이다. 그러면 Part 1에서 라즈베리파이를 시작할 때 한 것처럼,

　ID: 'pi'

　Password: 'raspberry'

를 입력하여 로그인하면 [그림 2-3-62]와 같이 커맨드 프롬프트 화면이 나타나게 된다.

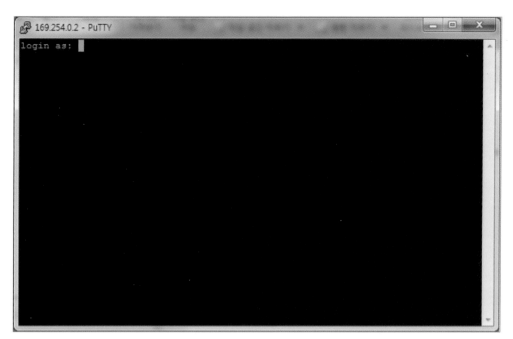

[그림 2-3-60] 쉘프로그램을 통하여 라즈베리파이 로그인하는 화면

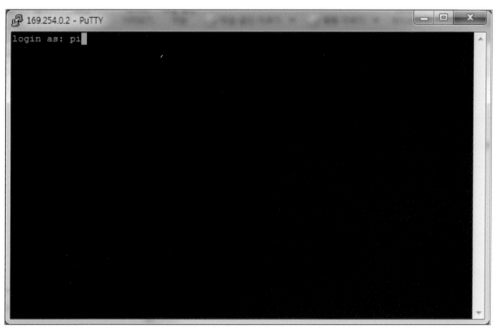

[그림 2-3-61] 기본 로그인 아이디인 'pi' 와 패스워드인 'raspberry'를 입력

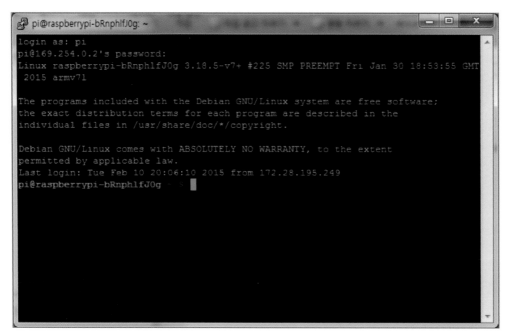

[그림 2-3-62] 로그인을 하고난 후 화면

이 상태가 되면 라즈베리파이에 접속된 상태로서 앞서 Part 2 Chapter 1에서 배운 다양한 리눅스 명령어를 직접 사용할 수 있다.

여기까지 메트랩을 이용하여 라즈베리파이 2를 동작시키고 몇 가지 필수적인 기능들에 대해서 알아보았다. 여기서 소개한 기능 외에도 사용자에게 유용한 다양한 기능들이 있으며, 계속적으로 업데이트되고 있으니 MataWorks사의 웹페이지에 방문하여 다양한 정보를 얻고 실제로 활용해 보기 바란다.

http://www.mathworks.com/hardware-support/raspberry-pi-matlab.html?refresh=true

memo

3
PART

하드웨어/
소프트웨어
통합(Integration)

Part 1에서 구현한 라즈베리파이의 하드웨어와 Part 2에서 익힌 파이선 프로그래밍 언어로 소프트웨어 지식을 바탕으로 특정한 기능을 수행할 수 있는 임베디드 시스템을 구현해 보겠다. 이를 위해 필요한 하드웨어-소프트웨어 통합에 대한 내용을 학습 및 응용해 보겠다.

입출력 포트 제어 및
직렬 포트 프로그래밍

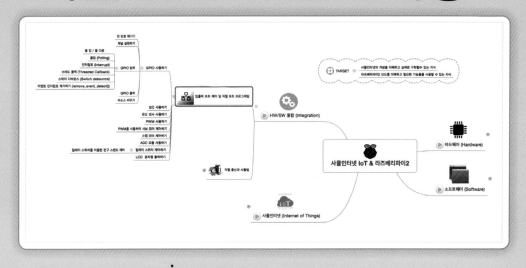

Part 2에서 배운 파이선(Python)을 이용하여 일반 입출력 포트 제어 방법과 직렬 통신에 필요한 프로그래밍을 다루며, 사용된 입출력 포트로부터 데이터를 주고 받는 방법과 응용 방법에 대한 실제 프로그래밍을 구현해 본다.

LESSON 01 GPIO 사용하기

라즈베리파이의 일반 입출력 포트 모듈은 RPi.GPIO 모듈을 이용해서 동작시킨다. 일반 입출력 포트를 사용하기 위해서는 우선 RPi.GPIO 모듈을 'import' 하여야 한다. 파이선에서 기존에 생성된 코드들을 불러 올 경우 파이선 코드 윗부분에 import [해당 모듈 이름]의 방식으로 불러올 수 있다. 라즈베리파이의 경우 다음의 명령어를 코드 윗부분에 추가해주면 된다.

[명령어 3-1-1]

```
import RPi.GPIO as GPIO
```

이렇게 추가해주면 GPIO와 관련된 함수들을 명령어 뒤에서 자유롭게 사용할 수 있게 된다. 일반 입출력의 경우 하드웨어 자체를 직접 제어하는 동작이므로 사용 권한이 높게 설정되어 있다. 그러므로 RPi.GPIO를 사용할 때는 항상 관리자 권한으로 실행하도록 하자.

1-1 핀 번호 매기기

GPIO를 사용하기 위한 방식은 두 가지가 있다. 첫 번째는 BOARD 시스템을 사용하여 라즈베리파이 보드의 P1 헤더 번호를 대입시키는 것이다. 이 방식은 RPi의 보드 변화에 상관없이 작성하였던 코드가 동작할 것이다. 두 번째 방식은 좀더 낮은 단계의 방식인 BCM이 있다. 이 방식은 Broadcom SOC의 채널 번호를 참조하여 번호를 할당하므로 프로그램 작성 시에 항상 다시 체크해야 한다. 두 가지 중에 원하는 방식을 사용하면 된다. 이 책에서는 BCM방식으로 핀을 사용할 것이다. 사용하는 방법은 다음과 같다. [표 3-1-1]에 자세한 핀 번호와 이름이 정리되어 있다.

[명령어 3-1-2]

```
GPIO.setmode(GPIO.BCM)
```

[표 3-1-1] GPIO 핀 번호와 세부 기능

Pin Numbers	RPi.GPIO	Raspberry Pi Name	GPIO Number
P1_01	1	3.3V-DC Power	
P1_02	2	5.0V-DC Power	
P1_03	3	SDA1, I2C	GPIO 2
P1_04	4	5.0VDC Power	
P1_05	5	SCL1, I2C	GPIO 3
P1_06	6	GND	
P1_07	7	GPIO 7 GPCLK0	GPIO 4
P1_08	8	UART_TXD	GPIO 14
P1_09	9	GND	
P1_10	10	UART_RXD	GPIO 15
P1_11	11		GPIO 17
P1_12	12		GPIO 18
P1_13	13		GPIO 27
P1_14	14	GND	
P1_15	15		GPIO 22
P1_16	16		GPIO 23
P1_17	17	3.3V-DC Power	
P1_18	18		GPIO 24
P1_19	19	SPI0_MOSI	GPIO 10
P1_20	20	GNC	
P1_21	21	SPI0_MISO	GPIO 9
P1_22	22		GPIO 25
P1_23	23	SPI0_SCLK	GPIO 11
P1_24	24	SPI0_CE0_N	GPIO 8
P1_25	25	GND	
P1_26	26	SPI0_CE1_N	GPIO 7
P1_27	27	I2C ID EEPROM	ID_SD
P1_28	28	I2C ID EEPROM	ID_SC
P1_29	29		GPIO 5
P1_30	30	GND	
P1_31	31		GPIO 6
P1_32	32		GPIO 12
P1_33	33		GPIO 13
P1_34	34	GND	
P1_35	35		GPIO 19
P1_36	36		GPIO 16
P1_37	37		GPIO 26
P1_38	38		GPIO 20
P1_39	39	GND	
P1_40	40		GPIO 21

1-2 채널 설정하기

RPi.GPIO 모듈을 가져오고 핀 번호를 매겼다면, 이제 사용하는 채널을 입력 또는 출력으로 설정해야 한다. 라즈베리파이에서 사용하는 GPIO 포트들은 설정에 따라 입력 또는 출력으로 정해서 사용이 가능하다. 우선 입력으로 설정하려면 다음과 같이 하면 된다.

[명령어 3-1-3]

```
GPIO.setup(channel, GPIO.IN)
```

여기서 'channel' 은 앞에서 설정한 번호를 매기는 시스템을 참조하여 채널 번호를 넣어주면 된다. 사용할 채널을 출력으로 사용하기 위해서는 간단히 'GPIO.IN'을 'GPIO.OUT'으로 바꿔주면 된다.

[명령어 3-1-4]

```
GPIO.setup(channel, GPIO.OUT)
```

GPIO의 'setup' 함수는 출력 값을 다음과 같이 초기화시킬 수 있다.

[명령어 3-1-5]

```
GPIO.setup(channel, GPIO.OUT, initial=GPIO.HIGH)
```

1-3 GPIO 입력

GPIO 핀의 해당 채널 상태 값을 알고 싶으면 다음과 같은 코드를 사용하면 된다.

[명령어 3-1-6]

```
GPIO.input(channel)
```

위의 코드는 해당 채널의 상태(High - 1 또는 Low - 0)를 input 함수의 결과 값으로 0 또는 1의 값을 리턴하게 된다.

일반 입출력은 입력을 통해서 값을 읽는 몇 가지 방법이 있다. 첫 번째 방법은 입력 포트의 상태를 한 순간에 체크하여 그 값을 읽어 들이는 방법이다. 이러한 방식을 'polling' 방식이라고 한다. 하지만 이 방식은 읽어 들이는 시점이 잘못되면 다른 값을 읽어 들일 수 있다. 두 번째 방식은 'interrupt' 방식이 있다. 이 방식은 포트의 값이 'High'에서 'low'로 또는 'low'에서 'high'로 변경 될 경우 하드웨어에서 인식하여 정해진 함수를 호출하는 방식이다.

a. 풀 업 / 풀 다운

만약에 입력 핀에 전기적으로 'high'나 'low'를 연결하지 않으면 핀의 값은 어느 한쪽으로 정해지지 않은 상태, 즉 'float' 가 되어 버린다. 이 상태는 정확하게 상태가 정해져 있지 않기 때문에 값의 상태가 불안정해진다. 이러한 불안정성이 시스템에 안 좋은 영향을 주게 될 수도 있다. 일반적으로 임베디드 시스템을 디자인할 때 이러한 풀 업 또는 풀 다운 상태를 프로세서 외부에서 저항과 전원을 사용하여 만들어 준다. 하지만, 라즈베리파이에서는 'RPi.GPIO' 라이브러리를 사용해서 내부적으로도 설정이 가능하다.

[명령어 3-1-7]

```
1  GPIO.setup(channel, GPIO.IN, pull_up_down=GPIO.PUD_UP)
2  or
3  GPIO.setup(channel, GPIO.IN, pull_up_down=GPIO.PUD_DOWN)
```

위의 간단한 코드에서 보듯이 원하는 'channel'에 입력 상태로 정의하면서 동시에 풀 업 상태는 GPIO.PUD_UP 로, 풀 다운 상태는 GPIO.PUD_DOWN 으로 설정이 가능하다.

b. 폴링 (Polling)

입력 핀의 상태는 다음의 코드를 통해서 알아낼 수 있다. 앞에서 언급한 것처럼 폴링 방식은 입력 핀을 체크하는 순간의 값만을 알 수 있기 때문에 입력된 값이 다를 수도 있으니 주의하여야 한다.

[명령어 3-1-8]

입력 핀에 원하는 신호가 들어올 때까지 기다리는 코드는 다음과 같다.

```
1  if GPIO.input(channel):
2      print('Input was HIGH')
3  else:
4      print('Input was LOW')
```

c. 인터럽트 (Interrupt)

인터럽트는 입력 핀의 상태가 변할 때마다 이벤트를 발생시켜 프로그램이 하던 일을 멈추고 입력을 받아 들이는 것이라 생각하면 된다. 예를 들어, 한 학생이 책상에서 공부하고 있다고 하자. 한참 공부 중에 전화벨이 울렸다. 그러면 학생은 하던 공부를 잠시 멈추고 전화를 받게 된다. 통화를 마친 후 다시 공부를 계속 한다. 여기서 전화 벨이 인터럽트이고 공부가 메인 프로그램이라고 생각하면 된다. 이러한 인터럽트는 센서의 값을 읽어들이며 원하는 작업을 수행하는 시스템에서 필수적인 요소이며 다양한 형태로 응용이 가능하니 잘 익혀두기 바란다.

인터럽트를 이용해 입력을 받는 방법은 두 가지가 있다. wait_for_edge() 함수와 event_detected() 함수를 사용하는 것이다.

[명령어 3-1-9]

```
1    while GPIO.input(channel) == GPIO.LOW:
2      time.sleep(0.01)   # wait 10 ms to give CPU chance to do other things
```

wait_for_edge() 함수는 'edge'가 발생할 때까지 프로그램을 잠시 막아 놓는 방식이다. 다음과 같은 코드 형태로 사용하면 된다.

[명령어 3-1-10]

```
GPIO.wait_for_edge(channel, GPIO.RISING)
```

이 함수를 이용하면 신호 변화의 종류(GPIO.RISING, GPIO.FALLING, GPIO.BOTH)에 맞춰서 인터럽트를 설정할 수 있다.

event_detected() 함수는 루프에서 사용되게 만들어졌다. 하지만 일반적으로 신호의 입력을 기다리다가 CPU가 다른 작업으로 인해서 바쁜 경우에도 입력 핀의 변화를 놓치지 않는다.

```
1    GPIO.add_event_detect(channel, GPIO.RISING)
2    do_something()
3    if GPIO.event_detected(channel):
4      print('Button pressed')
```

d. 쓰레드 콜백 (Threaded Callback)

'RPi.GPIO'는 입력 인터럽트가 발생하였을 때, 쓰레드 방식으로 함수를 호출할 수 있다. 그럼 일반 인터럽트와 쓰레드 콜백은 어떤 점이 다른 것일까? 이해를 돕기 위해 앞서 전화벨의 예를 다시 들어보자. 한 학생이 공부를 하는 중에 전화가 왔지만 하던 일을 멈추지 않고 전화를 받는다. 이때 학생이 공부는 계속 하면서 통화를 하게 되는 경우를 쓰레드 콜백이라고 생각하면 된다. 직관적으로 생각해보면 쓰레드 콜백이 일반 인터럽트보다 더 좋아 보이지만 메인 프로세서가 계속적으로 작업을 스위칭하기 때문에 상대적으로 효율이 떨어질 수 있다. 공부와 전화받기를 동시에 하면 각각의 일에 효율이 떨어지는 것과 비슷하게 생각하면 된다.

이러한 쓰레드 콜백을 실행시키기 위해 다음의 코드를 살펴보자.

```
1    def callback_function(channel):
2      print('This is a edge event callback function!')
3      print('Edge detected on channel %s'%channel)
4      print('This is run in a different thread to your main program')
5
6    GPIO.add_event_detect(channel, GPIO.RISING, callback = callback_function)
7      나머지 프로그램
```

위의 코드를 자세히 보면 'callback_function' 이란 하나의 함수가 정의되어 있다. 그냥 보기에는 일반적인 함수처럼 보이지만 아래 GPIO.add_event_detect 함수에서 이 함수를 쓰레드 방식의 콜백 함수로 정의해 놓았다.

```
callback = callback_ function
```

이러한 쓰레드 콜백 함수는 하나 이상을 동시에 설정 할 수 있다.

```
1   def callback_function_one (channel):
2     print('Callback one')
3
4   def callback_ function_two(channel):
5     print('Callback two')
6
7   GPIO.add_event_detect(channel, GPIO.RISING)
8   GPIO.add_event_callback(channel, callback_ function_one)
9   GPIO.add_event_callback(channel, callback_ function_two)
```

여기서, 주의할 점은 두 개 이상의 콜백 함수를 설정하게 되면 이 함수들은 순차적으로 실행된다. 다시 말해서 실질적으로 작업을 수행하는 프로세서는 하나이기 때문에 동시에 실행되지 않는다. 쓰레드 콜백 함수는 내부적으로 쓰레드가 하나만 할당되어 있기 때문이다. 그렇기 때문에 여러 개의 함수를 설정할 수 있다고 하지만 사실상 하나만 실행하는 것과는 편의 상의 차이만 있을 뿐 성능의 차이는 없다고 보면 된다.

e . 스위치 디바운스 (Switch debounce)

스위치를 눌러서 입력을 하면 [그림 3-1-1]의 왼쪽처럼 이상적으로는 'high' 에서 'low' 로 깔끔하게 변해야 한다. 하지만 실제로 스위치를 누르게 되면 물리적, 전기적인 특성으로 인해 [그림 3-1-1]의 오른쪽처럼 상태가 변하게 된다.

[그림 3-1-1] 스위치 바운스

스위치 바운스가 심하게 발생하면 인터럽트가 중복해서 발생하거나 신호 자체가 잘못 전달될 수도 있다. 이런 현상을 피하기 위해서 두 가지의 해법이 있다. 첫 번째는 0.1uF의 캐패시터를 스위치에 연결하면 된다. 캐패시터는 전압이 갑자기 변하는 것을 막아주는 특성이 있으므로 스위치 바운스가 좀 덜 해 질 수 있다. 두 번째는, 소프트웨어적으로 바운스를 막아 주는 것이다. 가장 좋은 것은 앞의 두 방식을 동시에 적용하는 것이다. 'GPIO'에서는 소프트웨어 적으로 바운스를 피할 수 있는 기능을 제공해 준다. 다음의 코드를 살펴보자.

```
1   GPIO.add_event_detect(channel, GPIO.RISING, callback=callback_fuction, bouncetime=200)
2   or
3   GPIO.add_event_callback(channel, callback_function, bouncetime=200)
```

위의 코드는 이벤트가 발생하고 나서 그 후에 200ms 의 시간 동안 입력 핀의 변화를 무시하는 코드이다.

f .이벤트 인터럽트 제거하기 (remove_event_detect())

이벤트 관련 인터럽트는 다음의 간단한 코드를 통해서 제거할 수 있다.

[명령어 3-1-12]

```
GPIO.remove_event_detect(channel)
```

1-4 GPIO 출력

GPIO 핀의 해당 채널로 출력 값을 정해주려면 다음의 값을 넣으면 된다.

[명령어 3-1-13]

```
GPIO.output(channel, state)
```

위의 코드는 해당 채널로 state를 출력하게 된다. 'state'는 세 가지 형태로 입력할 수 있는데, 단순히 0 또는 1을 넣어도 되고 'GPIO.LOW' 또는 GPIO.HIGH' 그리고 True 또는 False로 입력하여도 된다.

그럼 GPIO의 17번 핀을 출력으로 설정하고 출력 값을 'high'로 하기 위한 코드를 알아보자.

```
1   import RPi.GPIO as GPIO
2   GPIO.setmode(GPIO.BOARD)
3   GPIO.setup(17, GPIO.OUT)
4   GPIO.output(17, GPIO.HIGH)
```

위의 코드에서 표시된 부분은 다음의 두 가지 다른 코드와 같은 의미이다.

```
GPIO.output(17, 1)
```

또는

```
GPIO.output(17, True)
```

앞에서 언급한 것처럼 GPIO에서 'HIGH', '1', 그리고 'True'는 모두 같은 의미이다.

비슷한 방식으로 GPIO의 17번 핀을 출력으로 설정하면서 출력 값을 'low'로 하기 위한 코드는 다음과 같다.

```
1  import RPi.GPIO as GPIO
2  GPIO.setmode(GPIO.BOARD)
3  GPIO.setup(12, GPIO.OUT)
4  GPIO.output(12, GPIO.LOW)
```

여기서도 위의 표시된 부분은 다음의 두 코드와 같은 의미이다.

GPIO.output(12, 0)

또는

GPIO.output(12, False)

1-5 · 리소스 비우기

앞에서 보여준 예들로 GPIO 관련 프로그램들을 작성해서 실행한 후에 다시 실행하면 설정이나 값이 그대로 남아있는 경우를 보게 될 수도 있다. 이런 경우 이전에 실행했던 상태가 라즈베리파이의 리소스에 그대로 남아있기 때문이다. 일반적으로 프로그램의 마지막에는 사용했던 리소스들을 깨끗하게 해주는 것이 좋다. GPIO를 사용하여 프로그램을 작성하고 프로그램을 끝내게 될 때는 다음의 명령어로 GPIO를 깨끗하게 해주자.

[명령어 3-1-14]

```
GPIO.cleanup()
```

LESSON 02 I2C 사용하기

라즈베리파이 보드는 일반 임베디드 보드들에 비해서 비교적 일반 입출력 포트가 작은 편이다. 특히, 다양한 센서들로부터 값을 얻어 내기 위해서는 많은 입출력 포트가 필요하다. 이런 경우에 사용하기 좋은 입출력 인터페이스가 I2C 인터페이스이다.

I2C는 최소한의 입출력 포트(버스)를 이용하여 다수의 장치를 사용할 수 있게 해주는 인터페이스이며, [그림 3-1-2]의 그림과 같이 연결하여 사용한다.

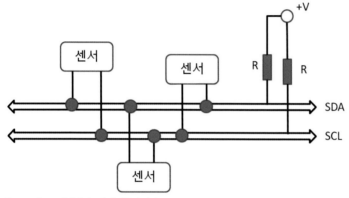

[그림 3-1-2] I2C 인터페이스에 센서들의 연결

I2C를 이용해서 통신을 하려면 두 개의 버스 선이 필요하다. 각 선은 'Serial Clock Line (SCL)'과 'Serial Data Line (SDA)'라는 이름을 가진다. 'SCL'은 데이터 통신할 때 신호의 동기화를 목적으로 사용되며, 동기화된 상태에서 'SDA'를 통해서 신호를 순차적으로 전달한다. 추가적으로 신호의 기준이 되어줄 'GND'의 연결과 각 버스 선들에 풀업 저항을 (+) 전원에 연결해주면 I2C 통신을 위해서 필요한 하드웨어적인 구성은 끝난다.

I2C의 각 장치들은 마스터(mater)나 슬레이브(slave) 둘 다 될 수 있다. 마스터는 (SCL)을 통해서 버스를 제어하고 다른 장치들은 마스터가 제어하는 대로 따르게 된다. 여기서 사용하는 예제들은 라즈베리파이가 마스터가 되며 다른 센서나 입출력 장치들이 슬레이브가 된다.

이러한 I2C를 사용하기 전에 몇 가지 기본적인 환경 설정이 필요하다. 라즈베리파이 2에서는 몇 가지 추가적인 설정이 더 필요하다. 우선 Terminal을 실행하여 다음 명령어를 입력하자.

[명령어 3-1-15]

```
sudo raspi-config
```

라즈베리파이 소프트웨어 컨피규레이션 툴(Configuration Tool) 화면이 파랑 바탕에 뜰 것이다.

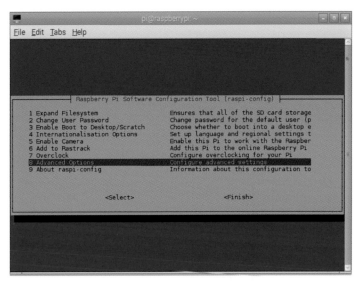

[그림 3-1-3] Configuration Tool 실행 화면

[그림 3-1-3]의 라즈베리파이 소프트웨어컨 피규레이션 툴 화면을 보면 9개의 선택 메뉴가 보일 것이다. 그 중에 8번 메뉴인 "8 Advanced Options"을 선택한다. 그러면 [그림 3-1-4]와 같이 A1에서 A0까지 10개의 메뉴가 보일 것이다. 메뉴 내용을 자세히 보면 SPI, Serial 등등 통신 관련 익숙한 메뉴들이 보일 것이다. 이번 Chapter는 I2C를 사용한 통신에 대해서 알아 볼 것이므로 "A7 I2C" 메뉴를 선택한다.

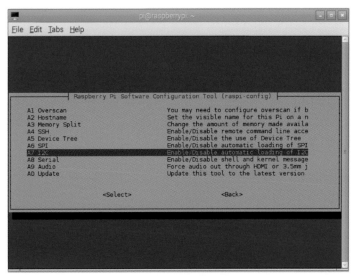

[그림 3-1-4] Configuration Tool의 Advanced Options 내의 메뉴

"A7 I2C" 메뉴를 선택하면 ARM I2C 인터페이스를 활성화 시킬 것인지 물어보는 메세지나 나타나고 두 가지 선택 (Yes / No) 메뉴가 나타날 것이다. "Yes"를 선택하여 ARM I2C를 활성화한다.

[그림 3-1-5] ARM I2C 인터페이스를 활성화 확인 화면

그러면 [그림 3-1-6]과 같이 I2C 커널 모듈을 기본 설정으로 불러들일지 물어보는 화면이 나타난다. 여기서도 역시 "Yes"를 선택하자.

[그림 3-1-6] I2C 커널 모듈을 기본으로 설정하는 화면

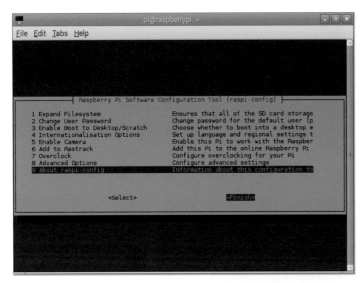

[그림 3-1-7] I2C관련 설정 완료 화면

그러면 [그림 3-1-7]과 같이 "Finish"를 선택하여 설정을 완료시킨다. 이제 관련 설정이 완료되었으므로 설정을 적용하기 위해 아래의 명령어("sudo reboot")를 사용하여 라즈베리파이를 재부팅하자.

[명령어 3-1-16]

```
sudo reboot
```

이제 라즈베리파이 내의 컨피규레이션 툴 관련 세팅은 마쳤지만 아직 몇 가지 기본 설정이 더 필요하다.

```
1  raspi-blacklist.conf
2  modules
```

위의 두 파일("raspi-blacklist.conf" 그리고 "modules")에 간단한 명령어를 추가해 주어야 한다.

일단 터미널 명령창에 다음과 같이 입력한다. 이는 나노 에디터를 이용하여 "raspi-blacklist.conf"을 불러오는 것이다.

[명령어 3-1-17]

```
sudo nano /etc/modprobe.d/rasp-blacklist.conf
```

그러면 아래와 같은 코드를 [그림 3-1-8]에서와 같이 볼 수 있다

```
1    # blacklist spi and i2c by default (many users don't need them)
2
3    blacklist spi-bcm2708
4    blacklist i2c-bcm2708
```

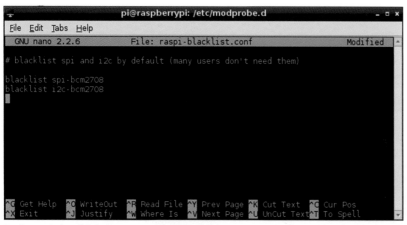

[그림 3-1-8] 나노 에디터로 'modprobe.d' 를 열어본 화면

위의 첫 줄을 제외하고, 'blacklist i2c-bcm2708' 앞에 아래처럼 #을 두 번째 라인에 추가해준다. 추가해준 화면은 [그림 3-1-9]에 잘 나타나 있다.

```
1    # blacklist spi and i2c by default (many users don't need them)
2
3    blacklist spi-bcm2708
4    #blacklist i2c-bcm2708
```

[그림 3-1-9] 'blacklist i2c-bcm2708' 앞에 '#' 추가

두 번째로 커널에 I2C모듈을 추가해 주어야 한다. 여기 'nano' 에디터를 사용하기 위해 아래의 명령어를 명령창에 입력해 준다.

sudo nano /etc/modules

그러면 [그림 3-1-10] 처럼 나노 에디터에 modules 파일의 내용이 나타난다.

```
1   #   ~~~~~~
2
3   snd-bcm2835
```

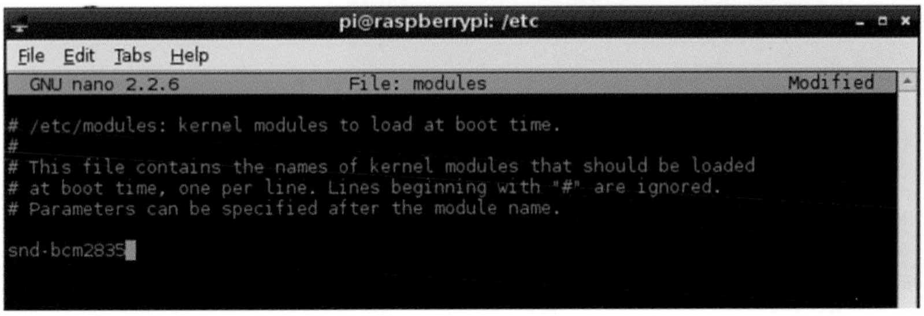

[그림 3-1-10] 'modules' 파일

'modules' 파일의 ' snd-bcm2835' 문자 아래에 다음의 문자를 입력하자. 입력한 모습은 [그림 3-1-11]과 같다.

```
1   #   ~~~~~~
2
3   snd-bcm2835
4   i2c-dev
```

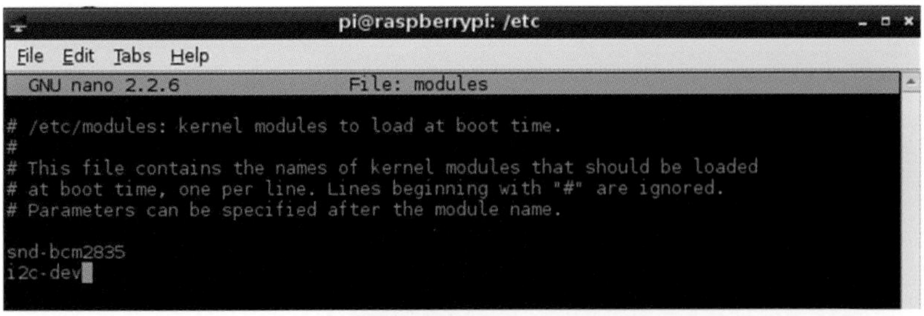

[그림 3-1-11] 'modules' 파일에 'i2c-dev' 를 추가

다음으로 몇 가지 패키지를 설치해야 한다.

우선 설치하기 전에 인터넷에 연결된 LAN 선이 연결되어 있는지 확인하자. 아래의 3가지 명령어들은 인터넷으로부터 필요한 프로그램을 다운받고 설치하는 과정이므로 꼭 인터넷이 연결되어 있어야 한다.

다음의 명령어를 통해 'i2c-tools' 을 설치한다. 설치가 완료되면 [그림 3-1-12]와 같은 화면을 보게 될 것이다.

[명령어 3-1-18]

```
sudo apt-get install i2c-tools
```

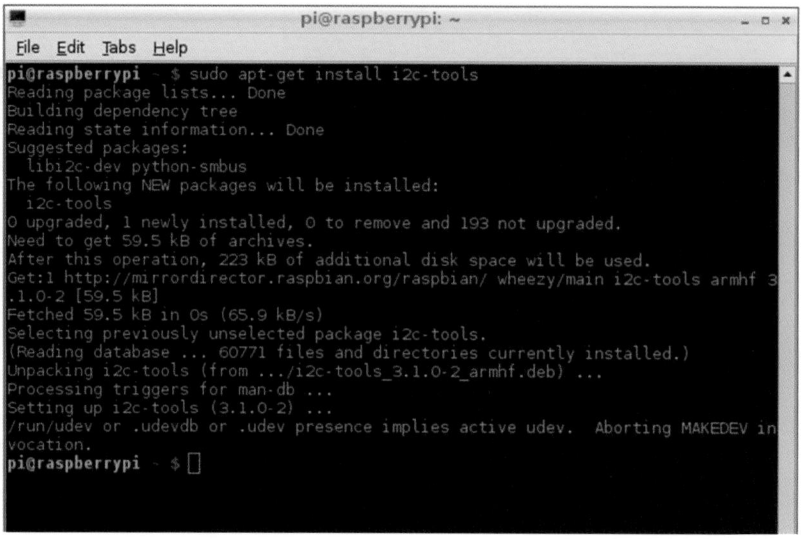

[그림 3-1-12] 'i2c-tools' 설치 완료 화면

다음의 명령어를 통해 'python-smbus'을 설치한다. 설치가 완료되면 [그림 3-1-13]과 같은 화면을 보게 될 것이다.

```
sudo apt-get install python-smbus
```

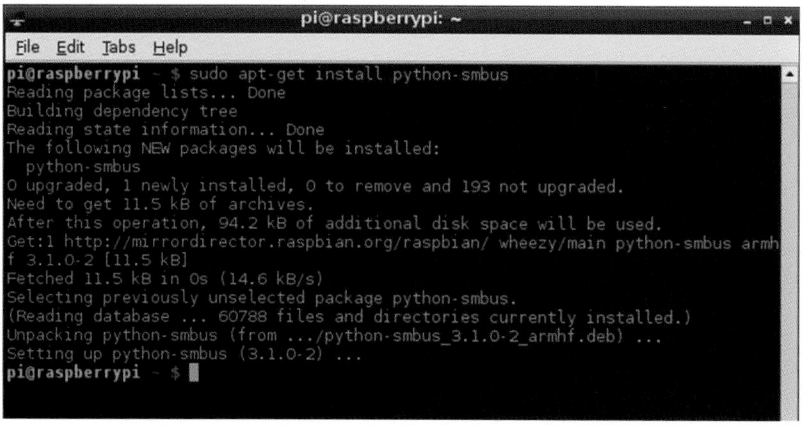

[그림 3-1-13] 'python-smbus' 의 설치가 완료된 화면

이제 마지막으로 [그림 3-1-14]와 같이 i2c에 사용자를 추가하고 재부팅하여 설치를 완료하자.

```
sudo adduser pi i2c
```

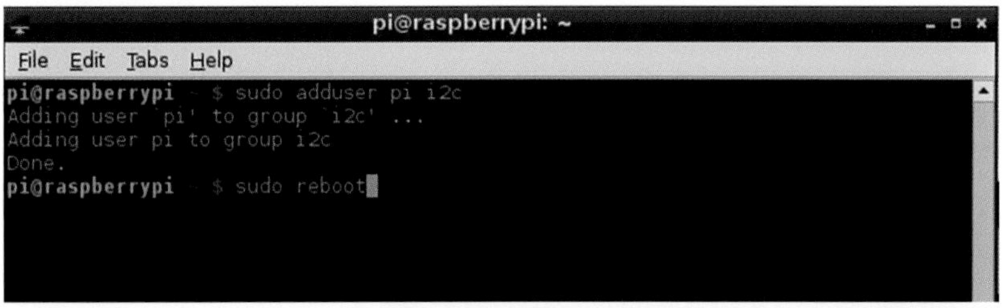

[그림 3-1-14] 마지막 설치를 완료하고 재부팅하는 화면

LESSON 03 온도 센서 사용하기

자 이제 라즈베리파이에 실제 센서를 연결해서 값을 확인해보도록 하자. 다양한 센서들 중에 일상 생활에서 가장 흔하게 볼 수 있는 센서는 온도 센서일 것이다. 전자기기에서 사용하는 온도 센서에는 많은 종류가 있지만, 여기서는 I2C 인터페이스를 사용하면서 비교적 간단히 사용할 수 있는 DS1621 칩을 사용하겠다.

DS1621은 내부에 아날로그 온도 센서와 델타 시그마 ADC를 함께 가지고 있어 결과 값을 디지털 출력 코드로 출력할 수 있는 디지털 타입의 센서이다. 출력 값을 얻어내기 위한 기본적인 동작은 I2C 인터페이스의 표준을 따른다. DS1621의 몇 가지 부가기능 관련 명령어를 I2C 인터페이스를 통해 전달하고 결과 값을 얻어낸다.

DS1621 센서는 온도 값을 9 비트로 출력하며, 내부에 사용자가 지정한 온도 값을 넘어가면 경고를 출력하는 핀을 포함한다. 사용자가 정의하는 온도의 설정은 비 휘발성 메모리에 저장되기 때문에 한번 설정해두면 전원을 완전히 제거한 후에 다시 연결하더라고 이전에 설정했던 값이 그대로 남아 있게 된다. [표 3-1-2]는 DS1621의 핀들의 정보를 나타낸다.

[표 3-1-2] DS1621의 핀 정보

핀 번호	핀 이름	GPIO Number
1	SDA	데이터 입출력
2	SCL	클락 입출력 핀
3	TOUT	온도가 사용자가 지정한 상한 값 이상이면 활성화되고, 사용자 지정한 하한 값 이하가 되면 리셋된다.
4	GND	접지 핀
5	A2	주소 입력 핀
6	A1	주소 입력 핀
7	A0	주소 입력 핀
8	VDD	공급 전원 핀 (2.7 ~ 5.5V)

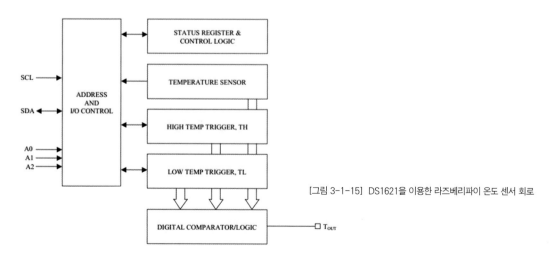

[그림 3-1-15] DS1621을 이용한 라즈베리파이 온도 센서 회로

DS1621 센서는 bandgap 방식을 사용하여 온도를 측정하며 섭씨와 화씨로 보정되어 있기 때문에 디지털 출력을 바로 사용하면 된다. SDA 핀으로부터 출력되는 값과 실제 온도 값은 [표 3-1-3]의 표를 참조하면 알 수 있다.

[표 3-1-3] 온도 값과 출력 비교

온도	디지털 출력 (비트 단위)	디지털 출력(바이트 단위)
+125°C	01111101 00000000	7D00h
+25°C	00011001 00000000	1900h
+½°C	00000000 10000000	0080h
+0°C	00000000 00000000	0000h
−½°C	11111111 10000000	FF80h
−25°C	11100111 00000000	E700h
−55°C	11001001 00000000	C900h

데이터가 두 개의 선으로 전송된다. DS1621의 출력 값은 두 개의 바이트로 구성되며, 첫 번째 바이트의 1 비트가 MSB(Most Significant Bit)로서 1°를 나타내며, 두 번째 바이트의 1 비트가 LSB (Least Significant Bit)로서 ½°를 나타낸다. 예를 들어+25°C 의 경우, 첫 번째 바이트에서 (00011001) 또는 1900h 으로 표현된다. 이 2진수 값 또는 8진수 값을 우리가 흔히 쓰는 10진수로 변환하면 정확히 25가 된다 ((16+8+1) × 1°C = 25°C). 그리고 ½°C 의 경우, 두 번째 바이트를 보면 10000000 또는 0080h로 표현되어 있다. 이것을 LSB로 해석하게 되면 가장 낮은 수가 1로 되어 있는 것이므로 0.5가 하나 있다고 볼 수 있다(1 × 0.5°C = ½°C).

구체적인 이론을 설명하기 전에 이번에 구현해 볼 온도 센서 회로를 보자. [그림 3-1-16]에 보면 DS1621 센서를 라즈베리파이와 어떻게 연결할 것인가에 대한 세부적인 회로도가 있다. 앞서 하드웨어 센서에서 언급했듯이 SDA와 SCL 핀에 두 개의 저항(10K)이 전원으로 연결되어 있다. 전원 (3.3V)와 GND 사이는 0.1 uF 컨덴서를 사용해서 연결해준다. 이번 예에서는 TOUT 핀을 사용하지 않을 것이므로 연결하지 않는다. A0 - A2는 I2C 인터페이스에서 주소를 정하기 위해 사용하는 핀들인데 여기서는 모두 GND 와 연결하여 000의 주소를 할당한다.

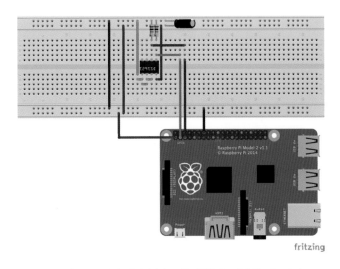

[그림 3-1-16] 라즈베리파이의 I2C를 이용한 온도센서 회로 (Fritzing)

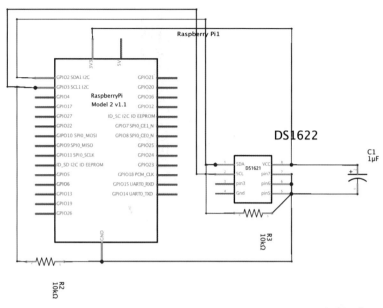

[그림 3-1-17] 라즈베리파이의 I2C를 이용한 온도 센서 회로 (Schematic)

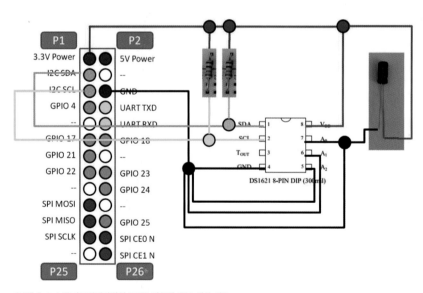

[그림 3-1-18] 라즈베리파이의 I2C를 이용한 온도 센서 회로

자 이제 위의 회로를 하나씩 실제로 브래드 보드에 연결해 보자. 우선 [그림 3-1-19]와 같이 DS1621을 적당한 위치에 연결하고 점퍼 선 키트에서 가장 작은 핀들을 이용해서 A0 - A2의 핀들을 그라운드와 연결하자. 순서는 [그림 3-1-20]에서 [그림 3-1-21]을 을 참조하여 연결하면 된다.

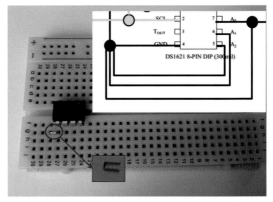

[그림 3-1-19] DS1621을 이용한 라즈베리파이 온도 센서 회로 A0 - A2 핀들을 가장 작은 연결 선으로 연결하자. (1)

[그림 3-1-20] DS1621을 이용한 라즈베리파이 온도 센서 회로 A0 - A2 핀들을 가장 작은 연결 선으로 연결하자. (2)

[그림 3-1-21] DS1621을 이용한 라즈베리파이 온도 센서 회로 A0 - A2 핀들을 가장 작은 연결 선으로 연결하자. (3)

여기까지 A0, A1, A2 세 개의 핀이 하나로 연결되었다. 이제 이 연결된 핀들을 GND로 연결하자.

이제 I2C 인터페이스의 두 개의 버스 선을 라즈베리파이에 연결하자. [그림 3-1-22]와 같이 점퍼 선을 브레드 보드의 '-' 표시된 곳으로 연결한다.

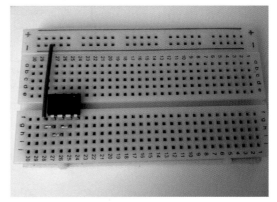

[그림 3-1-22] A0 - A2 핀들을 GND로 연결

이제 전해 콘덴서를 연결하자. 여기서 사용하는 전해
콘덴서는 극성이 있으므로 주의해서 연결해야 한다.
[그림 3-1-23]에서 처럼 연결하면 된다. 연결 시 한
쪽에 회색 띠가 보일 것이다. 이 부분에 나와있는 다
리가 '-' 극성이므로 주의해서 연결하자.

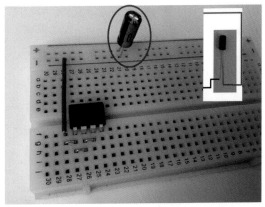

[그림 3-1-23] 전해 컨덴서의 극성에 맞춰 브레드 보드에 연결한다. 한쪽
의 회색 띠 부분을 '-'에 연결

I2C 인터페이스가 사용하는 두 개의 버스 선은 풀업 저항이 필요하다고 앞서 설명하였다. [그림 3-1-24]와
보면 DS1621의 1번 2번 핀이 각각 SDA 와 SCL이므로, 이 핀에서 브레드 보드의 '+' 표시 쪽으로 저항을 [그림
3-1-25]와 같이 연결하면 되겠다. 저항의 크기는 10k 옴을 사용하면 되겠다.

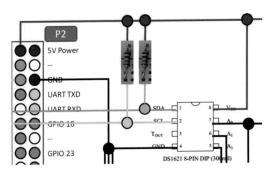

[그림 3-1-24] DS1621의 1번 2번 핀에 10K 옴 저항을 '+'에 연결

[그림 3-1-25] DS1621의 1번 2번 핀에 10K 옴 저항을 '+'에 연결하는
사진

이제 DS1621의 8번 핀 (Vss) 과 '+' 전원을 연결해보
자. [그림 3-1-26]에서 DS1621의 8번 핀과 두 개의
풀업 저항들이 연결되어 있는 것을 알 수 있다.

[그림 3-1-26] DS1621의 8번 핀 (Vss)와 브레드 보드의 '+' 를 연결

여기까지 연결한 브레드 보드 위의 회로를 라즈베리파이와 연결하자. 이제 남은 연결은 전원의 '+'와 '-' 그리

고 SDA와 SCL 이다. 우선 DS1621의 1번 핀 SDA와
2번 핀 SCL을 라즈베리파이의 'I2C SDA'와 'I2C SCL'
핀에 [그림 3-1-27]과 같이 연결하면 된다. 실제 연
결 그림은 [그림 3-1-28]과 [그림 3-1-29]를 참조
하면 된다.

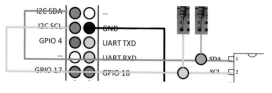

[그림 3-1-27] DS1621과 라즈베리파이의 SDA, SCL 핀 연결

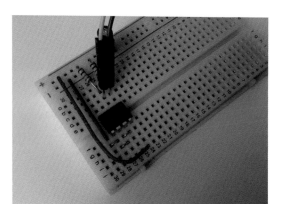

[그림 3-1-28] DS1621의 버스 핀에 연결

[그림 3-1-29] 라즈베리파이의 버스 핀에 연결

이제 전원을 연결하자. 앞에서 브레드 보드의 '+'와 '-'
부분에 모든 전원 관련 연결을 다 해놓았으므로 라즈
베리파이의 전원을 브레드 보드의 전원부분에 [그림
3-1-30]과 같이 연결해 주면 된다.

[그림 3-1-30] DS1621을 이용한 라즈베리파이 온도센서 회로 A0 – A2
핀들을 가장 작은 연결 선으로 연결하자.

이제 회로와 관련된 모든 연결이 끝났다. [그림 3-1-
31]과 각자 구현한 회로를 비교하여 다시 한번 잘못
된 곳이 없는지 확인해보자. 계속해서 강조하는 말이
지만 하드웨어 연결이 잘못되면 라즈베리파이에 충
격이 가해질 수도 있기 때문에 하드웨어 연결에서는
항상 신중해야 한다.

[그림 3-1-31] DS1621 회로의 연결이 완료된 상태

연결이 끝났으면 이제 파이선 프로그램을 작성해 보자. 온도 값을 읽기 위한 기본적인 프로그램은 [프로그램 코드 3-1-1] 과 같다.

[프로그램 코드 3-1-1] RPi2_TempSensor.py

```
1    import smbus
2    import time
3
4    addrDS1621 = 0x90>>1
5    bus = smbus.SMBus(1)
6
7    bus.write_byte_data(addrDS1621, 0xAC, 0x3)   # Config  명령어 접근
8
9    while(True) :
10     bus.write_byte(addrDS1621, 0xEE)
11     time.sleep(3)
12     tmp = bus.read_i2c_block_data(addrDS1621, 0xAA)
13     bus.write_byte(addrDS1621, 0xA8)
14     counter = float(bus.read_byte(addrDS1621)) # Counter 값 읽기
15     bus.write_byte(addrDS1621, 0xA9) # Slope 명령어 읽기
16     slope = float(bus.read_byte(addrDS1621)) # Slope 읽기
17     temp = float(tmp[0]) - 0.25 + (slope - counter) / slope
18     print(temp)
```

위의 코드를 실행하면 [그림 3-1-32]와 같이 현재 온도를 읽어 들일 수 있다

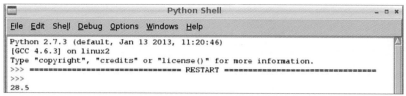

[그림 3-1-32] 파이선 프로그램을 통해서 온도 값을 확인

이 프로그램은 매 3초마다 온도 센서 값을 읽어오는 동작을 반복한다. 이 기능을 구현하기 위해서, 우선 I2C 를 사용하기 위한 smbus 모듈과 시간 관련 함수들을 위한 time 모듈을 가져온다.

```
1    import smbus
2    import time
```

우선 버스에 주소 값인 0x88을 입력하고, bus 변수에 smbus를 활성화시키자.

```
1   addrDS1621 = 0x88
2   bus = smbus.SMBus(1)
```

DS1621을 한 번씩 동작 시키기 위해 0x03 값을 IODIR 레지스터에 넣어 주자.

```
bus.write_byte_data(addrDS1621, 0xAC, 0x03)   # Config   명령어  접근
```

이제 계속적으로 프로그램을 실행하기 위해 whlie(True) 문을 넣고 그 내부에 반복될 코드들을 집어 넣는다.

```
1   while(True) :
2   ....
```

반복 문의 내부에서 변환을 시작하라는 명령어가 처음에 위치한다. 변환 시작은 0xEE 값을 DS1621에 넣어 주면 된다.

```
bus.write_byte(addrDS1621, 0xEE)
```

그리고 time 모듈에서 특정 시간 동안 기다리게 하는 함수를 실행한다. 'sleep()'에서 괄호 안에 넣은 숫자만 큼 기다리게 되면 숫자는 초 단위를 의미한다. 그러므로 'time.sleep(3)'은 3초간 기다리라는 의미이다.

```
time.sleep(3)
```

사실 온도 값을 읽기 위해서 소요되는 변환 시간은 1초 미만이기 때문에 3초면 충분한 시간이라고 봐도 된다. 이제 3초가 지났으니 값을 읽어보자. 'tmp'라는 변수에 온도 값을 읽기 위한 함수에 0xAA (온도를 읽는 명령어) 값을 넣어주어 온도 값을 임시로 저장한다.

```
tmp = bus.read_i2c_block_data(addrDS1621, 0xAA)
```

여기서 읽어 드리는 값은 높은 정확도의 값을 읽는 것이기 때문에 'counter'와 'slope'에 대한 다음의 코드들이 추가로 필요하다.

```
1   bus.write_byte(addrDS1621, 0xA8)
2   Counter = float(bus.read_byte(addrDS1621) # Counter 값 읽기
3   bus.write_byte(addrDS1621, 0xA9) # Slope 명령어 읽기
4   Slope = float(bus.read_byte(addrDS1621)) # Slope 읽기
```

여기서 0xA8 은 'counter'값을 읽기 위함이고, 0xA9 은 'slope'값을 읽기 위한 명령어라 보면 되겠다.

이렇게 읽어 들인 값을 실제 온도로 변환하기 위해서 다음의 코드를 추가해 주면 된다.

```
temp = float(tmp[0]) - 0.25 + (slope - counter) / slope
```

마지막으로 읽어 들인 값을 화면에 출력하기 위해 'print()' 함수를 다음과 같이 입력하면 된다.

```
print("Temperatue Value :  , deg.Celsius: %4.2f%temp)
```

LESSON 04 · PWM 사용하기

PWM이란 Pulse Width Module 의 약자로서, 펄스의 시간적 길이 간격을 조절하는 기술로서 임베디드 시스템에서는 DC 모터의 속도나 서보 모터의 회전각을 제어하는 용도로 많이 사용된다. PWM을 사용하기 위해서는 몇 가지 용어를 알아야 한다. 우선 'duty cycle'이란

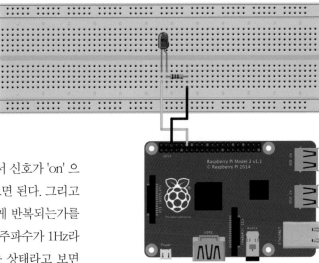

용어가 있는데, 이는 정상적인 펄스 간격에서 신호가 'on' 으로 설정된 상태의 정도(%)를 나타낸다고 보면 된다. 그리고 주파수 (frequency)는 펄스가 얼마나 빠르게 반복되는가를 나타내는 수치라고 보면 된다. 우리가 흔히 주파수가 1Hz라는 말을 하면 1초에 한 번씩 신호가 변하는 상태라고 보면 된다.

[그림 3-1-33] PWM 신호의 주기 확인을 위한 간단한 LED 회로

자 그럼 간단하게 라즈베리파이를 이용해서 PWM 신호를 만들어 보자. LED를 통해서 눈으로 PWM의 동작을 확인하기 위해서 2초에 한번씩 깜박이는 기능을 구현해 보겠다. 우선 [그림 3-1-33]과 같은 회로를 구현하자. 위의 회로는 앞에서 구현했던 LED 회로와 비슷하고 간단하기 때문에 세부적인 연결 과정은 생략하겠다.

회로를 잘 구현하였다면 이제 PWM 신호를 만들기 위한 소프트웨어를 알아보자. 일단 다음의 코드를 추가하여 GPIO 모듈을 가져와야 한다.

```
tmp = bus.read_i2c_block_data(addrDS1621, 0xAA)
```

GPIO 모듈을 가져왔다면 핀 번호를 정하는 명령을 다음과 같이 하고, 12번 핀을 출력 상태로 설정하자.

```
1   GPIO.setmode(GPIO.BOARD)
2   GPIO.setup(18, GPIO.OUT)
```

여기서 GPIO의 PWM 메소드를 이용해서 채널과 주파수를 설정해야 한다. 우선 GPIO의 PWM 인스턴스를 다음과 같은 방식으로 생성할 수 있다.

```
p = GPIO.PWM(channel, frequency)
```

'p' 인스턴스에 현재 GPIO의 18번 핀에 2초 간격으로 동작하는 PWM 신호를 입력하는 것이므로 0.5Hz를 주파수로 설정하면 된다. 이를 위해 다음의 코드를 추가하자.

```
p = GPIO.PWM(18, 0.5)
```

이제 인스턴스 'p'를 동작시키기 위해 'start' 메소드를 다음과 같이 호출하면 되겠다.

```
p.start(1)
```

여기서 엔터키를 누르면 PWM을 멈추고 GPIO가 사용중인 리소스를 비우는 코드를 추가하면 되겠다.

```
1  input('Press return to quit:')
2  p.stop()
3  GPIO.cleanup()
```

[그림 3-1-34] PWM 을 이용하여 2초 간격으로 LED를 동작

앞에서 PWM 사용하는 간단한 예제를 보았으니 라즈베리파이에서의 PWM 사용법을 구체적으로 알아보자. 우선 PWM 인스턴스를 생성하기 위해서 필요한 명령 코드가 다음과 같다.

```
p = GPIO.PWM(channel, frequency)'
```

'channel'에 일반 입출력 포트 중에 하나를 넣어 주고 'frequency'에 설정할 주파수를 입력하면 된다. 위의 코드로 기본 설정을 마쳤다면 PWM을 시작하기 위해서 시작 명령을 'duty Cycle'과 함께 다음과 같이 입력하면 된다.

```
p.start(duty_cycle)
```

위의 명령이 실행되면 PWM이 발생한다. 이렇게 이미 시작된 PWM도 중간에 주파수와 듀티 사이클을 변경할 수 있다. 주파수를 변경하기 위해서는 다음의 코드를 추가하면 된다.

```
p.ChangeFrequency(주파수)
```

여기에 들어가 주파수는 Hz 단위로 입력하고 듀티 사이클은 다음의 명령어로 변경이 가능하다.

```
p.ChangeDutyCycle(듀티 사이클)
```

듀티 사이클은 0.0 에서 100.0 까지의 범위로 변경이 가능하다. 시작된 PWM을 멈추는 명령은 다음과 같다.

```
p.stop()
```

[그림 3-1-35]는 PWM을 50Hz의 주파수에 듀티 사이클 13%로 설정하여 출력된 PWM 파형이다. 주파수 값으로 50을 입력하면 한 펄스가 20ms 마다 ON 상태가 된다. 그리고 듀티 사이클로서 13.0 을 입력하여 13%의 ON 신호가 매 20ms 마다 반복되고 있다.

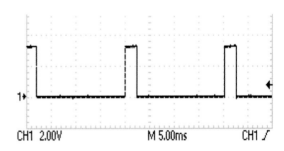

[그림 3-1-35] 오실로스코프로 PWM 펄스를 확인하는 그림

자 이제 PWM을 이용해서 LED의 밝기를 변화시키는 프로그램을 작성해보자. 아래 프로그램은 GPIO 18번 핀을 50Hz 주파수로 듀티 싸이클을 증가시키고, 감소시키는 동작을 반복하여 LED를 밝게 하였다가 약하게 하는 동작을 반복하는 것이다. 앞에서 코드 단위로 설명한 명령어들을 한데 모아 프로그램으로 만들면 아래의 'RPi2_PWM.py'와 같은 파일의 형태가 된다.

[프로그램 코드 3-1-2] RPi2_PWM.py

```
1   import time
2   import RPi.GPIO as GPIO
```

```
 3
 4  GPIO.setmode(GPIO.BCM)
 5  GPIO.setup(26, GPIO.OUT)
 6
 7  p = GPIO.PWM(26, 1000)   # channel=18 frequency=50Hz
 8  p.start(0)
 9
10  try:
11    while 1:
12      for dc in range(0, 101, 5):
13        p.ChangeDutyCycle(dc)
14        time.sleep(0.1)
15      for dc in range(100, -1, -5):
16        p.ChangeDutyCycle(dc)
17        time.sleep(0.1)
18  except KeyboardInterrupt:
19    pass
20
21  p.stop()
22  GPIO.cleanup()
```

LESSON 05 PWM을 사용하여 서보 모터 제어하기

로봇에 조금이라도 관심이 있는 독자라면 방송이나 인터넷을 통해서 휴머노이드 로봇을 본적이 있을 것이다. 사람과 닮은 형태의 로봇이 걸어 다니며 음악에 맞춰 춤을 추는 동작을 하기도 한다. 이러한 동작은 로봇의 각 관절마다 모터가 달려 있어 관절을 움직여 주기 때문에 가능하다. 이처럼 모터가 특정한 각도로 움직이며, 그 각도에서 정지하는 상태를 유지하는 모터를 서보(Servo) 모터라 부른다.

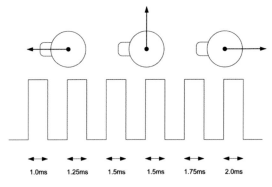

서보 모터는 앞에서 배운 PWM을 이용해 제어가 가능하다. 서보 모터는 기본적으로 모터의 회전 각도를 조정하는 것이 본질적인 기능이다. 이러한 회전 각도의 위치는 펄스의 길이를 설정하면 된다. 일반적으로 펄스의 주기는 20ms로 설정하고, 그 주기 내에서 1ms의 'high' 신호는 서보 보터가 0°의 위치에 있게 하고 2ms의 'high' 신호는 서보 모터가 180°의 각도를 유지하게 된다.

[그림 3-1-36] 서버 모터와 PWM 펄스의 관계

앞에서 배운 PWM 사용법을 적용해서 실제로 서보 모터를 제어해 보면 모터의 움직임이 불안정한 것을 발견하게 될 것이다. 이는 라즈베리파이가 다른 작업을 하면서 PWM 신호를 발생하기 때문에 PWM 신호가 일정하게 나오지 않기 때문이다. 이러한 문제는 'Adafruit' 와 'Sean Cross'가 만든 PWM 서보 커널 모듈을 이용하면 해결할 수 있다. 커널을 이용하려면 'Occidentalis v0.2' 다운 받은 후 라즈비언을 다시 설치하면 된다. 이 수정된 라즈비언언 운영체제는 다음의 링크를 통해 다운 받을 수 있다.

http://learn.adafruit.com/adafruit-raspberry-pi-educational-linux-distro/occidentalis-v0-dot-2

우선 PWM 서보 커널 모듈은 파일 형태의 인터페이스이기 때문에 특별한 파일을 읽고 쓰는 방식으로 사용하면 된다. PWM 서보 커널 관련 파일은 라즈베리파이의 '/sys/class/rpi-pwm/pwm0/' 디렉토리 위치에 있다. 각 파일의 상세 정보는 [표 3-1-4]에 정리되어 있다..

[표 3-1-4] PWM 서보 파일 요약

파일	설명
active	'active'가 1이면 활성화, 0이면 비활성화
delayed	1로 설정되어 있으면 어떤 변화가 설정되어도 'active'가 1로 설정될 때까지 다른 파일에 영향을 주지 않게 된다.
mode	PWM 서보 나 audo 모드로 설정이 가능함
servo_max	서보 모터의 최고 값을 설정, 여기서는 180으로 함
servo	'servo_max' 값보다 작은 값에서 설정 가능. 앞에서 180으로 설정하였다면 서보 모터를 0에서 180 사이에서 설정이 가능함

[출처: http://learn.adafruit.com/adafruits-raspberry-pi-lesson-8-using-a-servomotor]

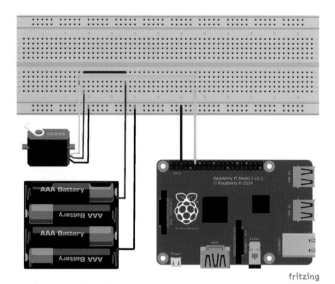

[그림 3-1-37] 서보 모터 연결 회로 (Fritzing)

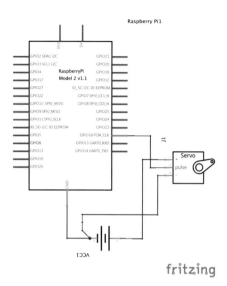

[그림 3-1-38] 서보 모터 연결 회로 (Schematic)

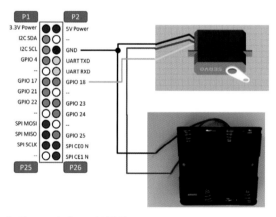

[그림 3-1-39] 서보 모터 연결 회로

[그림 3-1-40] 서보 모터와 구동 회로를 연결한 그림

[프로그램 코드 3-1-3] RPi2_Servo.py

```
1  # Servo Control
2  import time
3  def set(property, value):
4    try:
5      f = open("/sys/class/rpi-pwm/pwm0/" + property, 'w')
6      f.write(value)
7      f.close()
8    except:
9      print("Error writing to: " + property + " value: " + value)
```

```
10   def setServo(angle):
11     set("servo", str(angle))
12     set("delayed", "0")
13     set("mode", "servo")
14     set("servo_max", "180")
15     set("active", "1")
16     delay_period = 0.01
17
18 while True:
19   for angle in range(0, 180):
20     setServo(angle)
21     time.sleep(delay_period)
22   for angle in range(0, 180):
23     setServo(180 - angle)
24     time.sleep(delay_period)
```

[참고 자료 : http://learn.adafruit.com/adafruits-raspberry-pi-lesson-8-using-a-servomotor]

LESSON 06 스텝 모터 제어하기

스텝 모터는 모터를 움직일 때 한 번의 펄스로 정해진 한 스텝을 움직이는 모터이다. 스텝 모터는 일반 DC 모터와 다르게 움직이는 정도를 예측하기 쉽다는 장점이 있어 널리 사용되고 있다.

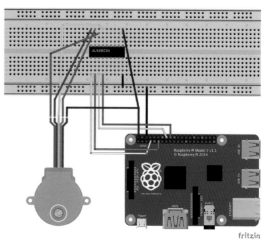

[그림 3-1-41] 라즈베리파이 2와 스텝모터의 연결 회로 (Fritzing)

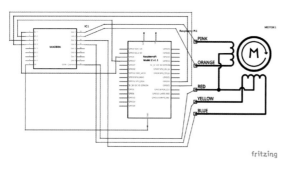

[그림 3-1-42] 라즈베리파이 2와 스텝모터의 연결 회로 (Schematic)

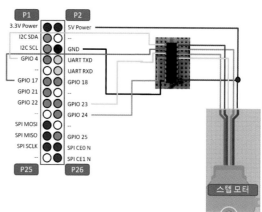

[그림 3-1-43] 라즈베리파이 2와 스텝모터의 연결 회로

여기서 사용할 스텝 모터는 한 바퀴를 도는데 512 스텝으로 구성되어 있다. 모터를 구동하기 위해 사용하는 모터 드라이버는 ULN2803A를 사용한다. ULN2803A는 라즈베리파이의 약한 신호를 높은 전류의 출력으로 변환하여 스텝 모터를 구동할 수 있게 해주는 IC 칩이다. 회로의 연결은 [그림 3-1-41, 42, 43]과 같이 하면 된다. [그림 3-1-44]에서 [그림 3-1-46]까지를 참조하여 회로를 구성하자.

[그림 3-1-44] 라즈베리파이 2와 스텝모터의 실제 연결 과정 (1)

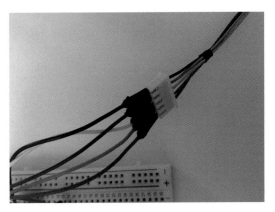

[그림 3-1-45] 라즈베리파이 2와 스텝모터의 실제 연결 과정 (2)

[그림 3-1-46] 라즈베리파이 2와 스텝모터의 실제 연결 과정 (3)

[프로그램 코드 3-1-3] RPi2_StepMotor.py

```
1    import RPi.GPIO as GPIO
2    import time
3    GPIO.setmode(GPIO.BCM)
4
5    coil_A_1_pin = 4
6    coil_A_2_pin = 17
7    coil_B_1_pin = 23
8    coil_B_2_pin = 24
9
10   GPIO.setup(coil_A_1_pin, GPIO.OUT)
11   GPIO.setup(coil_A_2_pin, GPIO.OUT)
12   GPIO.setup(coil_B_1_pin, GPIO.OUT)
13   GPIO.setup(coil_B_2_pin, GPIO.OUT)
15
15   def forward(delay, steps):
16     for i in range(0, steps):
17       setStep(1, 0, 1, 0)
18       time.sleep(delay)
19       setStep(0, 1, 1, 0)
20       time.sleep(delay)
21       setStep(0, 1, 0, 1)
22       time.sleep(delay)
23       setStep(1, 0, 0, 1)
24       time.sleep(delay)
25
```

```
26 def backwards(delay, steps):
27  for i in range(0, steps):
28    setStep(1, 0, 0, 1)
29    time.sleep(delay)
30    setStep(0, 1, 0, 1)
31    time.sleep(delay)
32    setStep(0, 1, 1, 0)
33    time.sleep(delay)
34    setStep(1, 0, 1, 0)
35    time.sleep(delay)
36
37 def setStep(w1, w2, w3, w4):
38  GPIO.output(coil_A_1_pin, w1)
39  GPIO.output(coil_A_2_pin, w2)
40  GPIO.output(coil_B_1_pin, w3)
41  GPIO.output(coil_B_2_pin, w4)
42
43 while True:
44  delay = raw_input("Delay between steps (milliseconds)?")
45    steps = raw_input("How many steps forward? ")
46    forward(int(delay) / 1000.0, int(steps))
47    steps = raw_input("How many steps backwards? ")
48    backwards(int(delay) / 1000.0, int(steps))
```

프로그램을 실행하면 스텝 사이의 'Delay'는 몇 ms으로 할 것인지 물어 본다. 여기에 10을 입력하면, 전진 방향으로 몇 스텝을 움직일 것인가를 물어본다. 여기에는 원하는 만큼의 스텝을 넣어보자. 그러면 모터가 입력한 수만큼의 스텝을 움직이게 된다. 움직임이 끝나면 다시 반대 방향으로 몇 스텝을 움직일지 물어본다.

[참고자료 : http://learn.adafruit.com/adafruits-raspberry-pi-lesson-10-steppermotors

LESSON 07 ADC 모듈 사용하기

아날로그 센서로부터 센서의 값을 읽어 내려면 아날로그 신호를 디지털로 변환해주어야 한다. 이러한 동작을 하는 디바이스로 ADC(Analog-to-digital Conveter)가 있다. 일반적으로 ADC는 SAR (Successive Approximation Register) 타입과 Delta-Sigma 타입이 있다. 여기서 사용할 MCP3201은 Microchip사에서 제작된 대표적인 SAR 타입의 ADC이다. MCP3201은 비교적 저렴한 가격이며 SPI에 호환되는 12 비트 싱글 채널 디바이스이다. 앞서 배웠던 I2C 통신을 이용한 온도 센서의 경우는 센서의 값이 디지털로 제공되지만 많은 센서들이 아날로그 출력을 제공하므로 이번 LESSON의 ADC 모듈 사용하기를 잘 익혀두면 다양한 종류의 센서를 라즈베리파이에 연결할 때 유용하게 쓰일 것이다.

여기서 구현해 볼 회로는 MCP3201을 이용하는 SAR 타입의 ADC 디바이스이다. 우선 [그림 3-1-47, 48, 49] 의 회로 연결을 보고 회로를 구현해 보자.

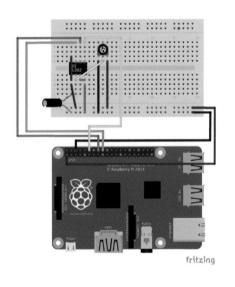

[그림 3-1-47] MCP3201와 라즈베리파이 2의 회로 연결 그림 (Fritzing)

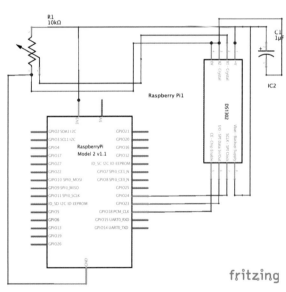

[그림 3-1-48] MCP3201와 라즈베리파이 2의 회로 연결 그림 (Schematic)

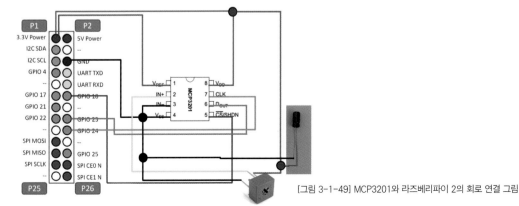

[그림 3-1-49] MCP3201와 라즈베리파이 2의 회로 연결 그림

회로 구현에 어려움이 있는 독자라면 앞의 3가지 회로 그림 중에 편한 것을 참조하여 차근차근 사진들을 보며 따라 하기 바란다. 우선 [그림 3-1-50]과 같이 MCP3201을 브레드 보드에 연결하고, [그림 3-1-51]에서 [그림 3-1-58]을 참조하여 MCP3201에 필요한 기본적인 회로를 구성한다.

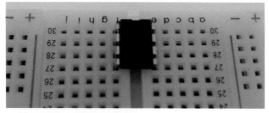

[그림 3-1-50] MCP3201 연결 그림

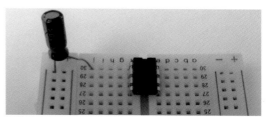

[그림 3-1-51] 전해 콘덴서 연결

[그림 3-1-52] 'Vss'와 'In −' 연결

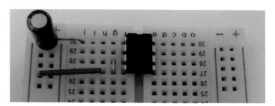

[그림 3-1-53] 앞의 연결을 GND에 연결

[그림 3-1-54] 'Vref'와 'Vdd' 연결

[그림 3-1-55] 'Vref − Vdd'를 전원에 연결

실제 센서를 사용해서 ADC의 값을 테스트해도 되지만, 센서는 센서에 영향을 주는 환경을 변화시켜야 값이 변하므로 센서 대신 [그림 3-1-56]에 보이는 가변 저항을 사용하겠다. [그림 3-1-57]에 보이는 가변 저항의 '+' 홈을 돌려주면 저항 값이 변하여 ADC 값의 변화를 체크해 볼 수 있다.

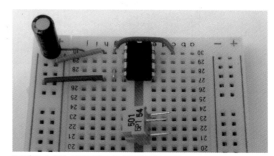

[그림 3-1-56] 센서 대용으로 사용할 가변 저항

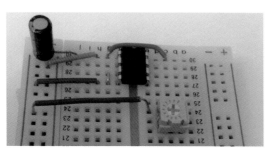

[그림 3-1-57] 가변 저항의 한 쪽 핀에 'GND' 연결

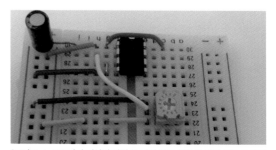

[그림 3-1-58] 가변 저항의 반대 쪽 핀에 전원 연결 후 가변 저항 값 출력을 MCP3201의 'In +'에 연결

[그림 3-1-58] 까지의 연결을 마쳤다면 이제 라즈베리파이와 연결을 해보자. [그림 3-1-59]에 보이는 것처럼 라즈베리파이의 '3.3V' 전원 핀과 'GND' 핀을 브레드 보드에 연결하자

[그림 3-1-59] 브레드 보드에 라즈베리파이의 '+ 전원'과 GND 연결

[그림 3-1-60]은 브레드 보드 쪽의 MCP3201 의 'CS', 'DOUT', 'CLK' 핀들의 연결을 나타내었고, [그림 3-1-61]은 라즈베리파이 쪽의 'GPIO18', 'GPIO 23', 'GPIO 24' 에 각각 연결한 모습을 나타낸다. 이 핀들이 실제로 SPI 인터페이스를 사용하여 ADC 값을 라즈베리파이로 전달하는 기능을 한다고 보면 된다. 여기까지 연결하였다면 필요한 회로는 완성이 되었다. 이제 프로그램을 작성해 보자.

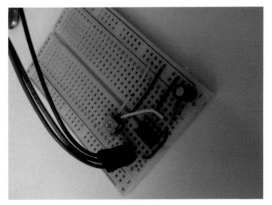

[그림 3-1-60] 브레드 보드의 CS, DOUT, CLK 핀을 라즈베리파이 쪽으로 연결

[그림 3-1-61] 브레드 보드의 CS, DOUT, CLK 핀을 라즈베리파이 쪽으로 연결

MCP3201을 사용하여 구현한 회로에서 우리는 참조 입력 (Vref)은 아날로그 입력 전압의 범위와 LSB (Least Significant Bit) 크기를 정한다 ADC에서 LSB는 ADC가 변환할 수 있는 가장 작은 레벨 값이다. 이 LSB의 크기는 다음의 식을 통해서 구할 수 있다.

LSB 크기	= Vref / 2 Size of Data bit	(식 3-1-1)

MCP3201은 12 비트의 데이터 비트의 크기를 사용하므로 식에 넣어서 구해보면 다음과 같이 나타낼 수 있다.

LSB 크기　　=　Vref / 2 12

　　　　　　=　Vref / 4096

센서로부터 읽어 들인 실제 디지털 출력 값은 다음의 (식 3-1-2)를 통해서 구할 수 있다.

디지털 출력 값 = (Vin * 4096) / Vref (식 3-1-2)

여기서 Vin은 MCP3201의 In- 핀과 In+ 핀 사이의 입력 전압 값을 나타내며, Vref는 앞에서 말한 것처럼 참조 입력 전압이다. 앞에서 설명한 두 식을 바탕으로 프로그램을 작성해 보자.

일단 필요한 라이브러리를 프로그램으로 불러들여야 한다. 여기서는 일반 입출력 포트 라이브러리를 사용하여 MSC3201로부터 데이터를 읽는다.

```
import RPi.GPIO as GPIO
```

CS, DOUT, CLK 세 개의 변수를 설정하고 각각의 변수에 GPIO의 핀 번호인 18, 23, 24를 할당하고 Vref 변수에 3.27 값을 할당하자.

```
1    CS = 18
2    DOUT = 23
3    CLK = 24
4    Vref = 3.27
```

프로그램에서 사용할 입출력 관련 초기화를 위해 다음의 코드를 추가하자.

```
1    GPIO.setwarnings(False)
2    GPIO.setmode(GPIO.BCM)
3    GPIO.setup(CS, GPIO.OUT)
4    GPIO.setup(DOUT, GPIO.IN)
5    GPIO.setup(CLK, GPIO.OUT)
```

DOUT 핀에서 ADC 데이터를 받아 오기 위해서 while 루프 안에서 while_loop 변수 값이 14 에서 0 까지로 줄어들 동안 CLk 핀을 ON-OFF 시키면서 센서 값을 binData에 저장한다.

```
1    whlie_roop = 14
2    while (while_loop >= 0) :
3      GPIO.output(CLK, False)
4      bitDOUT = GPIO.input(DOUT)
5      GPIO.output(CLK, True)
6      bitDOUT = bitDOUT << while_loop
7      binData |= bitOUT
8      while_loop -= 1
```

센서로부터 가져온 값이 저장된 binData 변수를 앞의 (식 3-1-2)를 사용하여 가변 저항의 값을 다음과 같이 구한다.

```
1  result = Vref * binData / 4096
2  print(result)
```

이제 앞의 ADC 프로그램 [프로그램 코드 3-1-4]을 [그림 3-1-62]와 같이 파이선 IDLE에 입력하고 결과를 확인해 보자. 앞의 과정들이 문제없이 수행되었다면 파이선 쉘 화면에 숫자 값들이 나타날 것이다. 숫자 값이 나타난다면 값이 제대로 들어 오는지 확인하기 위해 [그림 3-1-63]과 같이 가변 저항을 한쪽 끝으로 돌려 보자. 그러면 센서의 최고 값인 3에 가까운 숫자가 출력 되거나 센서의 최소 값인 0에 가까운 숫자가 출력될 것이다.

[프로그램 코드 3-1-4] RPi2_ADC3201.py

```
1  import RPi.GPIO as GPIO
2
3  CS = 18
4  DOUT = 23
5  CLK = 24
6
7  Vref = 3.27
8
9  GPIO.setwarnings(False)
10 GPIO.setmode(GPIO.BCM)
11
12 GPIO.setup(CS, GPIO.OUT)
13 GPIO.setup(DOUT, GPIO.IN)
14 GPIO.setup(CLK, GPIO.OUT)
15
16 binData=0
17 bitDOUT=0
18
19 GPIO.output(CS, True)
20 GPIO.output(CLK, True)
21 GPIO.output(CS, False)
22
23 GPIO.setmode(GPIO.BCM)
```

```
24  GPIO.setup(17, GPIO.OUT)
25  GPIO.output(17, False)
26
27  while_loop = 14
28
29  while (while_loop >= 0) :
30    GPIO.output(CLK, False)
31    bitDOUT = GPIO.input(DOUT)
32    GPIO.output(CLK, True)
33    bitDOUT = bitDOUT << while_loop
34    binData |= bitDOUT
35    while_loop -= 1
36
37  GPIO.output(CS, True)
38  binData &= 0xFFF
39  result = Vref * binData / 4096.0
40  print(result)
```

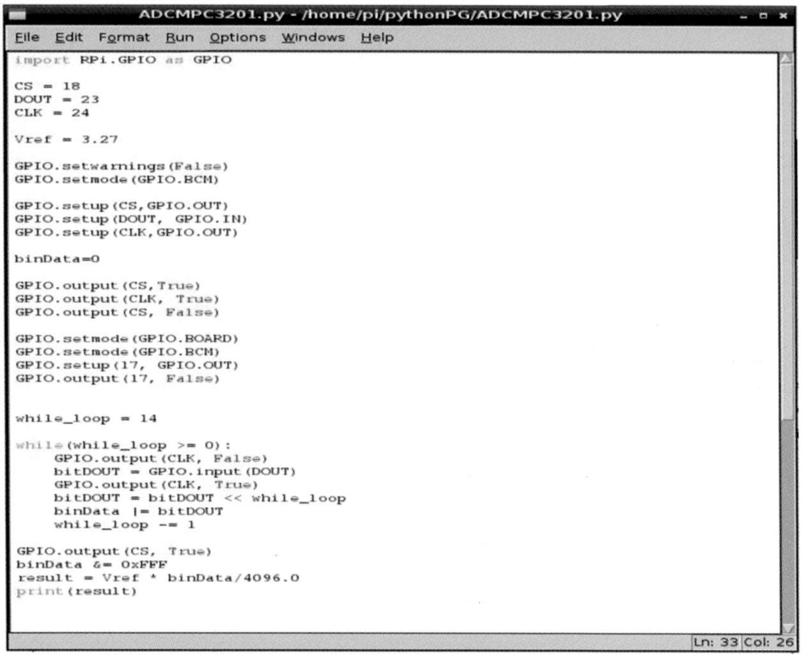

[그림 3-1-62] 라즈베리파이의 라즈비언 운영체제에서 프로그램을 입력한 화면

[그림 3-1-63] 가변 저항의 저항 값을 조정하는 그림

[그림 3-1-64]에서 파이선 IDLE에 출력된 세 가지 센서 값을 확인할 수 있다. 가변 저항을 한 쪽 끝으로 돌려서 각각 최고, 최소 값을 확인하였고 중간 정도의 위치로 돌려서 중간 값을 확인하였다.

[그림 3-1-64] 프로그램 실행한 후, 최고, 최소, 중간 값을 확인

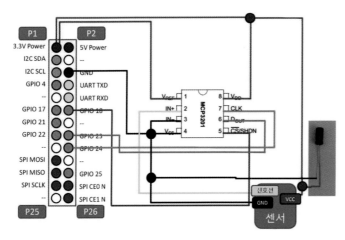

[그림 3-1-65] 가변 센서의 핀 연결 상태

가변 저항으로 값이 제대로 출력되는 것을 확인하였다면 MCP3201 회로에 여러 가지 아날로그 타입의 센서를 [그림 3-1-65]과 같이 연결하여 값을 확인해보면 된다. 앞서 Part 1 Chapter 3에서 소개한 다양한 타입의 센서들 중에 아날로그 출력을 내고 출력 범위가 3V 이내인 센서들을 사용하여 테스트해 보길 권한다.

LESSON 08 릴레이 스위치 제어하기

릴레이는 전기적으로 동작이 제어되는 스위치이다. 일반적으로 전등을 켜거나 끌 때 기계적인 스위치를 사용하지만, 여기서 사용할 릴레이 스위치는 라즈베리파이로부터 On-Off 신호를 받아서 110V 나 220V를 사용하는 제품들에 공급되는 전원을 제어할 수 있는 스위치라고 생각하면 된다. 릴레이 스위치는 특성에 따라 기계적 릴레이, 리드 릴레이, 그리고 Solid-State 릴레이로 나눌 수 있다. 기계적 릴레이는 코일 자석에 전류를 공급하여 기계적으로 접촉 부분을 이동시켜 전기를 연결하거나 끊는 방식이다. 리드 릴레이는 얇고 휘어지는 특성을 가진 두 개의 리드와 외부에 연결된 코일에 전류를 가하여 접촉 부분을 분리시키는 방식이다. 마지막으로 Solid-State 릴레이는 반도체 외부에서 전압을 가하여 스위치의 역할을 하게 하는 장치라 보면 되겠다. 여기서 사용할 릴레이는 기계적 릴레이를 사용해 볼 것이다.

8-1 릴레이 스위치를 이용한 전구 스탠드 제어

자 이제 릴레이를 실제로 사용해 보자. 여기서는 라즈베리파이와 릴레이 스위치 모듈을 이용해서 전구 스탠드를 키고 끄는 간단한 시스템을 만들어 먼저 [그림 3-1-66]과 같이 회로를 연결한다.

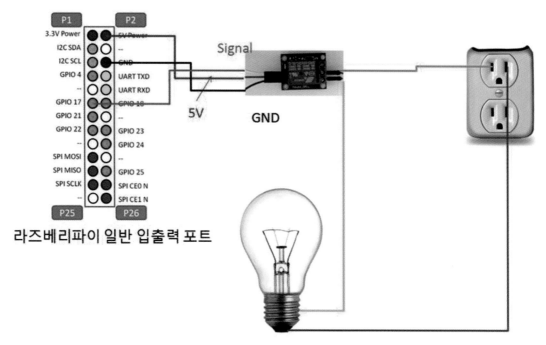

[그림 3-1-66] 개념적 회로 연결 방법

먼저 라즈베리파이에 3개의 선을 GPIO 핀 2 (5V, 붉
은색), 6 (GND, 검정색), 11 (GPIO 17, 흰색)번에 연
결한다. 색깔에 맞게 연결하였다. [그림 3-1-67] 처
럼 릴레이 모듈 입력 핀들에 순서대로 +, -, S라고 표
시된 곳에 각각 연결한다.

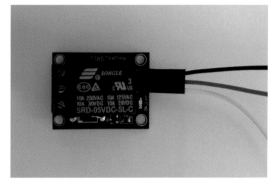

[그림 3-1-67] 릴레이 모듈의 핀 연결

일단 간단히 릴레이의 동작 여부를 테스트 해보려면 흰색 선을 1번 (3.3V) 핀에 연결해 보자. 그러면 [그림
3-1-68]처럼 릴레이 스위치 모듈의 LED에 불이 켜질 것이다. 이제 릴레이에 문제가 없음을 확인하였으니
릴레이 스위치와 실제 전원 소켓을 연결해 보겠다. 전기를 잘 아는 독자라면 전기선의 피복을 벗기고 직접
연결하는 것도 가능하지만 잘못하였을 경우 합선의 위험이 있으므로 스위치가 달려있는 소켓을 구매하여
사용하도록 하자. [그림 3-1-69]에 보이는 두 개의 전원 소켓은 각각 110V와 220V 용 소켓이다. 각 소켓을
분해해 보면 한쪽 소켓은 그대로 연결되어 있고 다른 한쪽은 스위치에 연결되어 있어 스위치가 닫히면 분
리되어 있는 부분이 연결되게 되어 있다. 이 책에서는 110V 용 소켓을 연결해 보겠다.

[그림 3-1-68] 릴레이 스위치의 출력이 연결된 상태

[그림 3-1-69] 판매되고 있는 스위치가 달려있는 전원 소켓

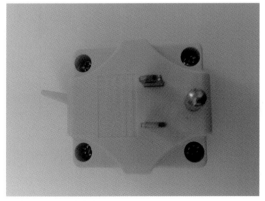

[그림 3-1-70] 소켓의 뒷부분

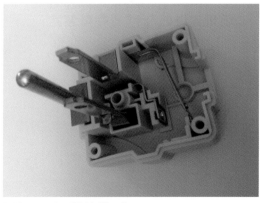

[그림 3-1-71] 소켓을 분해한 모습

우선 [그림 3-1-70]에 보이는 나사를 풀어 소켓을 열어보자. 그러면 [그림 3-1-71]과 같은 모습을 볼 수 있을 것이다. 기계적인 스위치 부분을 제거하면 두 개의 연결 부분이 연결이 안 되어 있는 상태가 될 것이다. 이 상태에서 [그림 3-1-72]처럼 각 연결 부분에 선을 연결하자. 납땜하는 것이 더 단단히 고정이 되지만 일단은 테스트를 위해 전기적으로 연결만 해도 문제는 없다. 다만 실제 코드에 연결할 때 선이 빠지지 않도록 주의하도록 하자.

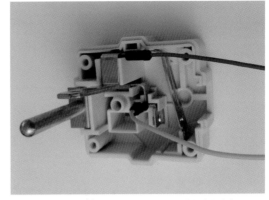

[그림 3-1-72] 각 연결 부분에 릴레이 출력과 연결된 선을 연결

이제 빼놓았던 전원 코드의 다른 한쪽을 [그림 3-1-74]와 같이 다시 끼워 넣고 분리해 놓았던 케이스를 씌운 뒤에 나사를 연결하여 고정 시켜준다.

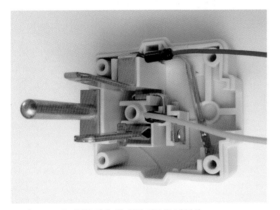

[그림 3-1-73] 연결을 위해 빼놓았던 다른 쪽 핀 장착

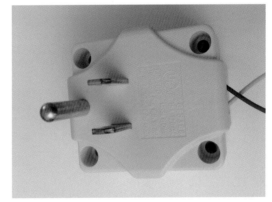

[그림 3-1-74] 케이스를 다시 씌운 사진

앞에서 연결한 전원 소켓의 두 선을 릴레이 스위치 모듈의 출력 핀에 [그림 3-1-75]와 같이 연결하자. 여기서 이 두 선의 순서가 바뀌어도 크게 문제되지 않는다.

[그림 3-1-75] 릴레이 스위치와 전원 소켓과의 연결

자 이제 만들어진 소켓 스위치를 실제 전원 코드에 연결해 보자. 이번 연결은 100V 가 넘는 고전압과 관련된 것이므로 다시 한번 회로에 문제가 없는지 확인하기를 바란다. 회로에 문제가 없음을 확인하였다면 [그림 3-1-76]와 같이 전원 코드에 연결하고 [그림 3-1-77]에서 보이는 것처럼 전구 스탠드의 전원 코드를 소켓에 연결하자.

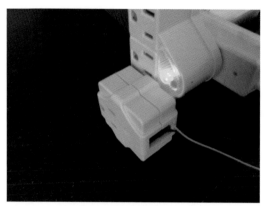
[그림 3-1-76] 실제 전원 소켓에 연결한 모습

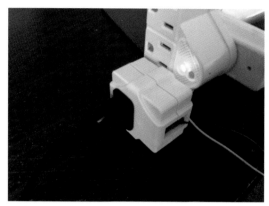
[그림 3-1-77] 전구 스탠드의 전원 선을 연결

[그림 3-1-78] 전구 스탠드가 꺼져 있는 모습

GPIO 17번 핀에 특별한 동작을 부여 하지 않았다면, 연결이 다 되었다 해도 전구에 불이 들어오지는 않을 것이다. 만약 불이 들어 온다면 GPIO 17번 핀이 이전에 ON 상태로 프로그램했던 것이 남아 있어서 그런 것일수 있다. 실제 테스트 동작은 Part 1 Chapter 2 LESSON 2에서 프로그램했던 LED를 동작 시키는 것과 비슷하다. 다만 여기서는 GPIO 18번 핀이 아니라 17번 핀을 사용하는 것이 조금 다르다고 볼 수 있다. 일단 항상 하던 것처럼 RPi 라이브러리를 사용하여야 하기 때문에 idle 프로그램을 'sudo' 명령어를 사용하여 실행하자. 실행 명령어는 다음과 같다.

```
$ sudo idle
```

위의 명령어를 실행하면 idle 프로그램이 실행되게 되는데 윈도우 화면에 idle 프로그램이 뜰 것이다. 여기서 새로 프로그램을 작성하기 위해 idle 프로그램의 메뉴에서 'new' 클릭하면 Script 에디터가 하나 뜨게 된다. 그럼 다음의 프로그램을 작성하고 'lightburbOn.py'로 저장하자. idle 프로그램에서 저장된 파일을 실행하면 [그림 3-1-79]에서 보듯 릴레이 스위치 모듈의 LED에 불이 들어오고 [그림 3-1-80]에서 처럼 전구스탠드의 전구에 불이 들어 올 것이다.

```
1    import RPi.GPi.GPIO as GPIO
2
3    GPIO.setmode(GPIO.BOARD)
4    GPIO.setmode(GPIO.BCM)
5
6    GPIO.setup(17,GPIO.OUT)
7    GPIO.output(17, True)
```

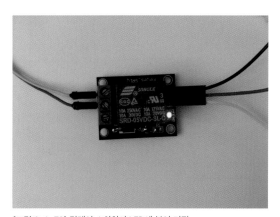

[그림 3-1-79] 릴레이 스위치의 LED에 불이 켜짐

[그림 3-1-80] 전구가 켜진 상태

```
1    import RPi.GPi.GPIO as GPIO
2
3    GPIO.setmode(GPIO.BOARD)
4    GPIO.setmode(GPIO.BCM)
5
6    GPIO.setup(17,GPIO.OUT)
7    GPIO.output(17, False)
```

여기까지의 동작에 문제가 없었다면 라즈베리파이라는 보드에서 실제 가정에서 사용하는 가전을 제어할 수 있는 기본적인 지식을 익혔다고 볼 수 있다. 앞에서 배웠던 다양한 기능을 응용하여 자신만의 프로그램을 만들어 보도록 하자.

LESSON 09 LCD 문자열 출력하기

이번에는 캐릭터 Liquid Cristal Display (LCD)에 문자를 출력하는 기능을 구현해 보겠다. 우선 16×2 문자 출력 LCD를 준비하고 [그림 3-1-81,82,83]의 회로 구성과 [표 3-1-5]를 참조하여 회로를 만들어 보자. 기본적으로 16×2 문자 출력 LCD는 16개의 핀이 있는데 [그림 3-1-83]에서 보듯이 가운데 4개의 핀은 사용하지 않을 것이다.

8-1 릴레이 스위치를 이용한 전구 스탠드 제어

자 이제 릴레이를 실제로 사용해 보자. 여기서는 라즈베리파이와 릴레이 스위치 모듈을 이용해서 전구 스탠드를 켜고 끄는 간단한 시스템을 만들어 보겠다. 먼저 [그림 3-1-81, 82 83]과 같이 회로를 연결한다.

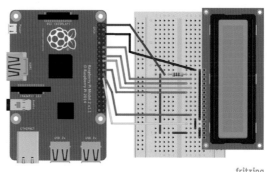

[그림 3-1-81] 라즈베리파이 2와 LCD 디스플레이 연결 회로 (Fritzing)

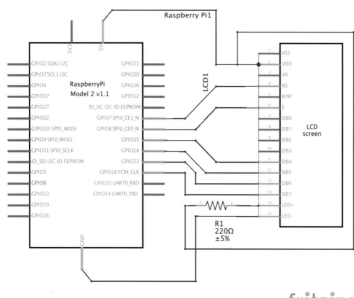

[그림 3-1-82] 라즈베리파이 2와 LCD 디스플레이 연결 회로 (Schematic)

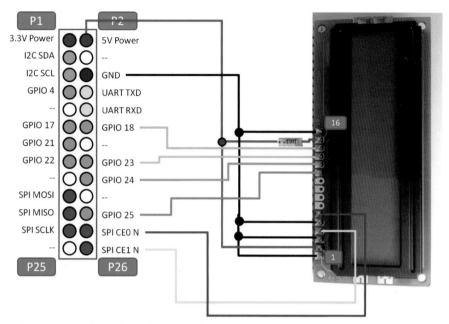

[그림 3-1-83] 라즈베리파이 2와 LCD 디스플레이 연결 회로

표 3-1-4 LCD 디스플레이 모듈의 핀 번호와 라즈베리파이 GPIO핀 연결 관계

LCD 핀	라즈베리파이
1	GND
2	5V
3	GND
4	SPI CE1 N
5	GND
6	SPI CE0 N
7	–
8	–
9	–
10	–
11	GPIO 25
12	GPIO 24
13	GPIO 23
14	GPIO 18
15	저항을 통해서 5V 연결
16	GND

LCD를 출력하는 방법은 여러 가지가 있지만 여기서는 단순히 GPIO 만으로 동작시켜보겠다.

[프로그램 코드 3-1-5] RPi2_LCD.py

```
1   # -*- coding: utf-8 -*-
2   import RPi.GPIO as GPIO
3   from time import sleep
4   class HD44780:
5
6     def __init__(self, pin_rs=7, pin_e=8, pins_db=[25, 24, 23, 18]):
7       self.pin_rs=pin_rs
8       self.pin_e=pin_e
9       self.pins_db=pins_db
10
11      GPIO.setmode(GPIO.BCM)
12      GPIO.setup(self.pin_e, GPIO.OUT)
13      GPIO.setup(self.pin_rs, GPIO.OUT)
14
15      for pin in self.pins_db:
16        GPIO.setup(pin, GPIO.OUT)
17
18      self.clear()
19    def clear(self):
20      # LCD를 리젯 시킴
21      self.cmd(0x33) # $33 8-bit mode
22      self.cmd(0x32) # $32 8-bit mode
23      self.cmd(0x28) # $28 8-bit mode
24      self.cmd(0x0C) # $0C 8-bit mode
25      self.cmd(0x06) # $06 8-bit mode
26      self.cmd(0x01) # $01 8-bit mode
27
28    def cmd(self, bits, char_mode=False):
29      # LCD에 명령어를 보냄
30      sleep(0.001)
31      bits=bin(bits)[2:].zfill(8)
32      GPIO.output(self.pin_rs, char_mode)
33      for pin in self.pins_db:
34        GPIO.output(pin, False)
35      for i in range(4):
```

```python
36      if bits[i] == "1":
37        GPIO.output(self.pins_db[::-1][i], True)
38
39    GPIO.output(self.pin_e, True)
40    GPIO.output(self.pin_e, False)
41
42    for pin in self.pins_db:
43    GPIO.output(pin, False)
44
45    for i in range(4,8):
46      if bits[i] == "1":
47        GPIO.output(self.pins_db[::-1][i-4], True)
48
49    GPIO.output(self.pin_e, True)
50    GPIO.output(self.pin_e, False)
51
52 def message(self, text):
53    #LCD에 문자열을 보내고 다음 라인은 문자열은 두 번째 줄에 나타남
54      for char in text:
55        if char == '\n':
56          self.cmd(0xC0) # next line
57            else:
58              self.cmd(ord(char),True)
59
60 if __name__ == '__main__':
61   lcd = HD44780()
62   lcd.message(" Smart Home RPi\n IOT World")
```

위의 코드를 실행하면 [그림 3-1-84]과 같이 연결된 LCD에 'Smart Home RPi'가 첫 번째 줄에 출력되고 'IOT World'가 두 번째 줄에 출력된다.

[그림 3-1-84] LCD에 문자를 출력

이번 Chapter에서는 라즈베리파이 2의 일반 입출력 (GPIO)를 사용하여 임베디드 마이크로 콘트롤러로서의 라즈베리파이에 대해서 알아 보았다. 이 Chapter에서 설명한 다양한 회로들은 일반적으로 실제 임베디드 시스템 관련 회로를 설계할 때 다양하게 활용될 수 있는 주제들이니 만큼, 이 책을 통하여 잘 익혀두어 실제 디자인에 다양하게 활용해 보기 바란다.

생각해 보기

1. 이번 Chapter에서 구현하였던 여러가지 예제들을 2가지 이상 동시에 동작 시킬 수 있는가? 있다면 어떻게 하면 될까?
2. Part 1에서 소개하였던 센서들 중에 ADC 센서에 연결하여 값을 얻을 수 있는 센서는 어떤 것들이 있는가?

memo

직렬 통신과 사용법

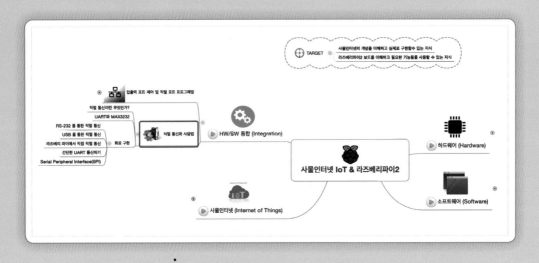

임베디드 시스템에서 가까운 거리에 있는 다른 시스템과 정보를 주고 받는 기본적인 방법이 바로 직렬 통신
이다. 유선(RS232)이나 무선(2.4GHz Zigbee)으로 데이터를 전송하려면 일단 직렬 통신의 기본적이 속성을
알아야 한다. 이번 Chapter에서는 라즈베리 파이에서 직렬 통신을 하기 위해 필요한 기본적인 설정과 준비해
야되는 프로그램을 알아 보자.

LESSON 01 직렬 통신이란 무엇인가?

직렬 통신은 임베디드 시스템에서 정보를 전송할 때 사용하는 대표적인 방법이라 할 수 있다. 하드웨어 레벨에서 보면 한 번에 하나의 비트(정보를 구성하는 최소 단위)를 전기적 특성을 가진 선을 통해서 순서대로 전송하는 과정을 직렬 통신이라 생각해도 된다. 직렬 통신은 크게 동기 방식과 비동기 방식으로 나뉠 수 있다. 동기 방식은 통신을 하는 두 장치가 서로 비트를 전송할 때의 시간을 맞춰주는 라인이 있는 것이고, 비동기 방식은 미리 전송하는 속도를 정해 놓고 일정한 타이밍에 비트들을 전송하여 정보를 전달하는 방식이라 할 수 있다.

LESSON 02 UART와 MAX3232

UART (Universal Asynchronous Receiver Transmitter)는 비동기 방식의 직렬 통신이다. 마이크로 프로세서가 가지고 있는 UART는 일반 디지털 신호를 직렬로 전송하는데, 라즈베리파이의 3.3V 신호로는 전송할 수 있는 길이가 짧고 신호의 손실이 생길 가능성이 크다. 이러한 문제를 해결할 수 있는 장치가 바로 Logic-level Shifter이다. Logic-level Shifter는 라즈베리파이에서 나오는 3.3V의 디지털 신호를 잠재적으로 높은 전압을 사용하는 직렬 포트로 전압을 올려주는 일종의 전압 펌프 같은 역할을 한다고 보면 된다. 이러한 동작을 하는 회로를 'charge pump' 라고도 하는데, 이는 내부적으로 캐패시터에 저장된 작은 전압을 필요할 때 사용하여 원전압 보다 높은 전압을 얻을 수 있는 회로이다. 이러한 logic-level shifter의 대표적인 예로 MAX232 (5V) 또는 MAX3232(3.3V) 들이 있다.

LESSON 03 회로 구현

라즈베리파이는 3.3V의 디지털 신호를 사용하므로 MAX3232를 사용하여 회로를 구현하겠다. 5V의 디지털 신호를 사용하는 MAX232는 라즈베리파이에 손상을 줄 가능성이 있으므로 MAX3232를 사용할 것을 권장한다. 기능적인 측면에서 MAX3232와 MAX232는 차이가 없다. MAX3232는 TTL 디지털 신호를 RS-232 신호로 변경하며, 내부의 차지 펌프가 -5.5V 에서 +5.5V 까지의 전원을 공급할 수 있다. 이러한 MAX3232는 120kb/s 의 속도를 보장하여 라즈베리파이가 가지고 있는 UART의 기본 속도인 14.4 kb/s의 속도를 충분히 만족한다.

3-1 RS-232 를 통한 직렬 통신

그럼 이제 실제로 라즈베리파이에 MAX3232를 연결하여 보자. 우선 MAX3232와 5개의 0.1uF 캐패시터를 준비하자. [그림 3-2-1]은 MAXIM 사에서 제공하는 MAX3232의 기본 회로도이다. 회로에서 왼쪽에 'Lite-On Drive' 부분이 라즈베리파이의 GPIO 포트 부분에 연결되고, 오른쪽의 Computer 부분이 RS-232 케이블의 DB-9 콘넥터에 연결할 부분이다.

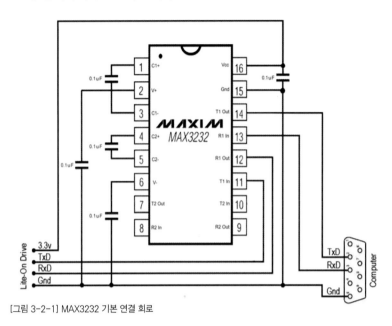

[그림 3-2-1] MAX3232 기본 연결 회로

[그림 3-2-2]에서는 [그림 3-2-1]의 회로를 실제 부품과 라즈베리파이 GPIO 포트를 추가하여 개념적인 회로 구성을 보여준다. 두 회로 중에 편한 회로를 참조하여 회로를 구성하여 보자.

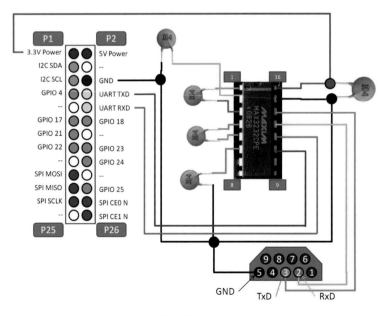

[그림 3-2-2] MAX3232 와 라즈베리파이를 연결한 회로

[그림 3-2-2]의 회로를 구현하였다면 RS-232를 사용하는 직렬 포트에 연결하여 다양한 기기와 통신할 수 있다. 회로를 구현할 때 DB-9 직렬 포트의 핀 번호를 주의해서 연결하여야 한다. [그림 3-2-3]의 핀 그림과 [표 3-2-1]을 보면 GND, TxD, RxD 이 세 핀외에도 다양한 핀들이 있다. 이는 직렬 통신에서 다양한 통신에 사용되지만, 라즈베리파이와의 직렬 통신에서는 사용하지 않을 것이다. 라즈베리파이를 다른 데스크탑 컴퓨터와 연결하거나 RS-232통신을 사용하는 장비에 연결할 때는 필요한 통신 방법이니 잘 익혀두면 유용할 것이다.

RS232 Pinout

Pin 1 : Data Carrier Detect (DCD)
Pin 2 : Received Data (RXD)
Pin 3 : Transmit Data (TXD)
Pin 4 : Data Terminal Ready (DTR)
Pin 5 : Ground (GND)

Pin 6 : Data Set Ready (DSR)
Pin 7 : Request To Send (RTS)
Pin 8 : Clear To Send (CTS)
Pin 9 : Ring Indicator (RI)

[그림 3-2-3] RS-232 핀 정보 DB-9

[표 3-2-1] RS-232 핀 정보

Pin	Signal	Signal Name	DTE Signal direction
1	DCD	Data Carrier Detect	In
2	RXD	Receive Data	In
3	TXD	Transmit Data	Out
4	DTR	Data Terminal Ready	Out
5	GND	Ground	–
6	DSR	Data Set Ready	In
7	RTS	Request to Send	Out
8	CTS	Clear to Send	In
9	RI	Ring Indicator	In

3-2 USB 를 통한 직렬 통신

앞에서 구현해 본 회로를 요즘에 출시되는 노트북에 연결할 수 없을 것이다. 컴퓨터에 RS-232 직렬 통신 포트가 없고 대부분 USB 포트를 지원하기 때문이다. 이런 경우 위에서 구성한 회로를 포함하는 케이블을 구입하여 라즈베리파이에 연결하면 훨씬 쉽게 회로를 구성할 수 있다.

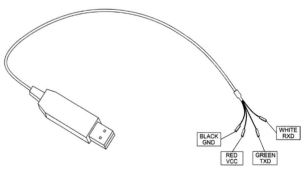

[그림 3-2-4] USB to TTL Serial Cable

[그림 3-2-4]의 케이블은 USB 포트를 사용하여 직렬 통신할 수 있는 장치이다. 장치는 인터넷에서 쉽게 구할 수 있다. 장치에 보이는 네 가지 색의 선을 직접 라즈베리파이에 연결하면 된다. 각 선은 색깔별로 빨강 (5V), 검정 (GND), 흰색 (USB 포트 쪽으로 Rx), 녹색 (USB 포트에서 나오는 TX)의 기능을 가지며, [그림 3-2-5]의 회로를 참조하여 연결하면 된다.

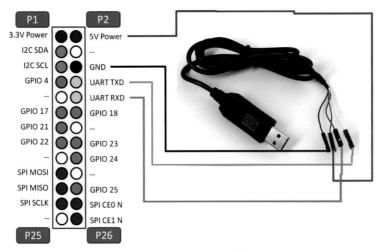

[그림 3-2-5] USB to TTL Serial Cable 과 라즈베리파이의 연결 회로

USB 포트를 이용한 RS-232 직렬 통신은 운영체제 내부적으로 PL2302HX를 구동시키기 위한 드라이버를 설치하여야 한다. 현재 윈도우와 맥 모두를 지원하지만 여기서는 윈도우에 설치하는 법만을 다루겠다. 일단 다음의 링크를 따라가면 [그림 3-2-6]과 같은 웹 페이지를 볼 수 있다. 여기서 'PL2303_Prolific_DriverInstaller_v1.8.0.zip' 라는 이름의 드라이버를 다운받자. 'PL-2303HXA' 와 'PL-2303X' 는 윈도우 8에서 지원이 안 되므로 주의하자.

http://www.prolific.com.tw/US/ShowProduct.aspx?p_id=225&pcid=41

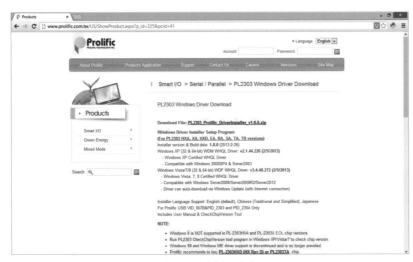

[그림 3-2-6] USB to TTL Serial Cable 과 라즈베리파이의 연결 회로

다운받은 파일의 압축을 풀고 실행 파일을 실행시키면 필요한 드라이버는 자동으로 설치된다. 설치가 완료되면 PL2302HX를 연결하고 장치 관리자에 가서 [그림 3-2-7]과 같이 Port에 'Usb-to-Serial' 포트와 함께 (COM포트넘버)가 있는지 확인하자. 포트넘버는 시스템에 따라 임의로 할당된다.

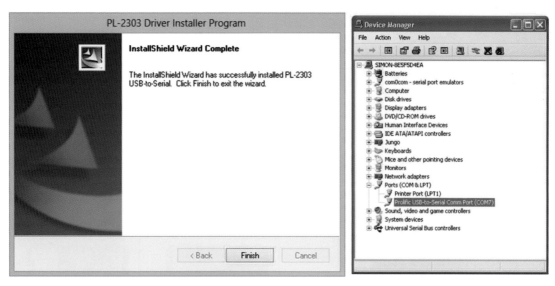

[그림 3-2-7] PL-2303 드라이버 설치와 장치 관리자에 연결상태 확인

여기까지 문제 없이 완료되었다면, 이제 USB를 통하여 라즈베리파이와 컴퓨터간의 직렬 통신 준비가 끝났다고 볼 수 있다.

3-3 라즈베리파이에서 직접 직렬 통신

라즈베리파이에서 다른 장치의 도움 없이 직접 직렬 통신할 수 있다. 일단 [그림 3-2-8]의 회로를 구성하여 보자. 구성된 회로는 2개의 라즈베리파이 장치가 GND를 공유하고 서로의 UART 출력과 입력 핀을 크로스로 연결하여 라즈베리파이간 통신에 필요한 회로를 구현하였다. 단지 이와 같이 연결할 경우에는 선의 길이가 길어지지 않도록 주의하여야 한다. [그림 3-2-9]와 같이 GND는 라즈베리파이끼리 서로 연결하고 TX와 RX는 서로 교차하여 연결한다.

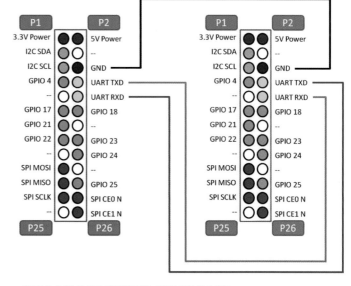

[그림 3-2-8] 두 개의 라즈베리파이 사이의 직렬 통신 회로

[그림 3-2-9] 라즈베리파이 GND는 서로 연결한다. RX, TX를 교차하여 연결 한다.

앞에서 배운 개념으로 실제 라즈베리파이 2 두 대를 [그림 3-2-10,11]과 같이 연결해 보고, 혹시 기본의 라즈베리파이 1과 라즈베리파이 2를 각 하나씩 가지고 있다면 [그림 3-2-12,13]과 같이 연결해도 직렬 통신을 체크해 볼 수 있다.

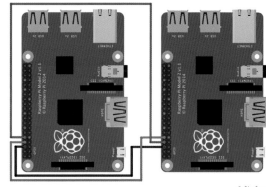

[그림 3-2-10] 두 개의 라즈베리파이 2 사이의 직렬 통신 회로 (Fritzing)

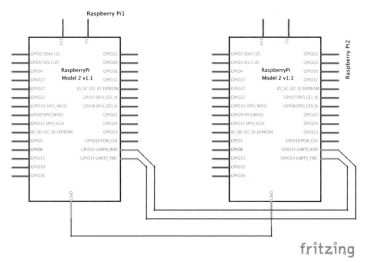

[그림 3-2-11] 두 개의 라즈베리파이 2 사이의 직렬 통신 회로 (Schematic)

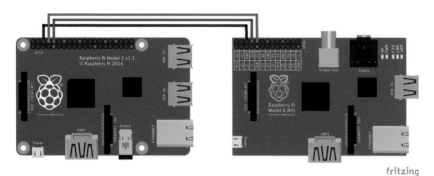

[그림 3-2-12] 라즈베리파이 2와 라즈베리파이 1 사이의 직렬 통신 회로 (Fritzing)

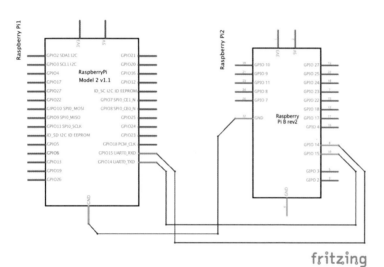

[그림 3-2-13] 라즈베리파이 2와 라즈베리파이1 사이의 직렬 통신 회로 (Schematic)

여기까지 UART와 관련된 몇 가지 회로를 구현하여 보았다. 이제 이렇게 구현된 회로에서 실제로 어떻게 통신을 할지를 알아보자.

LESSON 04 간단한 UART 통신하기

4-1 파이선을 이용한 간단한 UART 통신

라즈베리파이에 Python 용 Serial 라이브러리를 설치하여 간단히 통신을 해보자. Part 2 소프트웨어 파트에서 배울 파이선 프로그래밍 언어를 사용하여 간단하게 UART 통신을 해보겠다.

파이선으로 들어가기 전에 몇 가지 설정하여야 할 것이 있다. 내부 파일에 baudrate을 115200 console로서 동작하게 설정되어 있다. 이 부분을 삭제하지 않으면 직렬 통신이 제대로 작동하지 않는다. 우선 커맨드 라인에서 다음의 명령어를 입력한다.

```
$ sudo nano /boot/cmdline.txt
```

dwc_otg.lpm_enable=0 console=ttyAMA0,115200 kgdboc=ttyAMA0,115200 console=tty1 root=/dev/mmcblk0p2 rootfstype=ext4 elevator=deadline rootwait

에디터에 위와 같은 문자들이 보일 것이다. 거기서 표시된 부분을 지워주면 된다. [그림 3-2-14]와 같이 만든 후 Ctrl + X 버튼을 누르고 Y를 입력하면 저장된다.

[그림 3-2-14] 'console=ttyAMA0,115200 kgdboc=ttyAMA0,115200' 을 지움

같은 방법으로 inittab 파일의 ' T0:23:respawn:/sbin/getty –L ttyAMA0 115200 vt100' 부분을 주석처리 (문장의 맨 앞에 '#' 을 추가함) 하면 된다. 해당 문장은 파일의 제일 마지막에 있다. 수정을 완료하였으면 반드시 재부팅을 해주어야 한다.

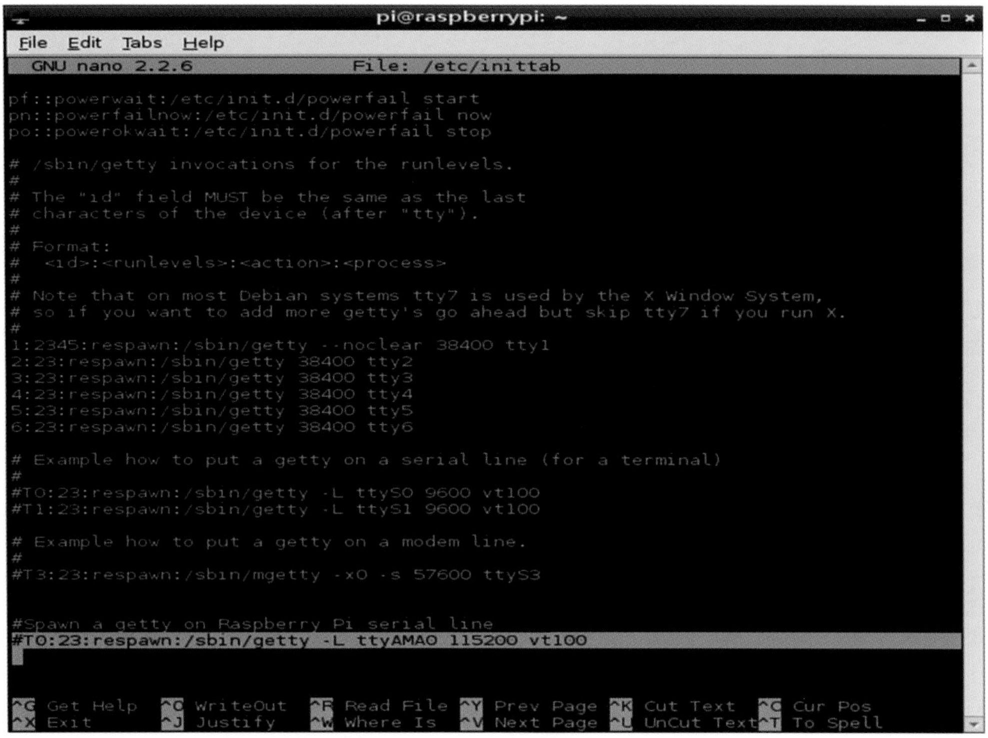

[그림 3-2-15] 마지막 문장에 주석 (#) 처리 표시 추가

```
$ sudo apt-get install python-serial
```

설치가 완료되면 커맨드 라인에서 다음 명령어를 사용하여 파이선 쉘을 실행시키자.

```
$ sudo python
```

이제 파이선 쉘이 실행되었다는 표시로 커맨드 라인에 '>>>' 표시가 뜰 것이다.

우선 직렬 통신 관련 모듈을 가져오자.

```
>>> import serial
```

직렬 포트는 사용하기 전에 항상 열어야 한다. 9600 bps의 속도로 포트를 열기 위해 다음의 명령어를 사용하자.

```
>>> ser = serial.Serial("/dev/ttyAMA0",9600)
```

이제 직렬 포트를 통해서 문자를 전송하자.

```
>>> ser.write("Hello Serial World !!")
```

이렇게 입력하였다면 위의 'Hello Serial World !!' 문자열이 UART를 타고 전송이 된다. 그리고 직렬 포트의 사용이 끝났다면 포트를 닫아 주는 것이 좋다.

```
>>> ser.close()
```

간단한 예를 통해서 위에서 배운 기본적인 UART 명령어들을 테스트해 보자. 우선 [그림 3-2-10] 또는[그림 3-2-12]의 회로를 구성하고 라즈베리파이 한쪽에 아래의 코드를 입력하고 실행하자.

[프로그램 코드 3-2-1] RPi2_serial_1.py

```
1   import serial
2   import time
3
4   ser = serial.Serial("/dev/ttyAMA0", baudrate = 9600, timeout = 3)
5
6   while True :
7     received = ser.read(ser.inWaiting())
8     print("data :" + str(received))
9     ser.write("Pi")
10    time.sleep(1)
```

코드는 1초에 한 번씩 'Pi'라는 문자를 전송하고 전송되어온 문자가 있는지 체크하는 프로그램이다. 그리고 다른 쪽 라즈베리파이에는 다음의 코드를 입력하고 실행하자.

[프로그램 코드 3-2-2] RPi2_serial_2.py

```
1   import serial
2   import time
3
4   ser = serial.Serial("/dev/ttyAMA0", baudrate = 9600, timeout=3)
5
6   while True :
```

```
7    rcv = ser.read(ser.inWaiting())
8    print("\r\n You sent : " + str(rcv))
9    ser.write("raspberry")
10   time.sleep(2)
```

이 코드는 2초에 한 번씩 전송된 문자를 체크하고 'raspberry' 라는 문자를 전송하는 프로그램이다. 위의 코드는 문자를 9600 bps의 속도로 전달한다.

위의 두 프로그램을 동시에 실행시키면 라즈베리파이가 서로 직렬 통신으로 문자를 주고 받는다. [그림 3-2-16]과 [그림 3-2-17]은 두 대의 라즈베리파이가 직렬 통신하는 결과를 보여준다.

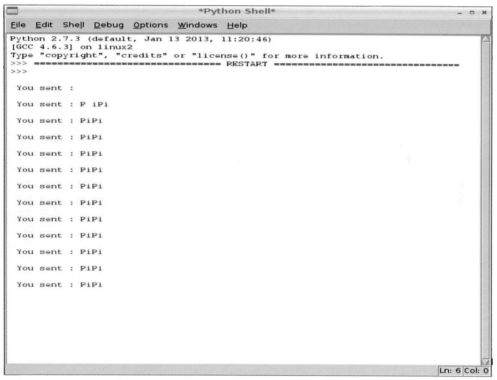

[그림 3-2-16] 'PiPi' 문자를 수신

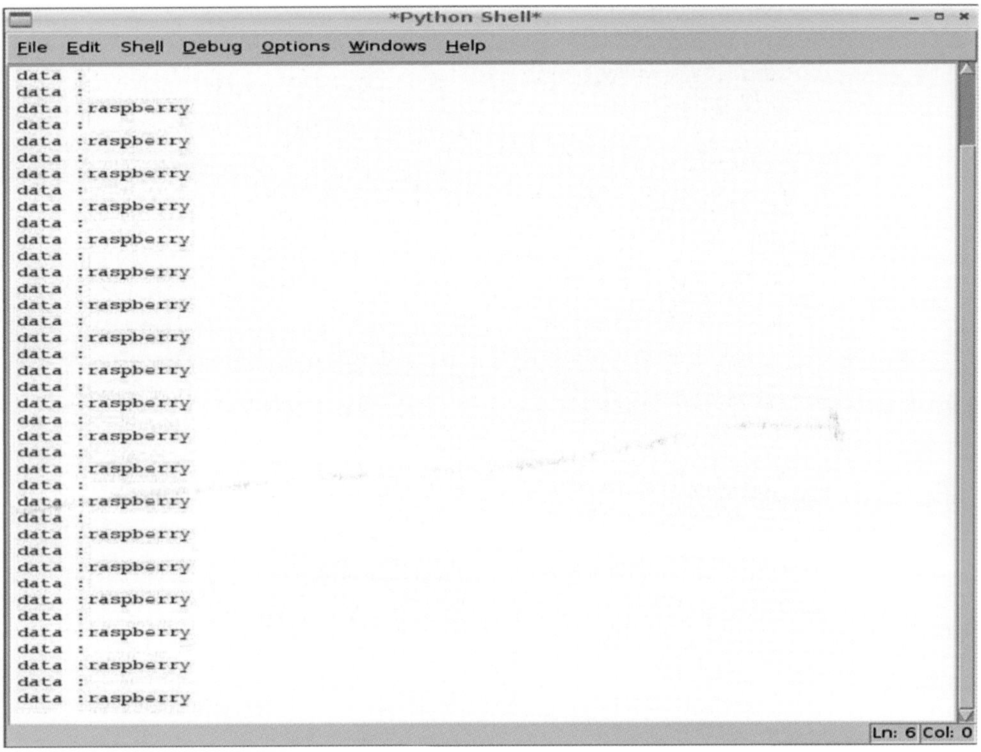

[그림 3-2-17] 'Raspberry' 문자 수신

여기까지 라즈베리파이를 이용한 직렬 통신에 대해서 알아보았다. 여기서 배운 통신을 SCI(Serial Communication Interface)라고 부르며 임베디드 장치들의 통신에 빈번히 쓰이는 기술이니 잘 익혀두면 차후 다른 보드를 다룰 때도 많은 도움이 될 것이다.

LESSON 05 Serial Peripheral Interface(SPI)

SPI는 마이크로 컨트롤러가 직렬 통신으로 주변 장치를 제어하기 위해 사용하는 버스의 한 종류이다. SPI는 4개의 데이터 라인을 사용하며 다른 직렬 통신들(I2C, RS232 등)에 비해 비교적 빠른 속도(80M bits/sec)로 데이터를 전송한다. [그림 3-2-18]와 같이 SPI 연결에서는 마스터(주인) 장치와 슬레이브(노예) 장치로 구성된다. 슬레이브 장치와 통신하기 위해서는 'Slave Select(SS)' 핀을 연결하여 장치를 Active 모드로 변경한 후에 데이터를 전송하여야 한다. 이것은 장치를 사용하기 위해 특별히 장치에 대한 ID나 어드레스가 없다는 의미이므로 마스터 장치는 반드시 슬레이브 장치의 수만큼 SS 핀을 확보하고 있어야 통신이 가능하다.

'Master Out / Slave In (MOSI)' 핀은 마스터 장치에서 슬레이브 장치로 데이터를 전송하는 데이터 라인이다. 'Master In / Slave Out (MISO)'는 당연히 슬레이브 장치에서 마스터 장치로 데이터를 전송하는 데이터 라인이라는 것을 알 수 있다. 그리고 직렬 통신 데이터 전송 속도를 동기화하기 위해서 'Serial Clock (SCLK)' 핀을 사용한다.

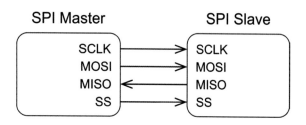

[그림 3-2-18] SPI버스의 기본 연결

앞서 언급한 것처럼 마스터 장치는 복수개의 슬레이브 장치를 동작시키기 위해서 슬레이브 장치의 수만큼 SS 핀이 필요하다. [그림 3-2-19]의 회로에서 보듯이 MOSI, MISO, SCLK는 마스터 장치를 포함한 모든 슬레이브 장치가 공통으로 연결되어 있다. 그러나 SS 핀의 경우 마스터 장치에 3개의 SS 핀이 연결되어 있다. 이 핀들을 통해서 마스터는 각 슬레이브를 'Active' 신호로 동작시키고 사용하지 않을 때는 끌 수 있게 된다. 그러므로 마스터 장치는 한 번에 한 슬레이브 장치하고만 직렬 통신할 수 있다.

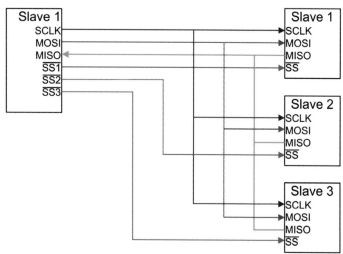

[그림 3-2-19] SPI를 사용한 다수의 슬레이브 장치 연결

라즈베리파이의 일반 입출력 핀을 자세히 보면 GPIO 10 (MOSI), GPIO 9 (MISO), GPIO 11 (SCLK)으로 이름이 정해져 있다. 라즈베리파이와 연결할 다른 슬래이브 장치에도 보면 핀에 이런 이름이 정해져 있으므로 해당 핀들을 서로 연결해주면 되겠다.

Part 3에서는 Part 1과 Part 2에서 배웠던 하드웨어와 소프트웨어의 기본적인 내용들을 통합(Integration)하여 우리가 원하는 특정한 동작을 할 수 있게 해보았다. 하지만 아직 사물 인터넷으로 가기에는 부족한 점이 있다. 바로 외부 세계와 데이터를 주고 받을 수 있는 기능이다. 쉽게 말해 라즈베리파이를 인터넷에 연결하여 언제 어디서든지 라즈베리파이로부터 정보를 제공받는 것이다. 이러한 사물인터넷과 관련된 내용은 Part 4에서 자세히 알아보겠다.

생각해 보기

1. SCI직렬 통신에서 전송한 값이 제대로 전달되었는지 확인하는 방법이 있는가? 있다면 어떤 종류가 있는가?
2. SCI직렬 통신에서 하나의 선만을 연결해서 한쪽으로만 통신할 수 있을까?
3. 이 Chapter에서 알아본 9600bps 전송 속도보다 빠르게 전송하면 통신이 빨라진다. 하지만 통신 성공률이 그만큼 떨어질수도 있다. 전송 속도와 통신 성공률에 대해서 알아보자.

memo

4 PART

사물인터넷 (Internet of Thing)

01

Internet Of Things
(IOT–사물인터넷)의 개념

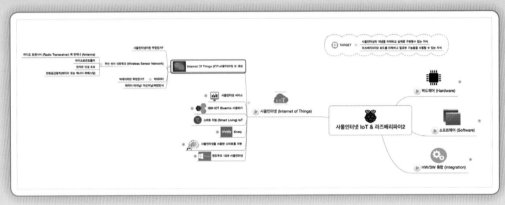

사물인터넷 (Internet of Things, IoTs) 이란 아직까지 명확한 하나의 정의가 없다. 전문가들 마다 조금씩 다르게 사물인터넷을 해석한다. 하지만 IBM, Microsoft 같은 세계적인 IT기업들이 경쟁하듯 IoT 서비스를 출시하고 라즈베리 파이같은 소형 보드들과의 연결을 지원하고 나섰다. 이러한 사물인터넷의 개념과 구성 요소들을 다양한 자료를 통해서 알아보고 좀 더 명확한 개념을 정립해보자.

LESSON 01 사물인터넷이란 무엇인가?

Daniel Giusto의 'The Internet Of Things'란 책에 따르면, 우리 주변에 존재하는 다양한 객체나 물건들 (RFID 태크, 센서, 휴대폰, 기계적 구동장치 등등)이 서로 유기적으로 소통하여 하나의 목적을 달성할 수 있게 해주는 개념을 말한다.

참고 자료 [D. Giusto, A. Iera, G. Morabito, L. Atzori (Eds.), The Internet of Things, Springer, 2010. ISBN: 978-1-4419-1673-0.]

1.5억개의 인터넷이 가능한 컴퓨터와 1억개 이상의 인터넷이 가능한 모바일 폰이 현재 보급되어 있다고 추산된다. 여기에 인터넷이 가능한 장치들이 점차적으로 추가되어 2020년쯤에는 50억에서 100억개의 장비들이 인터넷에 연결되게 된다.

사물인터넷 (IOT)란 용어를 사용하거나 들어본 사람들은 많겠지만 사물인터넷에 대한 정확한 정의를 아는 사람은 많지 않다. 사실 사물인터넷은 상당히 넓은 개념을 포괄하고 있어 그 정의를 단순히 명확하게 설명하기란 쉽지 않다. Charith Perera [2014]에 의하면 사물인터넷에 대한 연구는 아직 "infancy" 즉 아직 미숙아 수준이라 표현되고 있으며, 다양한 연구 논문들에서 약간씩 다른 표현을 사용하여 사물인터넷을 정의하고 있다. 그러므로 이러한 정의들을 다 살펴본 후에 보다 확실한 정의를 머리속에 만드는것이 좋겠다. 아래에 최근에 발표된 사물인터넷에 대한 각기 다른 정의를 살펴보자.

• 사물이 정체성과 가상의 성격을 가지고 스마트한 공간에서 지능적인 인터페이스를 사용하여 서로 연결되며 사회적이고 환경적인 사용자의 배경으로 정보를 주고 받는다.

• 사물인터넷은 두 가지 단어의 조합이다. 인터넷, 즉 TCP/IP 표준 통신 프로토콜로 연결된 컴퓨터들의 거대한 네트워크 세상과 사물(자세하게 구분되지 않은 물체)이라는 두 단어가 만난것이다. 그러므로 사물인터넷은 표준 통신 프로토콜에 기반한 고유한 주소로 연결된 물체들의 글로벌 네트워크를 나타낸다고 할 수 있다.

• 사물, 사람, 클라우드 서비스가 인터넷을 통해 연결되어 새롭게 사용됨으로서 다양한 비즈니스 모델이 가능하게 해주는 것이다.

• 사물인터넷은 사람과 사물이 언제 어디서든 어떤 사물이나 사람과 모든 종류의 네트워크와 서비스를 통하여 연결될 수 있는 것이다.

Charith Perera [2014]는 그의 논문에서 마지막 정의를 채택하였다. 하지만 필자는 여기에 한 가지 개념을 더 추가하여야 한다고 생각한다. Daniel Giustod가 정의한 사물인터넷은 사물들이 서로 유기적으로 소통하여 하나의 목적을 달성할 수 있게 해준다는 점이다. 이러한 개념이 성공적으로 적용되려며 단순한 사물들의 연결이 아닌 각 사물이 똑똑해져야 하며, 다양한 형태로 제공되는 데이터들이 효과적이면서 효율적으로 해석되어 필요로 하는 올바른 사용자에게 적절한 정보를 제공해줄 수 있어야 한다. 이러한 개념이 실행되기 위해서는 다양한 크기의 인공지능(Heterogeniuos Artficial Intelligence)이 다양한 종류의 시스템(임베디드 시스템에서 부터 슈퍼 컴퓨터까지)에 적용되어 유기적으로 함께 동작해야 한다.

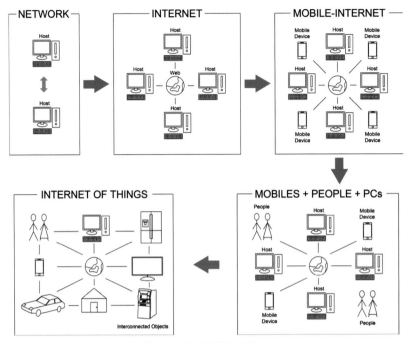

그림 4-1-1 인터넷의 발전 과정

사물인터넷의 한 축인 인터넷에 대해서 알아보자. 1960년대 후반에 두 대의 컴퓨터가 서로 통신이 가능하게 되면서 컴퓨터 네트워크가 시작되었다. 1980년대 초반 TCP/IP 스택이 소개되었고 그로 인해 인터넷의 상업적인 사용이 시작되게 된다. 1991년에 World Wide Web (WWW)이 사용 가능해지면서 인터넷이 보급되고 급속도로 성장하게 되었다. 데스크탑 컴퓨터 위주로 운영되던 인터넷에 모

바일 디바이스들이 연결되면서 모바일 인터넷이 형성된다. 이로 인해 소셜 네트워크가 생겨나게 되었고 사용자들은 인터넷을 통해서 서로 연결되기 시작하였다. 이로서 컴퓨터, 모바일 디바이스, 사람이 인터넷을 통하여 서로 정보를 주고 받을 수 있는 환경이 갖추어 졌다. 다음 단계는 우리 주변의 모든 사물들이 인터넷에 연결된다는 것이고 이것이 사물인터넷이라고 볼수 있다.

[그림 4-1-1]에서 이러한 인터넷의 진화 과정과 사물인터넷으로 가는 개념을 보여준다. 사실 세부적인 면을 보면 사물인터넷은 하드웨어적인 측면에서는 새로운 것이 거의 없다고 봐도 된다.

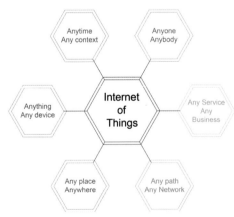

[그림 4-1-2] 사물인터넷의 개념

사물인터넷에서 핵심적인 부분은 통합(Integraton) 이라고 볼 수 있다. 언제, 어디서, 어떤 장비가, 어떤 네트워크를 이용해, 누구나, 어떤 서비스를 받을 수 있다는 것이 현재 진행 중인 사물인터넷의 궁극적인 목표일 것이다. 이러한 개념을 [그림 4-1-2]에서 잘 보여주고 있다.

참고 자료 [Perera, C., Zaslavsky, A., Christen, P., & Georgakopoulos, D. (2014). Context aware computing for the internet of things: A survey. Communications Surveys & Tutorials, IEEE, 16(1), 414–454.]

LESSON 02 무선 센서 네트워크(Wireless Sensor Network)

무선 센서 네트워크(Wireless Sensor Network - WSN)는 특정 공간상에 분포된 자동으로 동작하는 센서들로부터 물리적 또는 환경적 데이터(온도, 소리, 압력, 공기질 등등)를 감시하는 네트워크를 말하며, 각 센서들의 데이터를 센서노드들이 함께 협력하여 중심이되는 장치로 전송한다. 과거에는 센서에서 정해진 시점에 데이터를 보내고 서버에서 수동적으로 받기만 하였지만, 장치들이 기술적으로 발전함에 따라 센서와 메인 서버가 양방향 통신을 하면서 센서 동작을 제어하는 형태가 되고 있다. 최근에는 원격으로 센서 시스템의 프로그램을 변경하는 단계에까지 이르렀다. 무선 센서 네트워크의 개발 동기는 군사적 목적에서 시작하였지만, 현재는 다양한 분야에서 응용되며 여전히 발전 중에 있는 기술이라 하겠다.

사물인터넷에서 무선 센서 네트워크는 중요한 역할을 한다. 우리가 알고 있는 대부분의 사물들은 유선으로 연결되어 있는 형태가 아닌 공간에 독립적으로 존재한다. 일반 사물이 사물 인터넷으로 진화하려면 사물내에서 주변 정보를 알아보고 (센서) 이해하며 (프로세싱) 인터넷으로 전달 (무선 네트워크)하는 기능이 필수적이며, 이러한 기능의 대부분은 무선 센서 네트워크의 주요한 기능이며 연구 주제이다. 그러면 이러한 무선 센서 네트워크에 대해서 좀더 자세히 알아보자.

우선 무선 센서 네트워크는 기본적으로 노드라고 부르는 단위 센서들로 구성되며, 이 센서들은 수백 개에서 수천 개가 네트워크를 이루기도 한다. 여기서 하나의 센서 노드는 다른 하나 또는 동시에 여러 개의 센서들과 연결된다. 이러한 센서 노드는 내부적으로 몇가지 부품 노드들로 구성된다.

2-1 라디오 트랜시버(Radio Transceiver)와 안테나(Antenna)

라디오 트랜시버는 특정 주파수를 통하여 무선으로 데이터를 주고 (Transmitter) 받을 수 (Receiver) 있는 장치이다. 무선 통신은 물리적으로 다양한 주파수를 통해서 통신이 가능하지만, 대부분의 주파수를 특별한 용도로 이미 점유 (Reserve)되어 있다. 이는 TV 방송이나, 라디오 방송 또는 휴대전화 등 다양한 용도로 이미 사용되고 있다. 하지만 일반적으로 센서 네트워크 용으로 400MHz과 2.4GHz 대역이 센서네트워크 용으로 오픈되어 있다.

안테나는 칩 또는 패턴 타입과 외부로 안테나가 노출되어 있는 형태로 크게 두 가지로 나눌 수 있다. 일반적으로 판매되고 있는 센서 노드들은 PCB(Printed Circuit Board)위에 안테나 페턴을 그려 넣어 안테나로서 동작을 하거나, 칩 타입의 안테나를 트랜시버와 연결하여 통신한다. 이러한 안테나는 크기를 작게 만들 수 있는 장점이 있는 반면에 외부로 노출되는 바이폴라 형태의 안테나보다 수신 감도가 떨어진다는 단점이 있다.

2-2 마이크로 콘트롤러

마이크로 콘트롤러는 센서 노드에서 발생하는 데이터를 처리하거나 특정한 기능을 수행하기 위해 프로그램을 실제로 동작시키는 역할을 한다. 현재 다양한 IC제조사에서 마이크로 프로세서 또는 콘트롤러를 제조하여 판매 중이다. 인텔의 8051, Atmel의 AVR, Microchip사의 PIC, Texas Instrument사의 MSP 마이크로 콘트롤러가 보편적으로 사용되고 있다. 최근 센서 네트워크용 마이크로 콘트롤러는 칩 내부에 Flash 메모리를 포함하는 형태로 만들어져서 별로도 주변에 램이나 롬을 연결할 필요가 없다. 또 마이크로 콘트롤러와 라디오 트랜시버 통신 모듈을 원칩(하나로 통합된 직접회로 형태의 칩)으로 만들어 센서 노드의 크기를 더 작게 만들 수 있게 되었다.

2-3 센서와 연결 회로

이 책의 Part 1 Chapter 3장에서 소개한 것처럼 다양한 센서가 있다. 이러한 센서를 추가함에 따라 어떤 영역에 실제로 응용할지가 정해진다고 보면 될 것이다. 이러한 센서들은 앞서 소개한 것처럼 아날로그 출력 신호와 디지털 출력 신호 타입으로 나뉠 수 있다. 사용된 타입에 따라 마이크로 콘트롤러와 센서를 연결하는 회로가 결정된다. 자세한 내용은 Part 1 Chapter 3을 참고하면 센서와 연결회로에 대한 자세한 내용을 이해하는데 많은 도움이 될 것이다.

2-4 전원공급장치(베터리 또는 에너지 하베스팅)

무선 센서 네트워크는 기본적으로 유선으로 전원을 공급할 수가 없는 시스템이다. 그러므로 사실상 전원공급은 센서 네트워크의 실질적인 응용에서 언제나 가장 큰 장애물 중에 하나이다. 현재 크게 두 가지 방식으로 전원공급에 대한 문제를 해결하고 있다. (1) 베터리를 사용한 전원 공급이다. 이 경우 충전이 가능한 방식과 충전이 안되는 일회용 베터리를 사용하는 방식이 있다. 이 두가지 방식 모두 사람이 직접 가서 베터리를 충전해주거나 교체해 주어야 하기 때문에 여전히 불편함이 많다. (2) 두 번째 방식은 에너지 하베스트 방식이다. 이 방식은 센서 노드 주변에서 발생하는 에너지를 어떤 장치를 이용하여 베터리 전원으로 전환하거나 발생하는 에너지를 바로 노드의 전원으로 사용하는 방식이 있다. 이 방식은 태양/빛 에너지나 센서를 부착한 사람의 운동 에너지를 전기 에너지로 변환한다. 태양 에너지의 경우 날씨가 흐려지면 효율이 급속도로 떨어지며 사람의 운동 에너지는 일정한 에너지가 아니어서 에너지를 사용하기가 쉽지 않다.

LESSON 03 빅데이터

빅데이터라는 말은 이제 뉴스나 광고에서도 흔히 볼수 있는 일반적인 용어가 되었다. 이러한 빅데이터가 사물인터넷과 무슨 관련이 있을까 하고 생각할 수 있겠지만 궁극적으로 머지않아 빅데이터를 가장 많이 생성할 주체는 아마도 사물인터넷의 사물들이 될 것이라 생각한다.

3-1 빅데이터란 무었인가?

Edd Dumbill의 'BIG DATA NOW'란 책에 의하면, 빅데이터 (Big Data)는 전통적이 데이터베이스 시스템의 처리 용량을 초과하는 데이터를 지칭한다. 데이터 자체가 너무 방대하고, 빠르게 움직이기 때문에 기존의 데이터 구조로는 완전히 수용하지 못하는 데이터라고 생각할 수도 있다. 이러한 데이터로부터 실직적인 정보를 얻기 위해서는 기존과는 약간 다른 대안적 방법을 이용하여야 한다.

최근 들어 컴퓨터와 데이터 분석 기술의 발달로 인하여 이전에 숨겨졌던 빅데이터 속 가치있는 패턴들과 정보들이 분석되면서 빅데이터의 중요성도 한층 더 강조되고 있다. 빅데이터에 대한 언급을 할 때 자주 인용되는 예들을 보자. 주로 소셜네트워크 (SNS), 웹 서버 기록, 교통 정보, 웹페이지의 내용, 상품에 대한 평가, 금융 시장 정보, GPS 위치 정보 등등 아주 다양한 정보들이다. 그렇다면 이러한 정보들은 다 같은 것일까? Edd DUmbill은 빅데이터의 형태를 정의 하면서 볼륨(Volume), 속도(Velocity), 다양성(Variety) 등 세 가지 특징(3 Vs)을 제시하였다.

LESSON 04 데이터 마이닝/ 머신러닝/패턴인식

센서 네트워크에서 계속 발생하는 데이터는 시간이 지나면 방대하게 쌓이게 된다. 이런 방대하고 다양한 데이터에서 실질적이고 의미있는 정보를 추려내기 위해서 필요한 개념이 데이터 마이닝/머신러닝/패턴 인식 같은 것들이다. 다양한 통계 방식을 이용하여 데이터를 구분 (Classification)하거나 쌓인 데이터로부터 일정한 규칙을 발견해 내는 (Regression) 것이 바로 패턴 인식의 기본적인 역할이라 볼 수 있다. 이러한 개념이 사물인터넷에서 특히나 중요하고 단순한 센서 네트워크와 사물인터넷을 구분해 주는 중요한 개념 중에 하나라고 필자는 생각한다.

● ● ● ● ● ●
생각해 보기

1. 사물인터넷을 간단하게 정의해보자
2. 사물인터넷과 센서 네트워크의 차이는 무엇인가?
3. 모바일 인터넷에서 사물인터넷으로 발전하는데 추가되는 필수 요소는 무엇인가?

02

사물인터넷 서비스

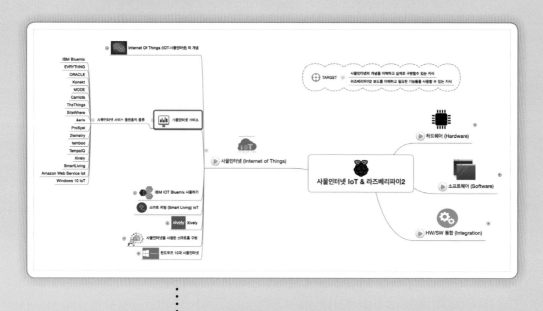

사물인터넷의 가능성에 주목한 다양한 글로벌 기업들이 IoT 서비스 플랫폼을 개발하였고 시장을 선점하려 노력하고 있다. 필자가 처음 사물인터넷 관련 책을 집필한 시기인 2013년만 하더라도 사물인터넷 서비스 플랫폼의 수는 많지 않았으며 대부분 무료로 사용할 수 있었다 그 중 대표적인 플랫폼이 Xively 였다. 하지만 최근 Xively 서비스는 일반 사용자가 사용할 수 없게 서비스를 비즈니스용으로 전환하였다. 하지만 그 전에 계정을 만들어 놓은 사용자들은 아직도 개인용으로 자유롭게 서비스를 사용하고 테스트해볼 수 있다. 이 책에서는 사물인터넷 관련 다양한 플렛폼을 소개할 것이며, 그 중에 3가지 정도의 사물 인터넷 서비스 플랫폼을 소개하고 사용법을 설명할 것이다.

라즈베리파이는 다른 아두이노 같은 보드들과 다르게 보드위에 기본적으로 네트워크 기능을 가진 시스템이다. 라즈베리파이 타입 B의 경우 LAN 포트가 기본적으로 내장되어 있어 LAN선만 연결된다면 쉽게 인터넷을 이용할 수 있다. 앞에서 배운 네트워크에서 데이터를 주고 받거나 서버 클라이언트 통신을 이용하려면, 우선 사용자가 서버를 구축하고 고정 IP(인터넷에 연결된 컴퓨터의 주소)를 부여 받아야 한다. 하지만 일반인이 센서의 데이터를 확인하기 위해 서버를 구축하고 고정 IP를 확보하기란 쉬운 일이 아니다. 그리고 필자가 아는 한 인터넷 통신 업자들이 고정 IP를 일반 가정에 주지는 않는다고 알고 있다. 보통 일반 가정에 사용하고 있는 IP는 유동 IP라는 것인데 이는 인터넷 접속할 때마다 부여되는 다른 IP라고 생각하면 되겠다. 자 그럼 우리는 어떻게 라즈베리파이에서 생성된 데이터를 인터넷을 통해서 확인해 볼 수 있을까. 인터넷 시대에 집에서만 스마트하다면 의미가 없을 것이다. 앞에서 설명한 IOT의 개념과도 맞지 않는다. 일반 가정에서 서버를 운영하지 않고 인터넷에서 실시간으로 데이터를 확인할 수 있게 해주는 서비스를 제공하는 웹서비스가 바로 IoT 플렛폼이다.

LESSON 01 사물인터넷 서비스 플랫폼의 종류

사물인터넷은 IEEE Computer Society에서 선정된 2013년 Top-10 기술에서 첫 번째로 선정될 정도로 주목을 받았다. 이러한 트랜드를 반영하듯 다양한 사물인터넷 서비스가 현재 제공 중이다. LESSON 02 부터 현재 서비스가 제공중인 IoT플랫폼들에 대해서 하나씩 알아보자.

LESSON 02 IBM Bluemix

IBM Bluemix는 IBM에서 개발한 서비스로서의 클라우드 플랫폼 (PaaS-3가지 클라우드 구성 요소 중 하나)이며, 여러가지 프로그래밍 언어와 서비스를 통합하여 제공하며 어플리케이션을 만들고, 동작 및 배포하고 관리까지 하는 통합 클라우드 서비스이다. 데이터의 관리 및 분석 서비스를 제공하며 사물인터넷 관련 다양한 서비스를 제공한다. 아래의 링크를 타고 IBM Bluemix 웹페이지에 방문하면 [그림 4-2-1]과 같은 페이지를 볼 수 있다.

http://www.ibm.com/cloud-computing/bluemix/

[그림 4-2-1] IBM Bluemix 웹페이지

추가적으로 아래의 링크를 타고 들어가면 IBM Bluemix에서의 라즈베리파이 정보를 찾을 수 있다 [그림 4-2-2].

https://developer.ibm.com/recipes/tutorials/raspberry-pi-4/

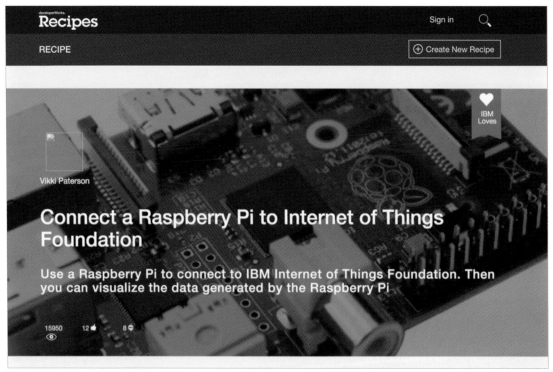

[그림 4-2-2] IBM Recipes 라즈베리파이 연결 웹페이지

LESSON 03 EVRYTHNG

'EVRYTHNG' 는 공모 클라우드 플랫폼에서 수상한 IOT 플랫폼으로서 다양한 고객들의 장비를 웹에 연결하고 앱들을 구동하며 실시간 데이터를 관리할 수 있는 서비스이다. [그림 4-2-3]에서 보여지는 것과 같이 Smart Product ADI라는 개념을 통해 모든 종류의 사물, 웹페이지, 회사 등등을 연결하여 새로운 서비스를 제공한다는 개념이다. 아래의 주소를 통해 웹페이지에 접속할 수 있다 [그림 4-2-4].

https://evrythng.com/

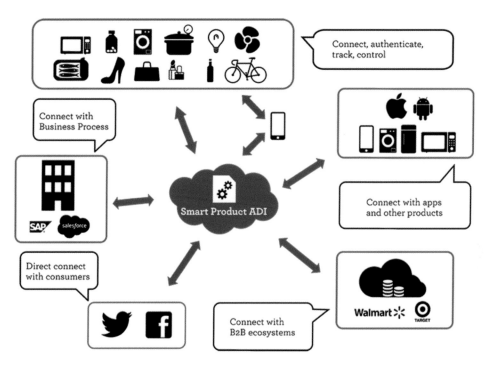

[그림 4-2-3] EVERYTHING 개념도

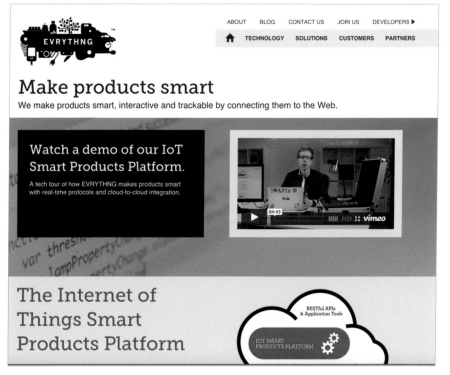

[그림 4-2-4] EVERYTHING 웹페이지

LESSON 04 ORACLE

컴퓨터에 대한 관심이 조금이라도 있는 사람이라면 오라클이란 이름의 회사를 들어 봤을 것이다. IT 관련 비즈니스 소프트웨어, 하드웨어 전문 기업, 클라우드, 빅데이터, 모바일, IT 서비스 등 다양한 분야에서 서비스를 제공 중인 거대 기업이다. 오라클의 사물인터넷은 통합되고 안전적이면서 이해하기 쉬운 플랫폼을 모든 수직적 시장에 제공한다. 오라클 회사에 따르면 대규모 장치들에 대한 실시간 응답이 가능하며 End-to-end 보안을 제공하고 기존 IT 시스템과의 통합이 용이한 IOT 플랫폼이라 주장하고 있다. 이러한 점들은 다른 IOT 플랫폼들도 제공하고 있어 특별히 차별화된 점은 보이지 않는다.

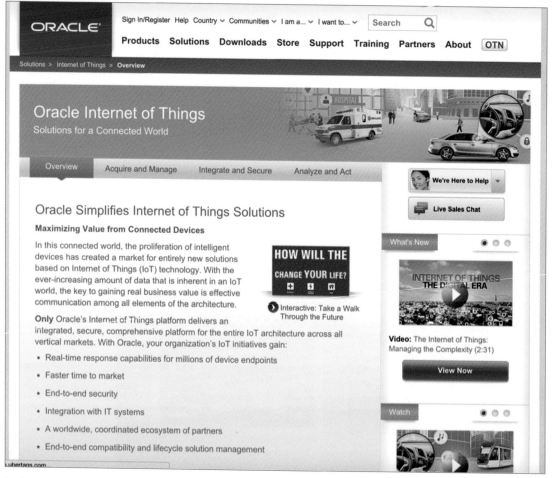

[그림 4-2-5] 오라클의 IOT 관련 웹페이지

아래의 링크를 통해 오라클의 IOT 웹페이지에 접속할 수 있다.

http://www.oracle.com/us/solutions/internetofthings/overview/index.html

LESSON 05 Konekt

'Konekt'은 'full-stack' 즉 여러 가지 소프트웨어와 무선 전화 기술에 기반한 장치의 연결을 지원하는 서비스를 제공하는 IOT 플렛폼이다. 이 플렛폼은 비교적 강력한 무선 데이터 플랜을 지원하고 클라우드 서비스와 다양한 API들을 제공한다. 혹시 인터넷 기반 에너지 모니터링 같은 응용 프로그램을 개발하려면 Konekt를 고려해보는 것도 좋다고 본다.

아래의 링크를 통해 접속이 가능하며 [그림 4-2-6]과 같은 웹페이지를 통해 서비스를 제공하고 있다.

https://konekt.io/

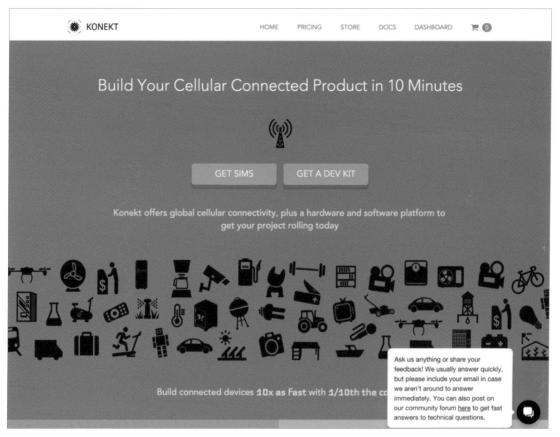

[그림 4-2-6] KONEKT 웹페이지

LESSON 06 MODE

'MODE' 역시 다양한 소프트웨어를 제공하는 IoT 플렛폼이다. 이 플렛폼은 IoT의 기본 클라우드 기능과 함께 관련 상품의 배송 등과 같은 서비스를 사용자의 컴퓨터에서 관리가 가능하게 한다.

아래의 링크를 통해 웹페이지에 방문 가능하며, [그림 4-2-7]과 같은 웹페이지를 가지고 있다.

http://www.tinkermode.com/

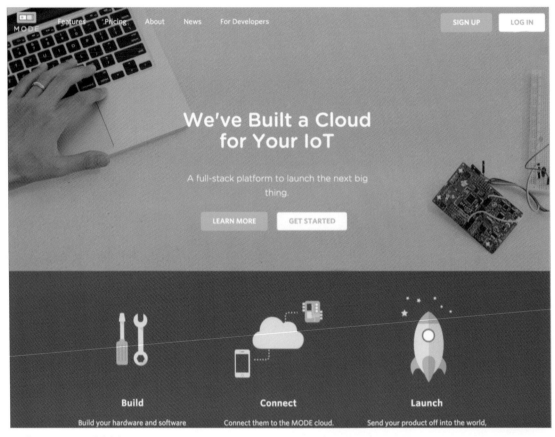

[그림 4-2-7] MODE 웹페이지

LESSON 07 Carriots

'Carriots'은 좀더 비즈니스에 적합한 클라우드 IoT 플랫폼이다. 캐롯을 사용하면 M2M 서비스를 구축하기 좋은 환경에 기반하여 사물인터넷 서비스를 개발할 수 있다. 링크는 아래와 같으며 [그림 4-2-8]에 보이는 것과 같은 웹페이지를 가지고 있다.

https://www.carriots.com/

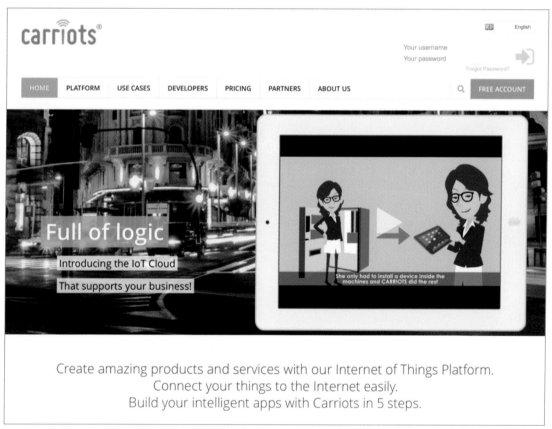

[그림 4-2-8] Carriots 웹페이지

LESSON 08 TheThings

'TheThings'는 비교적 쉽고 유연한 API를 제공하는 IoT 플랫폼이다. 여타 다른 IoT서비스 플랫폼처럼 실시간 연결, 데이터 관리, 경고 기능, 임계 값 설정 등등 다양한 기능을 제공한다. HTTP, Websockets, MQTT 또는 CoAP 등의 프로토콜을 제공한다.

아래의 링크를 통해 서비스 페이지에 접속할 수 있으며, [그림 4-2-9]와 같은 웹페이지를 가지고 있다.

https://thethings.io/

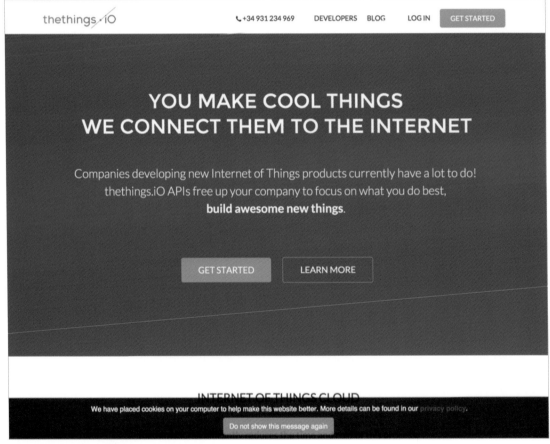

[그림 4-2-9] TheThings 웹페이지

LESSON 09 SiteWhere

'SiteWhere'는 모든 명령어 기록과 관련 응답들이 기록되는 특징을 가지고 있다. 계정을 공급해주는 강력한 엔진에 기반하여 다양한 사용자의 장치들과의 연결을 용이하게 해준다. 장치의 등록은 수작업에서 부터 자동 등록까지 다양하게 지원한다.

아래의 링크를 통해 서비스 페이지에 접속할 수 있고[그림 4-2-10]과 같은 웹페이지를 가지고 있다.

http://www.sitewhere.org/

[그림 4-2-10] SiteWhere 웹페이지

LESSON 10 Aeris

'Aeris'은 연결에서 부터 실질 어플리케이션 플랫폼까지 M2M을 위한 서비스를 제공하는 IoT 플랫폼이다. CDMA, GSM, LTE 등의 통신 기능들이 잘 구현되어 있다. 다른 모바일 네트워크와는 다르게, 100% M2M 과 IoT에 집중하며 Aeris의 네트워크에는 소비자의 네트워크 트래픽이 없다는 특징이 있다. M2M 서비스 에 집중한 만큼 비교적 저렴한 비용으로 서비스를 구현할 수 있다.

아래의 링크를 통해 [그림 4-2-11]의 웹페이지를 볼 수 있다.

http://www.aeris.com/

[그림 4-2-11] aeris 웹페이지

LESSON 11 ProSyst

'ProSyst'는 OSGi나 HGI같은 가장 진보된 오픈 표준을 제공한다. 주로 미들웨어에 기반하여 장치의 연결과 관리를 하는 클라우드 서비스를 제공한다.

아래의 링크를 통해 [그림 4-2-12]의 웹페이지를 볼 수 있다.

http://www.prosyst.com/startseite/

[그림 4-2-12] ProSyst 웹페이지

LESSON 12 2lemetry

'2lemetry'는 대규모 서비스에 기반하며, 사람, 프로세스, 데이터, 장치들을 함께 묶어주어 데이터를 실시간 지능형 서비스로 변환해주는 서비스를 제공한다.

아래의 링크를 통해 [그림 4-2-13]의 웹페이지를 볼 수 있다.

http://2lemetry.com/

[그림 4-2-13] 2lemetry 웹페이지

LESSON 13 temboo

'temboo'는 다양한 준비된 프로그램 코드를 제공하며 사용자의 하드웨어를 즉시 연결 가능하고 기능의 개선과 확장이 용이한 서비스를 제공한다. 'temboo'에 따르면 2000개 이상의 사물들을 연결 가능한 클라우드 기반 플랫폼을 제공한다.

아래의 링크를 통해 [그림 4-2-14]의 웹페이지를 볼 수 있다

https://temboo.com/

[그림 4-2-14] temboo 웹페이지

LESSON 14 TempoIQ

'TempoIQ'는 비교적 간단히 IoT서비스를 구축할 수 있는 플렛폼이다. 한 세트의 API를 사용해 데이터의 수집, 모니터, 분석 및 저장이 가능하며 단 3줄의 코드만으로 간단한 동작을 하게 할 수 있다.

아래의 링크를 통해 [그림 4-2-15]의 웹페이지를 볼 수 있다.

https://www.tempoiq.com/

[그림 4-2-15] TempoIQ 웹페이지

LESSON 15 Xively

Xively는 대규모 IoT플랫폼이며 어플리케이션 솔루션을 제공하는 비즈니스용 플랫폼이다. 상품이나 사용자 연결이 안정적이며 IoT 데이터의 관리가 비교적 쉽다.

아래의 링크를 통해 [그림 4-2-16]의 웹페이지를 볼 수 있다.

https://xively.com/

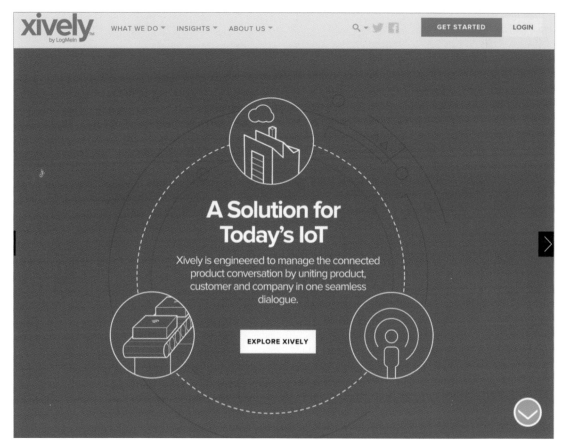

[그림 4-2-16] Xively 웹페이지

LESSON 16 SmartLiving

'SmartLiving'는 개인용 IoT플랫폼을 제공하며 연결에 필요한 장치를 키트의 형태로 판매하고 있다. 현재 아두이노, 라즈베리파이, 인텔 에디슨 등의 3가지 키트를 지원하고 있다.

http://www.smartliving.io/

아래의 링크를 통해 [그림 4-2-17]의 웹페이지를 볼 수 있다.

[그림 4-2-17] SmartLiving 웹페이지

LESSON 17 Amazon Web Servie (AWS) IoT

'Amazon Web Servie (AWS) IoT'는 클라우드 서비스로 유명한 아마존 웹서비스를 기반으로 새롭게 제공되는 사물인터넷 서비스이다. AWS IoT는 장치에 대한 표준 개발 소프트웨어를 제공하며 C, JavaScript, 그리고 아두이노 등등 다양한 리소스들을 제공하고 있다. AWS 장치 게이트웨이를 사용하여 안정적이고 효율적으로 데이터를 주고 받을 수 있게 지원한다. 이렇게 받은 데이터들을 분석하고 AWS Lambda, Amazon Kinesis, Amazon S3, Amazon Machine Learning, Amazon DynamoDB 등과 같은 기존 아마존 웹서비스 관련된 정보처리 기술들을 쉽게 연결하여 이용할 수 있다.

아마존 웹 서비스 사물인터넷 웹 페이지에서는 연결에 필요한 장치를 키트의 형태로 판매하고 있다. 현재 MediaTek Linkit One, BeagleBone Green, Dragonboard 410c, Intel Edison, Avnet B4343W, Renasas, Marvel EasyConnect MW300, Microship, Seeeduino Cloud, TI LaunchPad 등의 다양한 키트들을 지원하고 있다. 지원하는 장치 키트에 대한 정보는 아래의 링크를 통해 확인할 수 있다.

http://aws.amazon.com/iot/

위의 링크를 통해 [그림 4-2-18]의 웹페이지를 볼 수 있다. AWS IoT의 전체적인 개념도는 [그림 4-2-19] 과 같다.

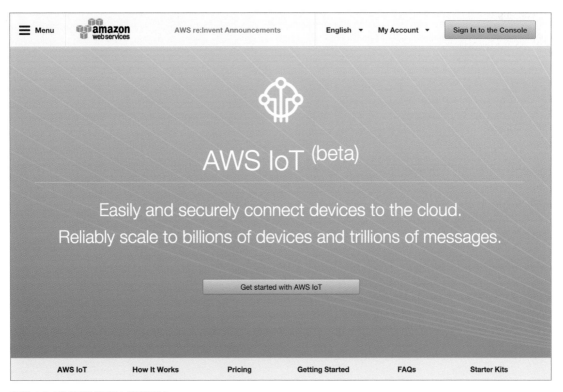

[그림 4-2-18] 아마존 웹서비스 사물인터넷

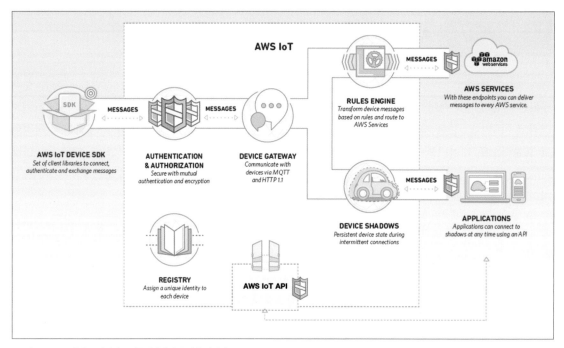

[그림 4-2-19] 아마존 웹서비스 사물인터넷의 특징과 개념적 구조

LESSON 18 Windows 10 IoT

'Windows 10 IoT'는 마이크로소프트사에서 개발한 Windows 10 운영체제를 기반으로 하는 장치들을 지원하는 IoT 플랫폼이다. C#, Python, Node.js, C++ 등의 언어를 사용하여 다양한 어플리케이션을 개발할 수 있는 환경을 제공하고 있으며, 다양한 샘플 예제를 제공하여 비교적 사용하기 쉽다. 현재 Adafruit사와 협력하여 연결에 필요한 키트 형태의 장치를 판매하고 있다. 아래의 링크를 통해 해당 웹페이지를 접속할 수 있다.

http://www.adafruit.com/windows10iotpi2

현재 아두이노, 라즈베리파이, 드라곤 보드, 민노우 보드와 같은 여러 가지 보드를 지원하고 있다. 아래의 링크를 통해 [그림 4-2-20]의 웹페이지를 볼 수 있다.

https://dev.windows.com/en-us/iot

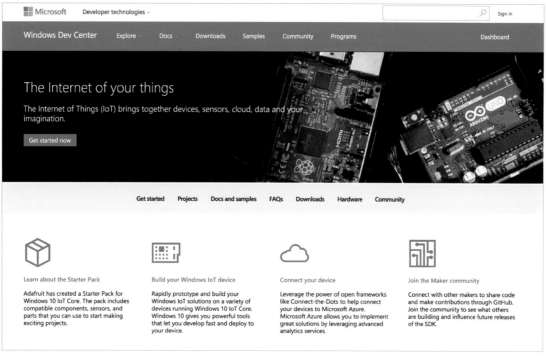

[그림 4-2-20] 윈도우즈 10 ToT 서비스 웹페이지

이 외에도 다양한 IoT 서비스 플렛폼이 있으므로 직접 테스트 해보고 본인에게 잘 맞는 IoT를 찾는 것도 좋다고 생각한다. 이 책에서는 크게 4가지 정도의 IoT 플렛폼을 라즈베리파이와 연결해 볼 것이다.

[표 4-2-1] 다양한 IoT 서비스 플렛폼

ARRAYENT	EXOSITE	intamac Making Connections	Keen IO
Micrium®	octoblu Now a part of Citrix	alertme	bug labs
eSL smart solutions limited	Microtronics	iot DESIGN SHOP	Kii
MONNIT	Republic Of Things	ATTUNIX))	LITMUS Automation
iPgallery Converged Communications	rti	ThingLogix	

이번 Chapter에서 알아본것과 같이 사물인터넷 플렛폼이 일일이 나열하기도 힘들 정도로 쏟아져 나오고 있다. 작은 스타트업부터 IBM이나 오라클 같은 거대 IT기업들까지 사물인터넷 열풍이다. 이러한 현상으로 볼 때 사물인터넷 관련 다양한 서비스들은 한 번쯤 공부해 볼 필요가 있는 중요한 분야임이 틀림없어 보인다.

생각해 보기

1. 사물인터넷 서비스에서 라즈베리파이 보드외에 어떤 보드들이 사용되고 있는지 알아보자.
2. 사물인터넷 서비스는 일반 클라우드 서비스와 어떤 점이 다른가?
3. 다양한 사물인터넷 서비스 중에 장치의 모니터링 뿐만 아니라 분석 기능까지 제공하는 서비스는 어떤 것들이 있는가?

03

IBM IOT Bluemix
사용하기

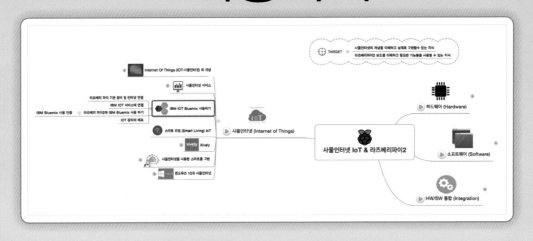

앞 Chapter에서 다양한 종류의 IOT 서비스 플렛폼들을 알아보았다. 이 중에서 라즈베리파이 2를 이용하여 IBM의 IoT 서비스에 연결해 보고 연결된 상태와 라즈베리파이 장치로부터 생성된 데이터를 인터넷 브라우저를 통해 확인해 보자. 사실 IBM의 IoT 서비스는 라즈베리파이 뿐만 아니라 다양한 임베디드 보드, 스마트폰, 그리고 일반 웹 프로그램 등을 서비스 플렛폼에 연결할 수 있게 설계되어서, 사물인터넷 환경을 실제로 구현 및 테스트 하기 좋은 통합적인 서비스 환경을 제공한다. 여기서 설명한 부분이 익숙해지면 라즈베리파이 뿐만 아니라 다른 임베디드 보드나 스마트폰 앱들을 연결해서 사물인터넷을 다양하게 구현해 보면 좋겠다.

LESSON 01 라즈베리파이 기본 장비 및 인터넷 연결

이제 실제로 라즈베리파이를 IBM 사물인터넷에 연결해보자. 설명은 최대한 쉽고 직관적으로 할 것이므로 차근차근 따라하면 쉽게 IBM 사물인터넷을 구현할 수 있을 것이다.

앞에서 구현해 놓은 라즈베리파이 환경에서 [그림 4-3-1]과 같이 Terminal 프로그램을 실행한다.

[그림 4-3-1] 라즈베리파이에서 터미널 실행

[그림4-3-1]과 같이 터미널을 실행하였다면 IBM IOT에 필요한 페키지를 다운받아야 한다. 해당 프로그램은 GitHub라는 곳에 저장되어 있다. GitHub로부터 설치 페키지를 내려받기 위해서는 터미널에 [명령어 4-3-1]을 입력면 된다.

[명령어 4-3-1]

```
curl -LO https://github.com/ibm-messaging/iot-raspberrypi/releases/download/
1.0.2/iot_1.0-1_armhf.deb
```

[명령어 4-3-1]을 실행하면 [그림 4-3-2]와 같은 메세지들을 볼 수 있을 것이다.

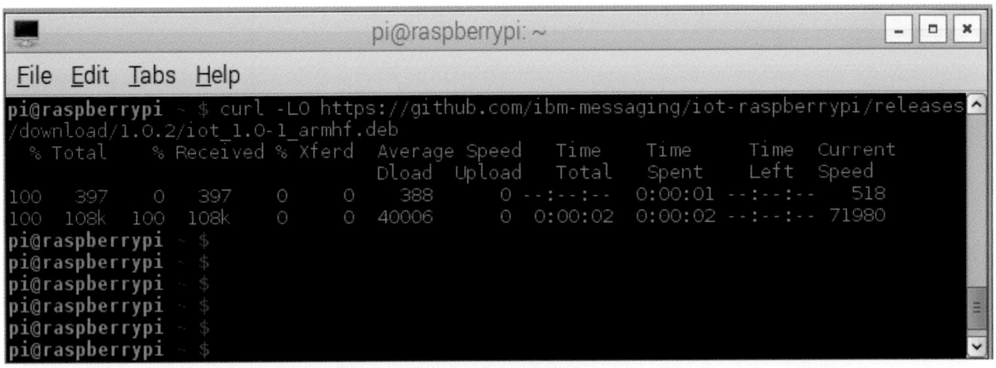

[그림 4-3-2] GitHub으로 부터 설치 패키지를 다운 받은 화면

이제 내려받은 파일을 설치히기 위하여 [명령어 4-3-2]를 통해서 설치한다. 그러면 [그림 4-3-3]
과 같은 화면을 볼 수 있을 것이다.

[명령어 4-3-2]

```
sudo dpkg -i iot_1.0-1_armhf.deb
```

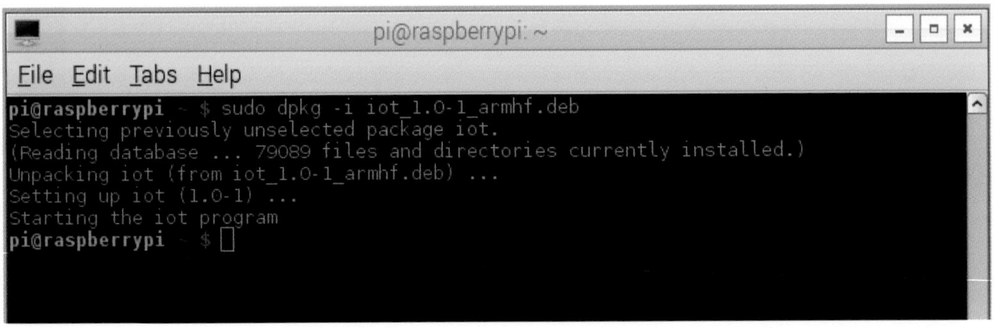

[그림 4-3-3] IBM IOT파일을 실행하여 설치완료한 화면

지금까지의 과정을 통해 설치가 완료되면 IBM IOT 프로세스가 자동으로 시작된다. 이제 IOT로서 라즈베리
파이의 동작 여부를 확인하기 위해 다음의 [명령어 4-3-3]을 터미널에 입력하자

[명령어 4-3-3]

```
service iot status
```

그러면 [그림 4-3-4]와 같이 '[ok] iot is running' 이라는 IOT가 현재 실행 중임을 확인해 주는 메세지가 뜨게 된다.

[그림 4-3-4] IBM IOT의 상태를 확인하는 화면

여기까지 문제 없이 수행하였다면 IBM IOT를 라즈베리파이에 성공적으로 설치한 것이다. 이제 IBM Internet of Things Foundation에 가서 동작 여부를 인터넷 브라우저를 통해서 확인해 보면된다. 다음 동작으로 넘어가기 전에 실행된 IOT 를 중지시키는 명령어를 알아보자. IOT 중지 명령어는 [명령어 4-3-4]와 같다.

[명령어 4-3-4]

```
sudo service iot stop
```

명령어를 입력해보고 "service iot status" 명령어(명령어 4-3-3)를 입력해서 IOT의 상태를 체크해보자. 앞에서 했던 IBM IOT 시작과 중지를 실행하여 보면 [그림 4-3-5]와 같은 결과 화면을 볼 수 있다.

[그림 4-3-5] IBM IOT 서비스를 중지시키는 화면

추가적으로 라즈베리파이에 설치된 IOT 서비스를 제거하고 싶으면 다음의 명령어를 사용하면 된다.

[명령어 4-3-5]

```
sudo dpkg -P iot
```

자, 여기까지 문제 없이 실행하고 결과를 잘 확인하였다면 라즈베리파이 쪽에서의 준비는 어느 정도 끝났다고 봐도 된다. 이제 라즈베리파이는 자신의 MAC Address 즉, 자신만의 주소를 생성하여 인터넷에 연결된 상태라고 볼 수 있다.

LESSON 02 IBM IOT 서비스에 연결

이제 자신의 주소를 가진 IOT 장치로서의 라즈베리파이를 인터넷 웹서비스에서 찾아야 한다. IOT 서비스 측에서 인터넷에 연결된 라즈베리파이(Thing)를 찾기 위해서는 MAC address 라는 장치의 주소를 알아야 한다. 해당 장치의 MAX address를 찾기 위해서 라즈베리파이의 터미널 창에 다음의 명령어를 입력해보자.

[명령어 4-3-6]

```
service iot getdeviceid
```

필자의 경우에는 다음과 같은 MAC Address를 얻었다. 혹시 [그림 4-3-6]과 다른 MAC Address가 나왔다 하더라도 걱정할 필요 없다. 라즈베리파이마다 다른 MAC Address를 가지는게 정상이기 때문이다. 자 여기까지 문제 없이 수행하였다면 라즈베리파이 2에 IBM IOT 프로그램을 동작시킨 상태에서 장치의 ID를 확보한 것이다.

[그림 4-3-6] 라즈베리파이의 MAC Address를 확인하는 화면

이제 라즈베리파이 2로부터 생성된 데이터를 인터넷을 통해 IBM IOT에서 확인해 보자. 우선 인터넷 웹 브라우저를 실행하고 아래의 주소를 주소창에 입력하자.

https://quickstart.internetofthings.ibmcloud.com/#/

앞서 얻은 MAC address를 다음의 웹페이지의 MAC Address 입력란에 [그림 4-3-7]과 같이 입력하고 "Go" 버튼을 눌러준다.

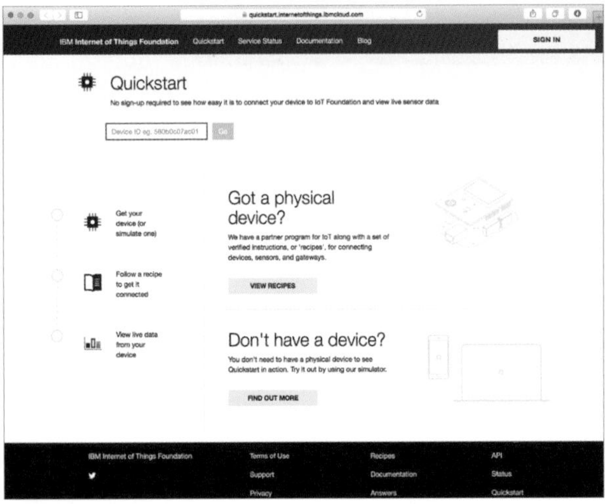

[그림 4-3-7] IBM IOT의 동작을 간단하게 알아보는 웹페이지

혹시 라즈베리파이를 인터넷에 연결하지 않았거나 전원을 꺼 놓았다면 [그림 4-3-8]과 같은 화면을 볼 수 있을 것이다. 이 경우 라즈베리파이를 동작시키고 인터넷에 연결한 다음 다시 시작하면 별 문제 없이 결과를 확인할 수 있을 것이다.

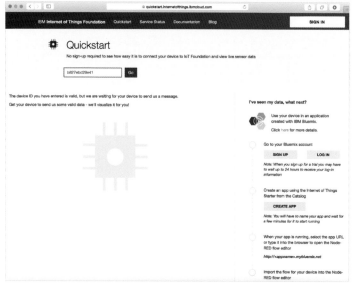

[그림 3-4-8] 라즈베리파이가 동작하지 않는 상태에서 MAC Address를 입력하였을 경우

MAC Address 를 입력하면 ID를 가진 라즈베리파이와 연결되어 CPU Load Average 작업 수행 값과 CPU의 온도 값을 주기적으로 전송받아 [그림 4-3-9]과 같이 화면에 보여준다.

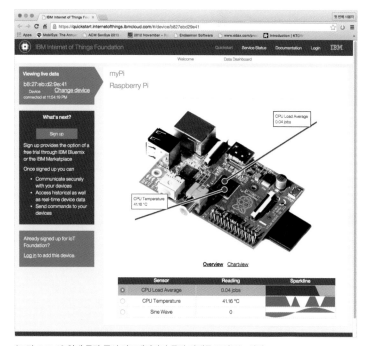

[그림 4-3-9] 현재 동작 중인 라즈베리파이 동작 상태를 보여주는 화면

이제 라즈베리파이와 IBM IOT 서비스가 연결이 가능한 것을 확인하였다. 간단히 라즈베리파이의 온도나 평균적인 동작 정도를 알아 보려면 지금까지 해본 "Quick Start" 만으로도 충분할 것이다. 하지만 좀 더 세부적인 동작을 해보려면 좀 더 복잡한 과정이 필요하다. 그 부분은 다음 LESSON에서 알아보겠다.

LESSON 03 라즈베리파이 2와 IBM Bluemix 사용 하기

이제부터는 좀 더 구체적으로 IBM IOT를 설정하고 장치를 등록해 보겠다. 이러한 구체적인 서비스를 제공해주는 IBM IOT를 일컬어 IBM Bluemix라고 한다.

3-1 IBM Bluemix 사용 인증

우선 IBM Bluemix를 사용하려면 IBM측으로부터 인증을 받아야 한다. 인증받은 사용자는 30일간 무료로 서비스를 사용해볼 수 있다.

[그림 4-3-10]의 그림과 같은 IBM IOT Foundation 웹 페이에서 회원 등록을 해야한다. 아래의 링크를 통하여 등록 화면으로 이동하자.

https://internetofthings.ibmcloud.com/#/

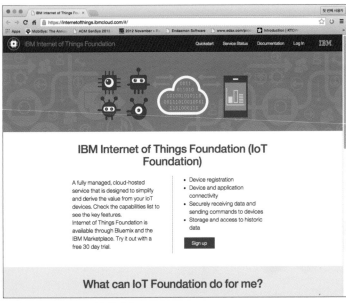

[그림 4-3-10] IBM IOT의 등록 화면

[그림 4-3-11]에 두 가지 선택 옵션이 있다. 그 중 앞에서 언급한 것처럼 IBM Bluemix 서비스를 선택한다. 현재 등록시점부터 30일간 무료로 기능들을 테스트해 볼 수 있다.

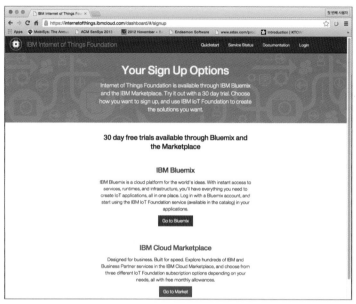

[그림 4-3-11] IBM IOT 서비스 선택 화면

[그림 4-3-12]와 같이 IBM Bluemix 시작 화면으로 가게되며 오른쪽 상단에 Sign up 버튼이 있을 것이다. 이 버튼을 클릭하여 회원 등록을 하자.

[그림 4-3-12] IBM Bluemix 메인 화면

[그림 4-4-13]과 같은 웹페이지에 회원등록을 위한 사용자 정보를 입력하여야 한다. 이메일, 이메일 재확인, 이름, 성, 비밀번호, 비밀번호 재확인, 휴대폰 번호, 나라 혹은 지역, 보안을 위한 질문, 보안을 위한 질문의 답 등등을 입력하고 정보를 이메일로 받을지 전화나 우편으로 받을지를 선택한 후 Submit 버튼을 눌러 제출한다.

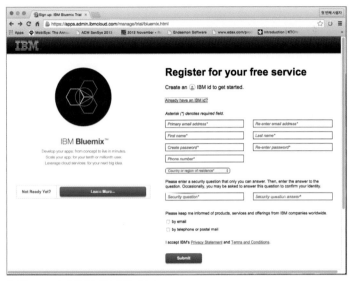

[그림 4-3-13] 회원등록 정보 입력 페이지

그러면 [그림 4-3-14]와 같이 등록이 완료되었다는 화면을 보게 된다.

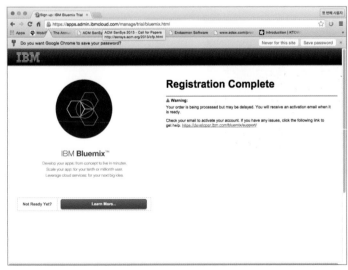

[그림 4-3-14] 회원등록 완료 화면

회원등록을 완료했다고 해서 바로 IBM IOT를 사용할 수 있는건 아니다. 입력한 이메일 주소로 IBM에서 보내주는 Validate 메일을 받고 확인 버튼을 눌러줘야 사용할 수 있다. 확인 과정 없이 IBM IOT를 사용하려하면 [그림 4-3-15]와 같은 화면을 보게 될 것이다. 앞의 과정들을 올바로 수행하였다면 [그림 4-3-16]와 같은 이메일을 받을 것이다.

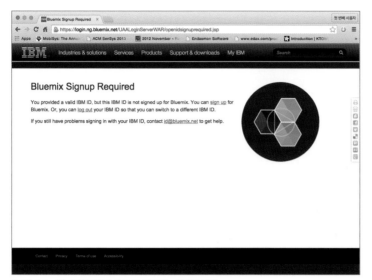

[그림 4-3-15] 인증 절차가 완료 안 되었다는 메세지 화면

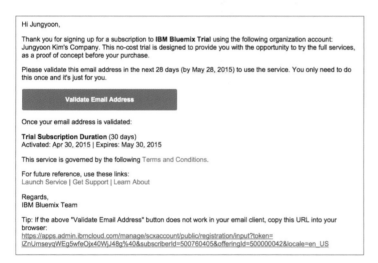

[그림 4-3-16] 인증 확인용 이메일 메세지

[그림 4-3-16]과 같은 이메일을 받았다면 파란 버튼으로 된 "Validate Email Address" 버튼을 눌러 인증을 완료한다. 이메일이 보내진 시점으로부터 28일 이내에 확인을 해야하니 주의하기 바란다. 혹시 사용하는 이메일의 호환성이 부족하여 버튼이 동작을 하지 않으면 버튼 아래에 인터넷 주소를 클릭하여 버튼을 클릭한 것과 같은 동작을 하게 할 수 있으니 참고하기 바란다. 이메일 확인 과정을 거친 후 Sign in을 하게 되면 [그림 4-3-17]과 같은 화면을 보게 된다.

[그림 4-4-17] 화면 상단에 보면 여러 가지 메뉴들이 보일 것이다 (DASHBOARD, SOLUTION, CATALOG 등등). 그 중에 "SOLUTION"을 클릭하면 [그림 4-3-18]과 같은 여러 가지 메뉴(iOS, Big Data, Data Management, Security, 그리고 Internet of Things 등등)들이 나타날 것이다. 그 중에 "Internet of Things"를 클릭하면 [그림 4-3-19]와 같은 화면을 볼 수 있다.

[그림 4-3-18] Solution 메뉴 아래의 선택 메뉴들과 'Internet of Things'

[그림 4-3-19]작은 메뉴에서 Internet of Things를 클릭하였을 때 나타나는 화면

[그림 4-3-19]의 세 가지 선택 중에 "GO TO SERVICE" 버튼을 클릭하면 [그림 4-3-20]과 같이 IOT에 대한 구체적인 정보를 볼 수 있을 것이다. IBM IOT 가 설정된 날짜, 타입, 위치 등에 대한 정보이다. 왼쪽 화면에 보일 것이고, 화면의 오른쪽에는 장치들을 클라우드에 안정적으로 연결할 수 있는 것에 대한 설명이 나올 것이다.

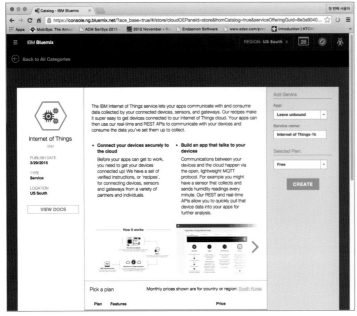

[그림 4-3-20] Internet of Things에서 GO TO SERVICE를 클릭하였을때 나타나는 화면

이제 IBM Bluemix에 라즈베리파이 장치를 묶어 보자. IBM Bluemix 화면 상단에 DASHBOARD 메뉴를 클릭하면 [그림 4-3-21]과 같은 화면을 보게 된다.

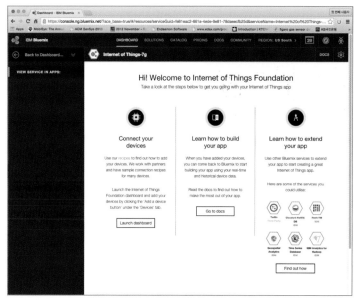

[그림 4-3-21] 응용프로그램의 IOT 서비스

[그림 4-3-22] IBM IOT Foundation의 장치 등록 메인 페이지 화면

[그림 4-3-22]에 IBM IOT Foundation의 장치 등록 메인 페이지에서 왼쪽 Devices(장치들) 메뉴를 클릭하면[그림 4-3-23] 현재 장치 등록 상태를 나타내는 화면을 볼 수 있다. 아직까지 등록된 장치(라즈베리파이)가 없기 때문에 현재는 아무것도 없는 상태이다. 여기서 장치 등록을 의미하는 'Add Device' 버튼을 클릭하자. 그러면 [그림 4-3-24] 와 같이 장비의 타입, 이름, 그리고 ID를 입력하라는 화면이 나타날 것이다.

[그림 4-3-23] IBM IOT Foundation의 장치 등록 상태를 나타내는 화면

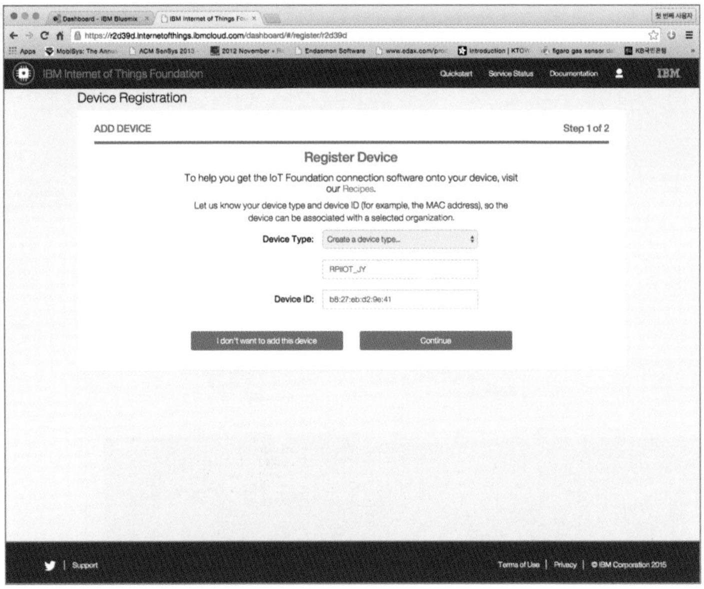

[그림 4-3-24] IBM IOT Foundation의 장치 등록 화면

그러면 Device Type에서는 Raspberry Pi를 선택하고, 그 바로 아래에는 본인이 원하는 이름을 입력하자. Device ID 에는 앞에서 얻어낸 장치의 MAC Address를 입력하면 된다. MAC Address를 입력할 때는 ' : ' 를 제거하고 입력한다. 필요한 정보들을 모두 입력하였다면 'Continue' 버튼을 클릭하여 장치 등록을 계속하자. 여기서 버튼을 클릭하면 연결이 되었다는 메세지가 [그림 4-3-25] 와 같이 보이지만, 아직 등록이 완료된 건 아니다. 장치 등록을 완료하기 위해서는 'Credential' 과정, 즉 장치 자체의 신분을 증명해줘야 한다고 생각하면 된다.

[그림 4-3-25] IBM IOT Foundation에서의 장치가 연결되었다는 화면

[그림 4-3-25] 에서 'Credential' 과정에 대해서 잘 설명하였다. 우선 (과정1)에서 보여지는 정보를 따로 메모장 같은 공간에 저장해 두자. 그리고 난 후, 라즈베리파이 2 장치로 돌아와서 장치 내에서 동작 중인 IOT 서비스를 일시적으로 중지시킨다. 앞에서 사용한 중지 명령어 [명령어 4-3-7]을 터미널에 입력하면 [그림 4-3-26] 과 같은 메세지를 볼 수 있다.

[명령어 4-3-7]

```
sudo service iot stop'
```

[그림 4-3-26] IBM IOT 서비스를 중지 시키는 화면

이제 라즈베리파이 내의 파일을 수정해줘야 한다. 리눅스에서 파일의 내용을 수정할 때 많이 사용하는 'nano'라는 프로그램으로 'device.cfg'을 열기 위해서는 터미널 프로그램에 [명령어 4-3-8]을 입력하면 된다. 그러면 [그림 4-3-27]과 같은 nano 에디터 프로그램이 실행되는 것을 볼 수 있다.

[명령어 4-3-8]

```
sudo nano /etc/iotsample-raspberrypi/device.cfg
```

[그림 4-3-27] nano 프로그램 실행 화면

이제 (과정1)에서 메모장에 저장해 둔 정보를 나노 에디터를 통해서 'device.cfg' 파일로 입력한다. 윈도우 사용자들은 나노 에디터를 저장하는 방식이 생소할 것이다. [그림 4-3-27]의 아래쪽에 보면 여러 가지 단축키들과 간단한 설명이 있다. 현재 키보드에서 [ctrl 키]와 [x 키]를 함께 눌러주면 파일의 저장 여부를 물어 본다. 그러면 [y 키]를 누른 후 [Enter 키] 입력하여 파일을 저장한 후 나노 에디터 프로그램을 끝낸다.

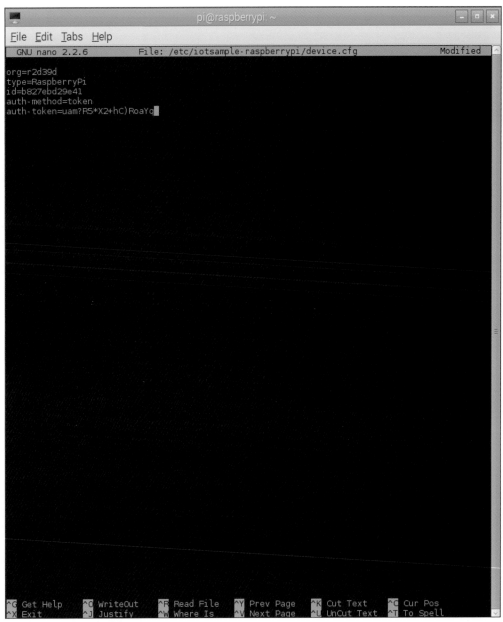

[그림 4-3-28] 나노 에디터로 열어본 'device'cfg'

그러면 [그림 4-3-29] 와 같이 터미널 프롬프트 화면이 나오고 이전에 입력했던 명령어들도 계속 보인다.

[그림 4-3-29] nano 에디터 프로그램을 끝내고 난 후의 화면

이제 필요한 파일이 준비되었으므로 IBM IOT를 라즈베리파이에서 [명령어 4-3-9]를 입력하여 다시 실행시킨다. 실행이 잘되었을 경우 [그림 4-3-30]과 같은 화면을 볼 수 있다.

[명령어 4-3-9]

```
sudo service iot start
```

[그림 4-3-30] nano 에디터 프로그램을 끝내고 난 후의 화면

이제 라즈베리파이 2 장치의 IBM IOT가 잘 설치되었다. 이제 앞에서 본 IBM IOT Foundation의 장치 추가 화면에서 'Done'을 클릭하여 장치 등록을 마무리한다.

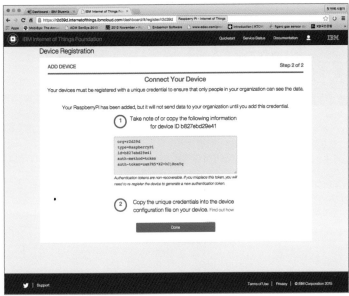

[그림 4-3-31] IBM IOT Foundation에서의 장치 추가 화면에서 'Done' 버튼을 누른다.

이제 IBM IOT Foundation 화면에서 장치(Device)메뉴를 클릭하여 앞에서 추가된 장치를 웹페이지에서 확인해 보자. 등록된 장치에 대한 정보 (Device Type, Device ID, Last Event, Message Rate, Date Added, Added by)를 확인할 수 있다.

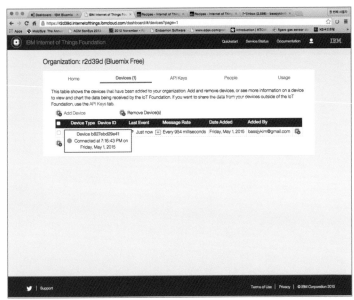

[그림 4-3-32] IBM IOT Foundation 화면에서 장치(Device)메뉴와 추가된 장치

라즈베리파이로부터 전송되는 이벤트들의 구체적인 내용을 보고 싶다면 'Last Event' 메뉴 아래의 '+' 버튼을 클릭하면 [그림 4-3-33]에서와 같이 라즈베리파이로부터 전송된 최근 10개의 메세지를 확인할 수 있다. 장치가 정상적으로 등록되고 동작되고 있다면 등록된 장치 정보 맨 앞에 녹색 동그라미가 보일 것이다 ([그림 4-3-32,33] 참조).

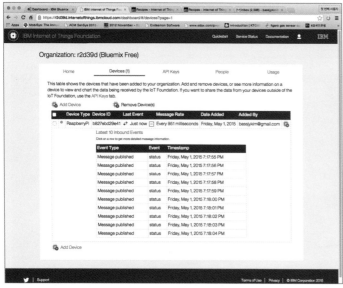

[그림 4-3-33] IBM IOT Foundation에 추가된 장치의 이벤트들

하지만 인터넷 연결에 문제가 발생하였거나 전원 등의 연결 문제 등으로 라즈베리파이의 연결이 끊어지면 [그림 4-3-34]에서 보는 것처럼, 장치 정보 맨 앞에 빨간 박스가 보일 것이다.

[그림 4-3-34] IBM IOT Foundation에 추가된 장치의 연결이 끊어진 상태

이번 LESSON에서 라즈베리파이 2와 IBM Bluemix 사물인터넷 플렛폼을 연결하고 데이터를 받아 보았다. 이제 등록되고 동작하는 장치로부터 데이터를 받아서 분석하는 방법에 대해 다음 LESSON에서 간단히 알아보자.

LESSON 04 IOT 장치의 배포

IBM Bluemix는 IoT뿐만 아니라 다양한 서비스를 제공하는 통합 서비스 플랫폼이다. 이러한 다양한 서비스를 관리하기 위해 [그림 4-3-35]와 같은 비주얼화된 대쉬보드로 전체적인 서비스를 관리한다.

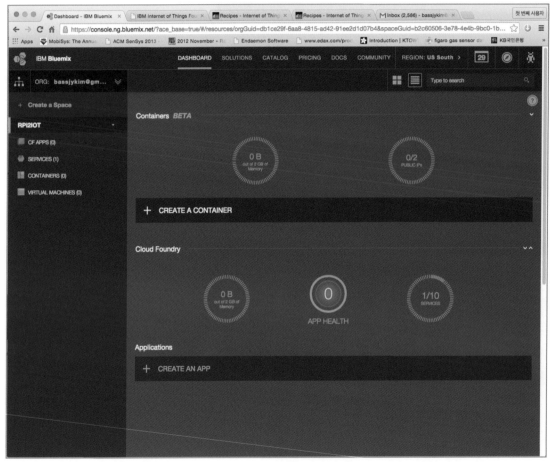

[그림 4-3-35] IBM Bluemix 대쉬보드 화면

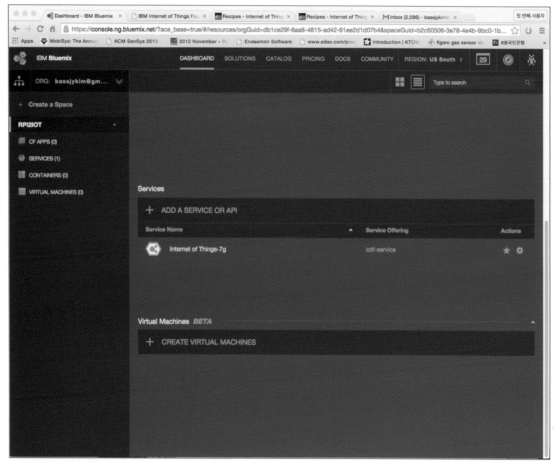

[그림 4-3-36] IBM Bluemix 대쉬보드에 Internet of Things 서비스가 추가된 화면

앞서 등록했던 Internet of Things에 대한 서비스가 제대로 설정되면 [그림 4-3-35]와 같이 서비스가 등록되었음을 아이콘으로서 표시해 주기 때문에 서비스들의 관리가 비교적 쉽다.[그림 4-3-36]

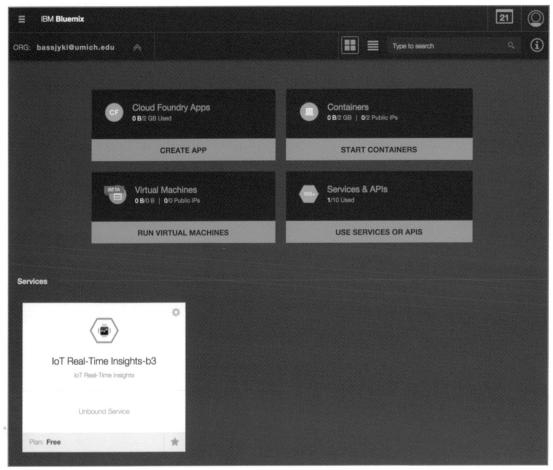

[그림 4-3-37] IBM Bluemix 대쉬보드와 4개의 서비스 카테고리

IBM Bluemix 전체적인 메뉴를 크게 4가지로 구분하여 관리한다.

- Could Foundry Apps
- Containers
- Virtual Machines
- Services & APIs

사물인터넷 서비스는 현재 Servies & APIs 카테고리에 속하며 아이콘을 클릭하면 사물인터넷 관련 세부 내용을 설정할 수 있는 몇 가지 내용들이 [그림 4-3-38]과 같이 나타난다. 왼쪽은 데이터 소스를 추가할 수 있는 아이콘과 실시간 사물인터넷을 구현하기 위한 다양한 문서들을 볼 수 있는 아이콘이 있고. 그리고 오른쪽에는 사물인터넷 관련 다양한 세팅을 할 수 있는 화면이 있다. 자 이제 IBM Bluemix를 사용하여 다양한 실질적 서비스를 구현해 보자. 주의 할 점은 이 서비스는 유료이므로 사용량에 따라 비용이 지불될 수 있으니 사물인터넷의 전체적 구조를 잘 결정한 후 시스템을 최적으로 설계한 후 배포하는 것을 추천한다.

Welcome to
IoT Real-Time Insights (b83486)

Gain real-time analytical insights from your Internet of Things devices.

Add a data source

To see your devices, you must first add your Internet of Things Foundation service as a data source.

> Add a data source

Learn more about IoT Real-Time Insights and how to quickly get up and running.

> Go to DOCS

Explore

After you add a data source, you can:

Add and monitor devices

Add devices to Internet of Things Foundation and then configure the message schema for the devices in IoT Real-Time Insights.

Add users

Invite your team by adding their IBM IDs as operators or administrators in your environment.

Create rules and alerts

Set device data thresholds and define corresponding actions, such as dashboard alerts and email notifications.

> Launch IoT Real-Time Insights Dashboard

[그림 4-3-38] IBM Bluemix 의 IoT Real-time Insight 세부 내용.

생각해 보기

1. IBM Bluemix 사물인터넷 서비스 플렛폼에서 라즈베리파이 2로부터 초기에 어떤 정보를 받아 들이는가?

2. IBM Bluemix 제공하는 서비스는 사물인터넷 외에 추가적으로 어떤 기능들이 있는가? 그리고 이런 기능들이 궁극적으로 사물인터넷과 어떤 관계가 있는가?

04

스마트 리빙
(Smart Living) IoT

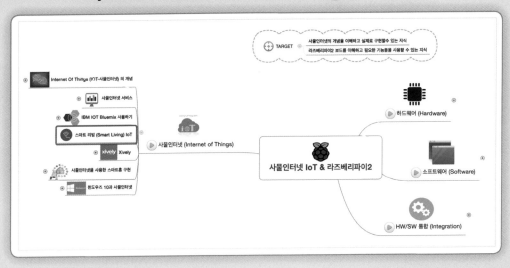

스마트 리빙은 앞서 소개한 IBM IoT와는 다르게 비교적 기능과 사용법이 심플한 개인용 IoT이다. 개인적인 관심으로 IoT를 구현해보고자 하는 독자라면 스마트 리빙 IoT를 고려해보는 것도 좋다.

앞서 공부한 IBM Bluemix는 30일간의 무료 평가기간이 있지만 기본적으로 유료 서비스며 개인용이라기 보다 단 비즈니스 솔루션에 가깝다. 스마트 리빙 IoT 플렛폼은 개인용 End-to-end 사물인터넷 솔루션이다. 기본적으로 스마트 리빙 플렛폼은 기능들과 사용법들이 직관적이며 기능들에 대한 설명을 다양한 그림을 통해서 쉽게 사용할 수 있게 하고 있다.

[그림 4-4-1] 스마트 리빙 사물인터넷 웹싸이트

Pick a computer

ARDUINO

Arduino a good choice for getting started and hardware hacking

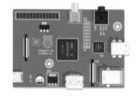

RASPBERRY PI

Where you need a bit more power and enjoy a full computer

INTEL EDISON

A teeny tiny controller packed with WiFi, Bluetooth and an operating system

[그림 4-4-2] 스마트 리빙 사물인터넷에서 지원하는 세 가지 장치 – 아두이노, 라즈베리파이, 그리고 인텔 에디슨

스마트리빙 사물인터넷 서비스는 [그림 4-4-2]에서 보이듯 세 가지 장치를 지원한다. 여기서는 라즈베리파이 2 장치를 사용하여 스마트리빙 사물인터넷을 구현해보겠다.

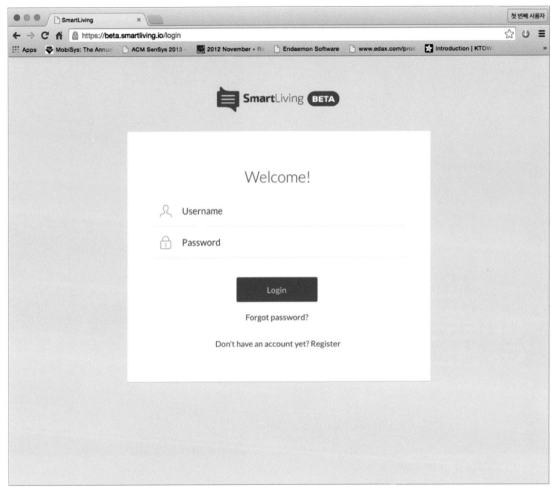

[그림 4-4-3] 스마트리빙 로그인 페이지

사물인터넷 서비스는 기본적으로 각 사물들의 인터넷 계정을 만드는 것이라 생각할 수 있다. 그러므로 장치의 주인인 사용자가 계정을 만들어야 한다. 스마트리빙 플렛폼 서비스를 사용하기 위해 [그림 4-4-3]의 로그인 페이지에서 회원가입 (Register)를 클릭하자.

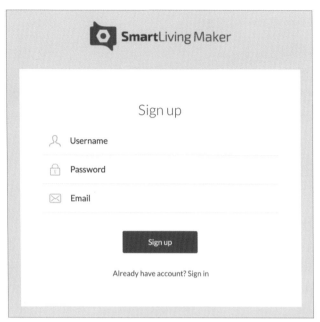

[그림 4-4-4] 회원가입 페이지

사용하기 쉬운 사물인터넷 플렛폼답게 회원가입도 간단히 3가지 (Username, Password, Email)만 입력하면
된다. [그림 4-4-4] 참조.

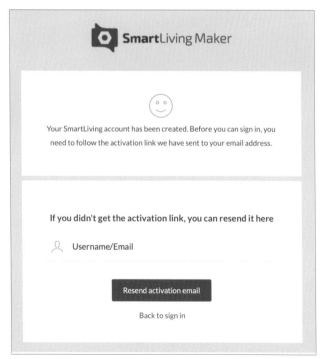

[그림 4-4-5] 회원가입

회원가입 페이지에서 정보를 다 입력하고 나면 [그림 4-4-5]와 같은 화면 나타날 것이다. 이는 회원가입 때
입력했던 이메일로 사용자의 계정을 활성화(Activation) 시키는 메일을 보냈으니, 이메일을 확인해서 활성화
링크를 클릭하여 사용자의 계정을 활성화해 달라는 메세지이다

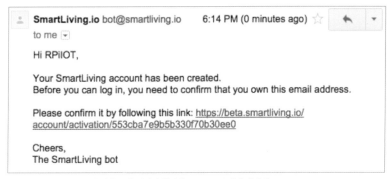

[그림 4-4-6] 스마트리빙에서 보낸 계정의 활성화(Activation)관련 이메일

이제 회원가입 때 입력했던 이메일 계정으로 가보자. 스마트리빙에서 [그림 4-4-6]와 같은 이메일을 보냈을 것이다. 혹시 이메일이 안 들어 왔으면 [그림 4-4-5] 회원가입 페이지에 활성화 관련 이메일을 다시 보내기(Resend) 버튼을 클릭하자. 특별한 문제가 없다면 이메일이 보내져 있을 것이다. 혹시나 이메일이 계속 안 보인다면 스팸 메일 메뉴를 확인해보자. 필자의 경우 회원가입에 네이버 계정을 사용하였는데 활성화 이메일이 스팸메일로 분류되어 저장되어 있었다.

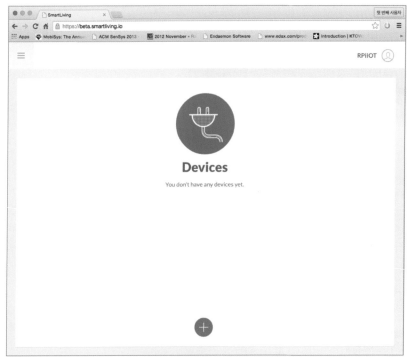

[그림 4-4-7] 회원가입후에 로그인하면 나타나는 화면

이제 회원가입과 활성화를 마쳤으니 스마트리빙 서비스에 로그인해 보자. 일단 [그림 4-4-7]과 같이 심플한 화면이 나타날 것이다. 이 화면만 봐도 사용법이 직관적이고 쉽다는 것을 알 수 있다. 첫 화면에 나타나는 아이콘은 장치 등록 관련 하나 뿐이다. [그림 4-4-7]의 아래 쪽에 보면 파란색 둥근 모양에 '+' 기호가 있는 아이콘이 보일 것이다. 이것은 장치를 추가하는 아이콘이며 이 아이콘을 클릭하자.

Devices
You don't have any devices yet.
Create New Device
Custom
Arduino
Raspberry Pi
Intel Edison
Enter device name

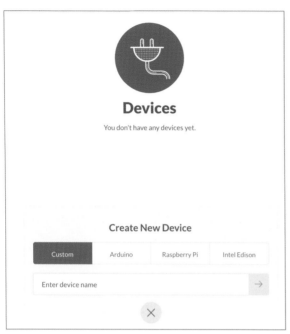

[그림 4-4-8] 장치 등록 메뉴 (1)

그러면 3가지 장치 선택 메뉴가 [그림 4-4-8]과 같이 나타 난다. 라즈베리파이를 선택하고 사용자가 원하는 장치의 이름을 입력하고 화살표를 누르자. 장치 등록을 취소하고 싶으면 'X' 버튼을 클릭하면 된다.

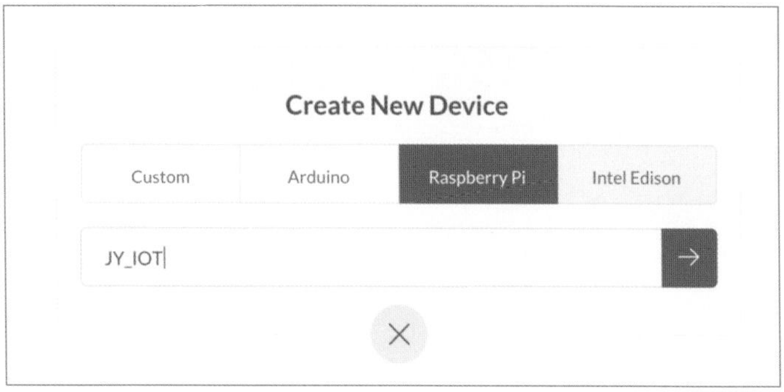

Create New Device
Custom
Arduino
Raspberry Pi
Intel Edison
JY_IOT

[그림 4-4-9] 장치 등록 메뉴 (2)

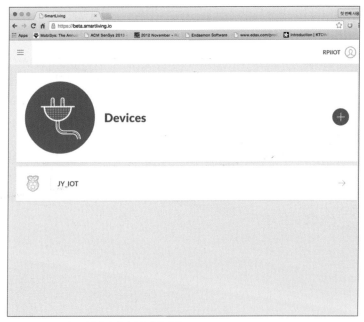

[그림 4-4-10] 라즈베리파이 장치가 추가된 화면

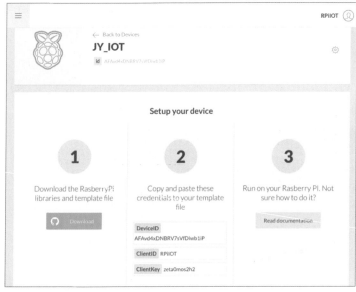

[그림 4-4-11] 추가된 라즈베리파이 장치의 세부정보 화면

[그림 4-4-11]의 그림에서 라즈베리파이를 사물인터넷 장치로 사용하기 위한 기본적인 파일을 다운 로드 받을 수 있다. 왼쪽의 녹색 아이콘을 클릭하여 템플릿 파일들을 다운로드 받아 보자. 'raspberrypi-python-client-master.zip'라는 파일이 다운로드 폴더에 저장되어 있을 것이다. 압축을 풀어 내용물을 보면 'Shield_Demo.py'라는 파일이 있을 것이다. 스마트 리빙 사물인터넷을 사용하려면 이 코드에 몇 가지를 수 정해 줘야 된다. 우선 [그림 4-4-11]의 (2)번 메뉴에 보면 장치 등록에 대한 3가지 정보가 제공되고 있다.

'DeviceID', 'ClientID', 'ClientKey'를 아래의 프로그램 [코드 4-4-1]의 녹색 표시된 곳에 복사해 넣자. [그림 4-4-13]은 필요한 정보를 수정한 후의 실제 코드 모습이다.

「프로그램 코드 4-4-1」 Shield_Demo.py

```python
#!/usr/bin/env python
# -*- coding: utf-8 -*-

 Important: before running this demo, make certain that grovepi & ATT_IOT
 are in the same directory as this script, or installed so that they are
globally accessible
6
7  import grovepi                                    #provides pin support
8  import ATT_IOT as IOT    #provide cloud support
9  from time import sleep                            #pause the app
10
11 #set up the ATT internet of things platform
12 IOT.DeviceId = "YourDeviceIdHere"
13 IOT.ClientId = "YourClientIdHere"
14 IOT.ClientKey = "YourClientKeyHere"
15
16 #Define each asset below. provide a Name and Pin. The Pin number is used to
define the Pin number on your raspberry Pi shield
17 #and to create a unique assetId which is a combination of deviceID+Pin
number. The Pin number can be any value between (0 - 2^63)
18
19 sensorName = "Button"                             #name of the sensor
20 sensorPin = 2
21 sensorPrev = False                               #previous value of the
sensor (only send a value when a change occured)
22
23 actuatorName = "Diode"
24 actuatorPin = 4
25
26 #set up the pins
27 grovepi.pinMode(sensorPin,"INPUT")
28 grovepi.pinMode(actuatorPin,"OUTPUT")
29
30 #callback: handles values sent from the cloudapp to the device
31 def on_message(id, value):
```

```
32    if id.endswith(str(actuatorPin)) == True:
33      value = value.lower()      #make certain that the value is in lower case,
for 'True' vs 'true'
34        if value == "true":
35          grovepi.digitalWrite(actuatorPin, 1)
36          IOT.send("true", actuatorPin)      #provide feedback to the cloud
that the operation was succesful
37        elif value == "false":
38          grovepi.digitalWrite(actuatorPin, 0)
39          IOT.send("false", actuatorPin)  #provide feedback to the cloud that
the operation was succesful
40        else:
41          print("unknown value: " + value)
42    else:
43      print("unknown actuator: " + id)
44 IOT.on_message = on_message
45
46 #make certain that the device & it's features are defined in the cloudapp
47 IOT.connect()
48 IOT.addAsset(sensorPin, sensorName, "Push button", False, "boolean")
49 IOT.addAsset(actuatorPin, actuatorName, "Light Emitting Diode", True,
"boolean")
50 IOT.subscribe()
51 #starts the bi-directional communication
52
53 #main loop: run as long as the device is turned on
54 while True:
55    try:
56      if grovepi.digitalRead(sensorPin) == 1:
57        if sensorPrev == False:
58          print(sensorName + " activated")
59          IOT.send("true", sensorPin)
60        sensorPrev = True
61      elif sensorPrev == True:
62        print(sensorName + " deactivated")
63        IOT.send("false", sensorPin)
64        sensorPrev = False
65      sleep(.3)
66
```

```
67      except IOError:
68          print ""
```

```
Shield_Demo.py

#!/usr/bin/env python
# -*- coding: utf-8 -*-

# Important: before running this demo, make certain that grovepi & ATT_IOT
# are in the same directory as this script, or installed so that they are globally accessible

import grovepi                              #provides pin support
import ATT_IOT as IOT    #provide cloud support
from time import sleep                      #pause the app

#set up the ATT internet of things platform
IOT.DeviceId = "YourDeviceIdHere"
IOT.ClientId = "YourClientIdHere"
IOT.ClientKey = "YourClientKeyHere"

#Define each asset below. provide a Name and Pin. The Pin number is used to define the Pin
number on your raspberry Pi shield
#and to create a unique assetId which is a combination of deviceID+Pin number. The Pin number
can be any value between (0 - 2^63)

sensorName = "Button"                       #name of the sensor
sensorPin = 2
sensorPrev = False                          #previous value of the sensor (only send a
value when a change occured)

actuatorName = "Diode"
actuatorPin = 4

#set up the pins
grovepi.pinMode(sensorPin,"INPUT")
grovepi.pinMode(actuatorPin,"OUTPUT")

#callback: handles values sent from the cloudapp to the device
def on_message(id, value):
    if id.endswith(str(actuatorPin)) == True:
        value = value.lower()                           #make certain that the value is in
lower case, for 'True' vs 'true'
        if value == "true":
            grovepi.digitalWrite(actuatorPin, 1)
            IOT.send("true", actuatorPin)               #provide feedback to the cloud that
the operation was succesful
        elif value == "false":
            grovepi.digitalWrite(actuatorPin, 0)
            IOT.send("false", actuatorPin)              #provide feedback to the cloud that
the operation was succesful
        else:
            print("unknown value: " + value)
    else:
        print("unknown actuator: " + id)
IOT.on_message = on_message

#make certain that the device & it's features are defined in the cloudapp
IOT.connect()
IOT.addAsset(sensorPin, sensorName, "Push button", False, "bool")
IOT.addAsset(actuatorPin, actuatorName, "Light Emitting Diode", True, "bool")
IOT.subscribe()                                                         #starts the bi-
directional communication

#main loop: run as long as the device is turned on
while True:
    try:
        if grovepi.digitalRead(sensorPin) == 1:
            if sensorPrev == False:
                print(sensorName + " activated")
                IOT.send("true", sensorPin)
                sensorPrev = True
        elif sensorPrev == True:
            print(sensorName + " deactivated")
            IOT.send("false", sensorPin)
            sensorPrev = False
        sleep(.3)

    except IOError:
        print ""
```

[그림 4-4-12] 수정전의 프로그램

```
● ● ●                              Shield_Demo.py
#!/usr/bin/env python
# -*- coding: utf-8 -*-

# Important: before running this demo, make certain that grovepi & ATT_IOT
# are in the same directory as this script, or installed so that they are globally accessible

import grovepi                                    #provides pin support
import ATT_IOT as IOT    #provide cloud support
from time import sleep                            #pause the app

#set up the ATT internet of things platform
IOT.DeviceId = "AFAvd4xDNBRV7sVfDiwb1iP"
IOT.ClientId = "RPiIOT"
IOT.ClientKey = "zeta0mos2h2"

#Define each asset below. provide a Name and Pin. The Pin number is used to define the Pin number on your
raspberry Pi shield
#and to create a unique assetId which is a combination of deviceID+Pin number. The Pin number can be any
value between (0 - 2^63)

sensorName = "Button"                             #name of the sensor
sensorPin = 2
sensorPrev = False                                #previous value of the sensor (only send a value when
a change occured)

actuatorName = "Diode"
actuatorPin = 4

#set up the pins
grovepi.pinMode(sensorPin,"INPUT")
grovepi.pinMode(actuatorPin,"OUTPUT")

#callback: handles values sent from the cloudapp to the device
def on_message(id, value):
    if id.endswith(str(actuatorPin)) == True:
        value = value.lower()                     #make certain that the value is in lower case,
for 'True' vs 'true'
        if value == "true":
            grovepi.digitalWrite(actuatorPin, 1)
            IOT.send("true", actuatorPin)         #provide feedback to the cloud that the
operation was succesful
        elif value == "false":
            grovepi.digitalWrite(actuatorPin, 0)
            IOT.send("false", actuatorPin)        #provide feedback to the cloud that the
operation was succesful
        else:
            print("unknown value: " + value)
    else:
        print("unknown actuator: " + id)
IOT.on_message = on_message

#make certain that the device & it's features are defined in the cloudapp
IOT.connect()
IOT.addAsset(sensorPin, sensorName, "Push button", False, "bool")
IOT.addAsset(actuatorPin, actuatorName, "Light Emitting Diode", True, "bool")
IOT.subscribe()                                   #starts the bi-
directional communication

#main loop: run as long as the device is turned on
while True:
    try:
        if grovepi.digitalRead(sensorPin) == 1:
            if sensorPrev == False:
                print(sensorName + " activated")
                IOT.send("true", sensorPin)
                sensorPrev = True
        elif sensorPrev == True:
            print(sensorName + " deactivated")
            IOT.send("false", sensorPin)
            sensorPrev = False
        sleep(.3)

    except IOError:
        print ""
```

[그림 4-4-13] 수정 후의 프로그램

수정된 프로그램을 라즈베리파이의 파이선 쉘 프로그램 에디터에서 불러들인 후 실행하자. 실행 후에 다시 스마트리빙 웹페이지에서 버튼과 다이오드의 값을 읽고 쓸 수 있다. 스마트리빙에서 사용하는 사물장비는 키트의 형태로 판매되고 있으니 구입해서 사용하면 쉽게 사물인터넷을 구현하고 학습할 수 있다.

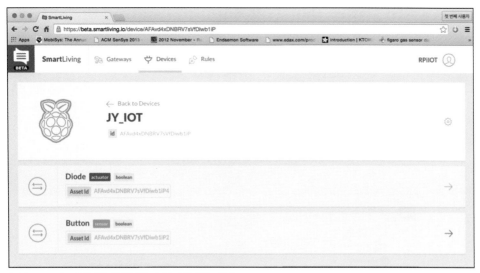

[그림 4-4-14] 스마트리빙 사물인터넷 서비스가 동작하는 화면

자 여기까지 두 가지 사물인터넷 플렛폼을 알아보았다. 정리해보면 스마트리빙 플렛폼은 심플하게 사물인터넷 관련 기능을 구현하고 테스트하기 좋은 개인용 사물인터넷 서비스 플렛폼이며, IBM Bluemix는 좀 더 다양하고 통합된 서비스를 제공한다. 그럼 다음 Chapter에서 사물인터넷 전용으로 개발되었으며 비즈니스 용으로도 적합한 사물인터넷 플렛폼인 Xively에 대해서 알아보자.

생각해 보기

1. Smart Living 사물인터넷 서비스 플렛폼에서 라즈베리파이 2로부터 초기에 어떤 정보를 받아 들이는가?
2. Smart Living에 연결 가능한 장치들은 어떤 것들이 있으며 각 장치의 특징은 무엇인가?

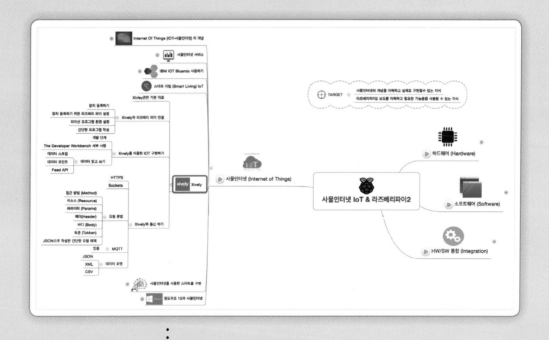

Xively는 여러 가지 IoT 플렛폼들 중에 가장 오래된 서비스 중 하나이다. 현재 개인용 플렛폼을 제공하지는 않지만 다양한 기능을 가진 좋은 플렛폼임은 분명하다. 비즈니스용으로 전환되기 전에 만들어 놓은 계정이 있다면 Xively personal 웹페이지에서 기능들을 체크해 볼 수 있다. 일단 다음의 인터넷 주소를 통해서 해당 웹페이지에 접속해보자.

https://xively.com/

LESSON 01 Xivley 관련 기본 자료

해당 주소로 접속하면 [그림 4-5-1]과 같은 화면을 볼 수 있다. 화면 상단에 보이는 메뉴 중에 'Developer Center' 메뉴를 클릭하면 IoT를 구현하기 위해 필요한 다양한 문서들과 필요한 리소스들이 제공된다. 라즈 베리파이 연결 외에 다른 장치 연결에 관심이 있다면 따로 공부해보는 것도 좋겠다.

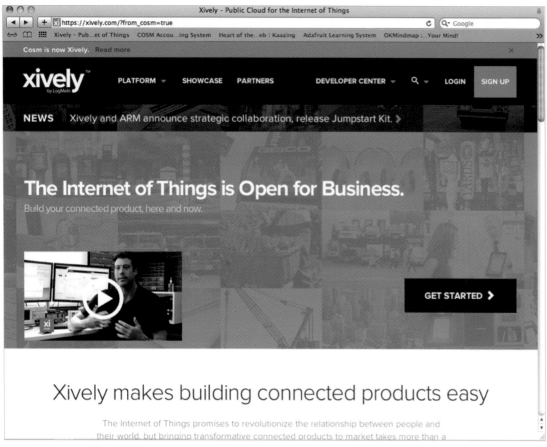

[그림 4-5-1] Xively 웹페이지 접속 화면

LESSON 02 Xively와 라즈베리파이 연결

2-1 장치 등록하기

Xively 웹 페이지에서 라즈베리파이와의 연결을 위해서 몇 가지 준비해야 될 과정이 있다. 첫 번째로 해야 할 일은 장치를 추가해 주어야 한다. 우선 'Username'과 'Password'를 이용해 로그인을 하자 그러면 화면 상단에 Develop라는 버튼이 보일 것이다. 이 버튼을 클릭하면 [그림 4-5-4]와 같은 화면을 볼 수 있다. "+ Add Device" 버튼이 크게 되어 있으며 아래쪽에는 각 장치들을 연결하기 위한 간단한 설명을 제공하고 있으니 다른 장치 연결에 관심 있는 분들은 한 번쯤 시도해 봐도 좋겠다. "+ Add Device" 버튼을 클릭하면 [그림 4-5-3]와 같은 화면이 나온다.

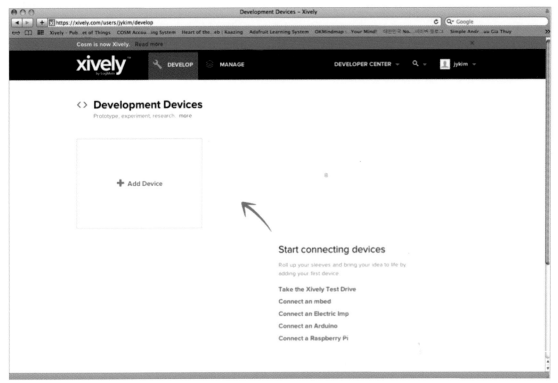

[그림 4-5-2] 장치 추가 화면

장치 추가 화면에서는 간단히 장치의 이름과 Privacy에 관한 옵션을 체크해주면 된다. 장치를 본인만 사용할 것이라면 'Private'를 여러 사용자가 사용하길 원하면 'Public'을 선택해주고 사용자가 원하는 이름을 부여한 후에 파란색 'Add Device' 버튼을 눌러주면 된다. 필자는 장치 이름 'Device Name'을 'SmartHomeRaspberryPi'로 입력하였고, 'Private Device'로 선택하였다. 기본적인 동작을 테스트하는데 Privacy는 크게 영향을 주지 않으니 Public으로 테스트해도 무리는 없겠다.

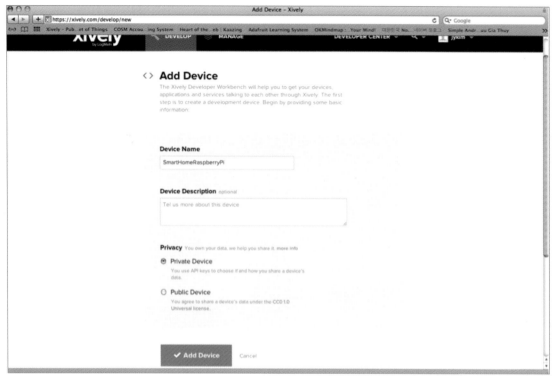

[그림 4-5-3] 장치 추가 세부 화면

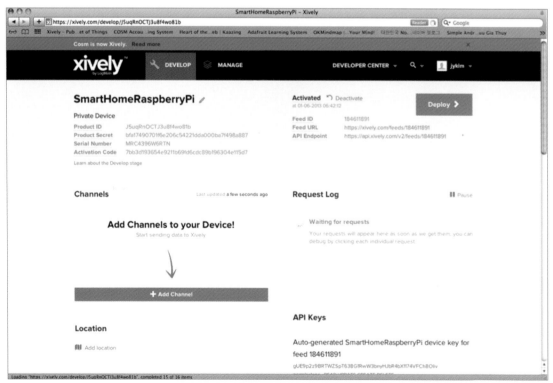

[그림 4-5-4] 장치 추가 결과 화면

장치 추가를 완료하였다면 [그림 4-5-4]과 같은 화면을 보게 될 것이다. 여기서 주목할 것은 Activation Code와 Feed ID 값이다. 차 후에 라즈베리파이에서 프로그램을 실행시킬 때 두 값을 이용해서 Xively 클라우드 서비스에 접속한다. 아래의 값들은 필자가 장치를 등록하고 얻은 값들을 따로 저장해 놓은 값이다.

```
 1  API Keys
 2  Auto-generated SmartHomeRaspberryPi device key for feed 184611891
 3  gUE9p2z9BRTWZSpT638G1RwW3bnyHJbR4bX1174VFCh8OIiv
 4  permissions READ,UPDATE,CREATE,DELETE
 5
 6
 7  SmartHomeRaspberryPi Edit
 8  Private Device
 9  Product ID
10  J5uqRnOCTJ3u8f4wo81b
11  Product Secret
12  bfa17490701f6e206c54221dda000ba7f498a887
13  Serial Number
14  MRC4396W6RTN
15  Activation Code
16  7bb3d193654e9211b69fd6cdc89b196304e115d7
17  Learn about the Develop stage
18  Deploy
19  Activated Deactivate
20  at 01-06-2013 06:42:12
21  Feed ID
22  184611891
23  Feed URL
24  https://xively.com/feeds/184611891
25  API Endpoint
26  https://api.xively.com/v2/feeds/184611891
```

2-2 장치 등록하기 위한 라즈베리파이 설정

Xively에 장치를 등록하였다면 이제 라즈베리파이에서 데이터를 연결하기 위한 네트워크 관련 환경 설정을 하여야 한다. 다음의 커맨드 라인에서 'sudo raspi-config'를 입력한 후에 엔터키를 입력하면 [그림 4-5-5] 과 같은 시스템 환경 설정 화면을 볼 수 있다.

```
pi@raspberrypi ~ $ sudo raspi-config
```

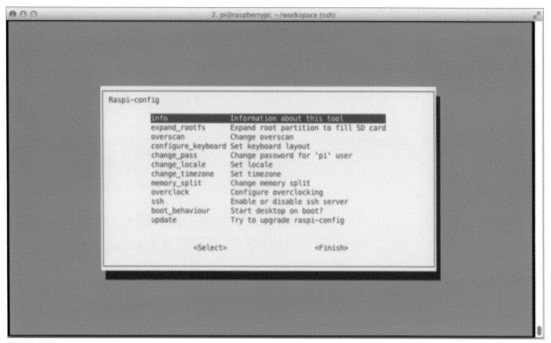

[그림 4-5-5] 라즈베리파이 환경 설정 화면

'expand_rootfs'을 선택하고 'yes'를 선택한 후에 재부팅을 한다.

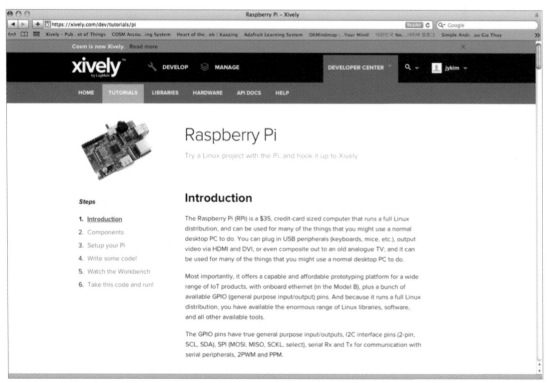

[그림 4-5-6] Xively 웹 페이지에 라즈베리파이 관련 튜토리얼

2-3 파이선 프로그램 환경 설정

이제 라즈베리파이에서 네트워크로 특정 값을 Xively로 전송할 수 있는 데모 프로그램을 파이선 프로그래밍 언어를 이용해서 작성해 보겠다. 일단 라즈베리파이에 로그인한 후에 몇 가지 시스템 패키지들을 설치하여야 한다. 우선 아래의 명령어들을 사용하여 시스템 소프트웨어를 업데이트하자.

[명령어 4-5-1]

```
1   $ sudo apt-get update
2   $ sudo apt-get upgrade
```

라즈베리파이는 기본적으로 적절한 버전의 파이선 프로그램이 설치되어 있다. 여기에 추가적으로 Git 버전 제어 시스템을 설치하여야 한다. 라즈베리파이에서 Git 시스템은 다음의 명령어를 통해서 간단히 설치할 수 있다.

[명령어 4-5-2]

```
$ sudo apt-get install git
```

다음으로 몇 가지 시스템 레벨의 패키지들을 인스톨하여야 한다. 해당 인스톨은 다음의 세 가지 명령어를 통해서 역시 쉽게 인스톨할 수 있다.

[명령어 4-5-3]

```
1   $ sudo apt-get install python-setuptools
2
3   $ sudo easy_install pip
4
5   $ sudo pip install virtualenv
```

자 이제 필요한 패키지들이 설치가 되었으므로 간단한 애플리케이션을 만들어 보자. 여기서 설치할 모든 것들은 virtualenv 내부에 설치할 것이다. 만약 여러분들이 virtualenv에 익숙하지 않다고 하더라도 지금 당장 Xively에 데이터를 출력하기 위해 virtualenv에 대해서 자세히 알 필요는 없다. 지금은 간단히 우리가 설치하는 것들이 전체 시스템에 영향을 주지 않고 독립적으로 동작하게 한다는 것만 알아두면 되겠다.

자 우선 새로 디렉토리를 하나 만들어 보고 그 디렉토리로 들어가 보자.

[명령어 4-5-4]

```
1   $ mkdir xively_tutorial
2
3   $ cd xively_tutorial
```

'xively_tutorial'에 들어간 상태에서 새로운 'virtualenv'를 다음의 명령어를 사용하면 생성이 가능하다.

[명령어 4-5-5]

```
$ virtualenv .envs/venv
```

이 명령어를 통하여 하나의 독립된 파이선 환경이 .env/venv 폴더에 생성이 된다. 그럼 본격적으로 시작하기 전에 우리는 사용하고자 하는 현재의 쉘을 활성화해주어야 한다.

[명령어 4-5-6]

```
$ source .envs/venv/bin/activate
```

이 시점에서 Xively 파이선 라이브러리를 'virtualenv'에 설치하면 된다. 설치 명령어는 다음과 같다.

[명령어 4-5-7]

```
$ sudo pip install xively-python
```

이 명령어를 실행 시켜 줌으로서 Xively 라이브러리를 확인할 수 있다. 자 여기까지 오류 없이 성공하였다면 라즈베리파이 내의 환경 설정은 거의 마쳤다고 볼 수 있다.

2-4 간단한 프로그램 작성

라즈비언 운영체제에서 터미널 창을 하나 열고 명령어 창에 'sudo idle'을 입력한다. 그러면 파이선 쉘 프로그램인 'idle'이 하나 열리게 될 것이다. 프로그램을 작성하기 위해서 에디터 창을 하나 열어보자. 'idle' 프로그램의 메뉴에서 'new'를 클릭하여 프로그램 에디터를 하나 열고 아래의 프로그램을 작성하고 'xively_test.py' 라는 이름으로 저장하자.

[프로그램 코드 4-5-1] RPi2_xively_test.py

```
1   #!/usr/bin/env python
2
3   import os
4   import xively
5   import subprocess
6   import time
7   import datetime
```

```
8   import requests
9
10  #  환경 변수들로 부터 feed_id 와 api_key 받아 온다.
11  FEED_ID = os.environ["FEED_ID"]
12  API_KEY = os.environ["API_KEY"]
13  DEBUG = os.environ["DEBUG"] or false
14
15  # api 클라이언트 초기화 하기
16  api = xively.XivelyAPIClient(API_KEY)
17
18  # 1분간의 load average 값을 읽어 들이기
19  def read_loadavg():
20   if DEBUG:
21     print "Reading load average"
22  return subprocess.check_output(["awk '{print $1}' /proc/loadavg"], shell=True)
23
24  # 데이터 스트림 객체로 돌아가는 함수이며 여기서 새로운 데이터 스트림을
25  # 만들거나, 또는 기존의 데이터 스트림이 존재하면 기존것을 사용한다.
26  def get_datastream(feed):
27   try:
28     datastream = feed.datastreams.get("load_avg")
29     if DEBUG:
30       print "Found existing datastream"
31     return datastream
32   except:
33     if DEBUG:
34       print "Creating new datastream"
35     datastream = feed.datastreams.create("load_avg", tags="load_01")
36     return datastream
37
38  # 메인 프로그램 실행 지점: 데이터 스트림을 계속적으로 업데이트 해준다.
39  def run():
40   print "Starting Xively tutorial script"
41
42   feed = api.feeds.get(FEED_ID)
43
44   datastream = get_datastream(feed)
45   datastream.max_value = None
```

```
46  datastream.min_value = None
47
48  while True:
49    load_avg = read_loadavg()
50
51    if DEBUG:
52      print "Updating Xively feed with value: %s" % load_avg
53
54    datastream.current_value = load_avg
55    datastream.at = datetime.datetime.utcnow()
56    try:
57      datastream.update()
58    except requests.HTTPError as e:
59      print "HTTPError({0}): {1}".format(e.errno, e.strerror)
60
61    time.sleep(30)
62
63  run()
```

위의 프로그램을 작성하고 'xively_test.py'라는 이름으로 저장하였다면, 이제 프로그램을 실행하여 보자. Xively관련 프로그램은 앞에서 배운 파이선 프로그램들과는 달리 실행 시에 몇 가지 값들을 함께 넣어주어야 한다.

앞에서 보여진 프로그램 실행을 요약하면:

- Feed ID 와 API key를 환경 변수로서 프로그램에 전달한다.
- 디버그 환경 변수를 프로그램에 전달한다.

위의 세 변수를 전달하기 위해 다음의 명령어를 화면에 입력하고 [ENTER]키를 치면 된다.

[명령어 4-5-8]

```
$    FEED_ID=12345    API_KEY=9MzbRooFNPJIy3zxVNRPUPll4JGSAKxsMmg4STZHbzNKTT0g
DEBUG=true python xively_test.py
```

만약 모든 명령어가 오류 없이 입력되었다면 디버깅 메세지가 출력이 되면서 Xively 웹 페이지에 'Current Load' 값이 30초마다 업데이트 될 것이다. 자 이제 라즈베리파이에서 환경 설정과 프로그램 작성 및 실행을 다 하였으므로 'Xively_test.py' 프로그램을 동작 시키는데 있어서 라즈베리파이를 건드릴 일은 없다.

2-5 Xively 웹 페이지에서 데이터 확인 하기

장치를 등록할 때 방문했던 화면으로 돌아가보자. 만약 등록한 후에 웹 브라우저를 닫았다면 다시 'Xively.com'에 접속하여 로그인 후에 왼쪽 위쪽에 있는 [DEVELOP] 버튼을 클릭하자.

[그림 4-5-7] Xively 기본 메뉴

그러면 조금 전에 생성하였던 'SmartHomeRaspberryPi' 장치에 대한 정보와 환경 변수들을 볼 수 있다.

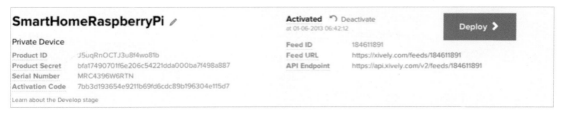

[그림 4-5-8] 장치에 대한 정보

파이선 프로그램이 실행되고 있는 상태에서 'Request Log' 부분을 잘 체크해 보면 라즈베리파이로부터 들어오고 있는 데이터 스트림 값들을 확인할 수 있다. 프로그램에 설정되어 있는 주기는 30초이므로 화면을 잘 보고 있으면 30초마다 새로운 로그 데이터가 들어오는 것을 실시간으로 확인할 수 있다.

Request Log		❚❚ Pause
200 PUT channel load_avg		06:53:01 -0400
200 PUT channel load_avg		06:52:51 -0400
200 PUT channel load_avg		06:52:41 -0400
200 PUT channel load_avg		06:52:30 -0400
200 PUT channel load_avg		06:52:20 -0400

[그림 4-5-11] Xivley 플렛폼 요청 기록

로그 데이터들이 잘 들어 오는지 확인하였다면 이제 'Channels'로 가서 데이터 값이 업데이트 되는지 확인해 보자. 아래 그림에서 'load_avg'가 라즈베리파이가 보내고 있는 값이다.

Channels	Last updated **a minute ago**
load_avg	**0.46**

[그림 4-5-10] 라즈베리파이가 보낸 값

값이 변하는 걸 확인하였다면 'load_avg'를 마우스로 클릭하면 값들의 모음을 [그림 4-5-13]과 같이 그래프로 확인할 수 있다.

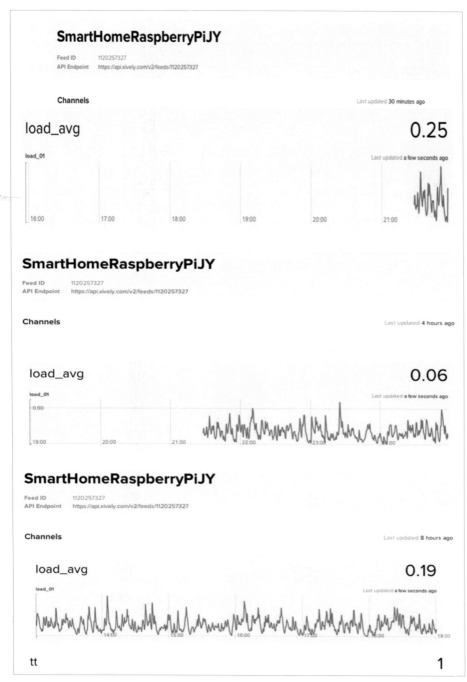

[그림 4-5-11] Xively 웹 페이지에 라즈베리파이의 'load_avg'의 그래프 값

참고자료 : https://xively.com/dev/tutorials/pi/

LESSON 03 Xively를 이용한 IOT 구현하기

이제 IOT 서비스인 Xively에 대해서 자세히 알아보자.

3-1 개발 단계

개발 단계에서는 장치를 생성하고 이름을 부여한다. 그러면 Xively에서 자동으로 'Feed ID' 와 'API Key'를 생성해 준다.

Feed ID : 장치를 위해 정의된 채널들의 집합체라고 생각하면 된다. 여기에는 메타데이터, 즉 위치 정보, 장치가 물리적으로 존재하는지 아니면 가상에 존재하는지에 대한 정보, 실내에 있는지 실외에 있는지 등등의 정보를 포함한다.

API Key : Xively 리소스에 액세스하기 위한 권한의 레벨을 정의하는 것이다. 이 권한은 읽기, 업데이트, 생성, 지우기 등등의 동작을 포함한다. 사용자가 정의하기에 따라 더 세부적인 액세스 권한을 설정할 수 있다.

앞서 본 예제에서처럼 장치에 연결하기 위해서는 Feed ID 와 API Key 코드에 포함되어 있어야 한다. 이는 양방향 통신을 하기 위해서 필요한 요소이다. 앱이나 웹 프로그램에 통신이 가능한 기능을 추가할 수 있으며 필요한 라이브러리나 설명서는 아래의 링크를 통해서 쉽게 얻을 수 있다.

https://xively.com/dev/libraries/

https://xively.com/dev/tutorials/

'Developer Workbench'를 이용하면 실시간으로 채널의 값을 확인할 수 있으며, 요청 로그 값과 실제 HTTP 요청을 확인할 수 있다.

3-2 The Developer Workbench 세부 사항

라즈베리파이 같은 장치들이 등록 되면 각 장치마다 개발자 화면이 만들어 진다. 이 개발자 화면에는 채널, 위치 정보, 데이터 인식, 요청 로그 등등의 정보들을 확인할 수 있다.

채널 정보(Channels) 장치에 적어도 하나의 채널을 할당할 수 있으며, 이 채널을 이용해서 xively 와 인가된 장치가 데이터 포인트를 교환함으로서 양방향으로 통신이 가능하다. 각 데이터 스트림은 세부적인 특성과 데이터와 관련된 각종 정보를 제공한다.

위치 정보(Locations) 개발자 화면에서 장치의 위치를 사용자가 직접 설정할 수 있으며, 장치에서도 직접 위치 정보를 API를 사용해서 보낼 수 있다.

신호 발생 알림 (Triggers) 'trigger'는 채널에 특정 조건을 정해주고 그 조건보다 더 크거나 작은 값이 발생했을 때 자동으로 이벤트 또는 알림 (notification)을 발생시키는 서비스이다.

3-3 데이터 읽고 쓰기

데이터를 읽고 쓰는 것은 Xively 클라우드 서비스에서 Xively API의 핵심 기능이라 할 수 있다. Xively 에 연결된 장치, 응용 프로그램, 그리고 서비스 등이 데이터를 읽고 쓸 수 있게 해준다. 우리가 사용할 수 있는 리소스는 다음의 세 가지가 있다.

- Datastreams
- Datapoints
- Feeds

Xively에서는 Feed ID를 사용하기를 강력히 추천하고 있다. 다음 [그림 4-5-12]는 Xively 데이터의 계층적 구조를 나타낸다. 그림에서 보듯이 장치에 메타 데이터를 가까이서 주고 받을 수 있는 것은 Feed이며 Feed 아래에 Data Stream이 있음을 알 수 있다.

처음 장치가 생성되면 Xively가 생성한 임시 등록을 위한 시리얼 넘버가 만들어진다. 그리고 개발이 완료되면 'activate'를 통해서 장치가 활성화 되게 된다.

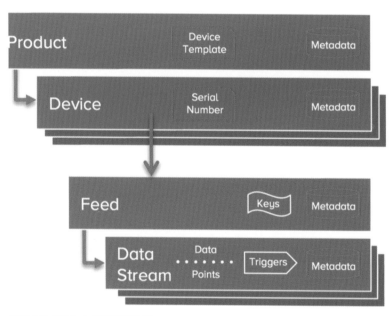

[그림 4-5-12] Xively의 데이터 계층 구조

a. 데이터 스트림

데이터 스트림 (datastream)은 Xively 플랫폼과 인가된 장치나 어플리케이션 간에 양방향 데이터 교환이 가능하게 해주는 통신 채널이다. 처음 장치가 등록되면 몇몇 기본적인 통신을 위한 데이터 스트림이 자동으로 생성된다. 이렇게 생성된 데이터 스트림은 장치가 생성된 후 자유롭게 추가하거나 지울 수 있다

b. 데이터 포인트

데이터 포인트 (Datapoint)는 특정 시점에서의 하나의 데이터 스트림 값을 의미하며, 시간 정보와 값으로 구성되는 간단한 데이터 단위이다.

c. Feed API

'Feed API'는 Xively와 통신하기 가장 편하고 많이 추천되는 방식이다. Feed API는 하나 이상의 데이터 스트림을 생성할 수 있으며 여러 개의 데이터 포인트들을 동시에 만들 수 있다. 게다가 메타 데이터와 현재 값은 읽기 쉬우며 지나간 데이터도 쉽게 읽어 들일 수 있는 장점이 있다.

LESSON 04 Xively와 통신하기

Xively가 제공하는 IOT 서비스를 좀 더 능동적으로 이용하려면 라즈베리파이와 Xively에 설정된 IOT 서비스와의 통신이 필요하다. Xively는 IPv4 또는 IPv6 등을 통하여 다양한 통신 프로토콜을 사용한 통신이 가능하다. 기본적으로 다음의 세 가지 형태가 있다.
- HTTPS and HTTP
- Sockets/Websocket
- MQTT

4-1 HTTPS

Hypertext Transfer Protocol Secure (HTTPS)는 인터넷에서 보안이 강화된 통신을 만들기 위해 사용되는 프로토콜이며 Xively에서 일반 HTTP가 아닌 HTTPS를 사용하는 것이 좋다. Xively는 다수의 임베디드 타입의 장치가 인터넷에 연결되어 있기 때문에 중간자 공격, 즉 악의적 사용자가 네트워크에 침입하여 데이터 스트림을 공격 또는 변경하여 장치에 악영향을 주는 것을 막을 수 있다.

4-2 Sockets

소켓(Socket)은 하나의 TCP 연결에서 full-duplex 통신 채널을 제공한다. Xively 소켓 서버는 채팅과 같은 짧은 대화가 많은 통신을 쉽게 해주기 위해 디자인되었다. 소켓 서버는 클라이언트들이 실시간 푸쉬 알림을 만들 수 있게 구체적인 방법을 포함하고 있다. 제공된 소켓 서버는 특성상 연결이 자주 끊길 수 있으니 프로그램을 만들 때 자동으로 재 접속을 시도하는 부분을 추가해 주면 좋다.

소켓 서버 요청에는 HTTP 방법, Subscribe, Unsubscribe 등의 세 가지 방식이 있으며, 소켓 서버는 [표 4-5-1]과 같이 두 가지 타입의 연결 방식을 지원한다.

[표 4-5-1]

Connection Type	Server	Port
Websocket	api.xively.com	8080
TCP Socket	api.xively.com	8081

자 이제 통신에 필요한 구체적인 프로토콜을 알아보자. 우선 요청과 관련된 구문을 알아보자.

4-3 요청 문법

Xively에 원하는 동작에 대한 요청을 하려면 정해진 문법에 따라 값들을 입력하여야 한다. 기본적으로 필요한 요소는 접근 방법 (Method), 리소스 (Resource), 파라미터 (Params), 헤더(Header), 바디 (Body), 토큰 (Tokken) 등이 있다.

a. 접근 방법 (Method)

표준 HTTP는 요청의 방법으로 get, put, post, delete를 사용하며, 소켓 서버의 확장 HTTP는 'subscribe' , 'unsubscribe'를 사용한다. 아래 코드는 우리가 접근하고 싶은 대상 리소스를 적은 것이다. 예를 들어, 'GET' 요청을 하고 싶다면 다음과 같이 입력하면 된다.

```
"method" : "get"
```

'SUBSCRIBE' 요청을 하고 싶다면 다음과 같이 입력하면 된다.

```
"method" : "subscribe"
```

b. 리소스 (Resource)

접근하고자 하는 리소스는 '/' 기호로 시작하여 필요한 명령어를 적어주면 된다. 표준 HTTP를 사용하여 'Feed 504' 리소스를 사용하려면 다음과 같이 입력하면 된다.

```
"resource" : "/feeds/504"
```

확장 HTTP를 사용하여 'Feed 504'에 'DataStream 0'를 사용하려면 다음과 같이 입력하면 된다.

```
"resource" : "/feeds/504/datastreams/0"
```

c. 파라미터 (Params)

Xively의 동작에 대한 설정을 하려면 파라미터를 추가해 주어야 한다. 파라미터는 다음과 같이 추가한다.

```
1  "params" :
2  {
3    "duration" : "2hours",
4    "interval" : "6"
5  }
```

d. 헤더(Header)

헤더를 통해서 장치를 등록할 때 받은 API 키를 전송한다.

```
1  {
2    "X-ApiKey" : "YOUR_API_KEY"
3  }
```

e. 바디 (Body)

바디 파트에 데이터 스트림에 대한 ID와 값들을 입력하면 된다. 다음의 포맷을 참조하자.

```
1  {
2    "version" : "1.0.0",
3    "datastreams" : [
4      {
5      "id" : "streamId1",
6      "current_value" : "value1"
7      },
8      {
9      "id" : "streamId2",
10     "current_value" : "value2"
11     }
12   ]
13  }
```

f. 토큰 (Tokken)

토큰은 클라이언트에 의해서 임의로 만들어진 문자열이다. 이는 반드시 필요한 것은 아니지만 서버에서 보내는 데이터가 항상 순서에 맞게 도착하는 것이 아니기 때문에 서버에서 데이터를 받았다는 응답에 대해서 일종의 표시라고 보면 된다. 사용법은 다음과 같다.

임의로 증가하는 값이나 콜백 포인터 값을 사용할 경우

```
1  "token" : "123"
2  "token" : "0xabc456"
```

g. JSON으로 작성한 간단한 요청 예제

JSON의 간단한 요청은 다음과 같다.

```
1  {
2  "method" : "put",
3  "resource" : "/feeds/504",
4  "params" : {},
5  "headers" : {"X-ApiKey":"abcdef123456"},
6  "body" :
7  {
8    "version" : "1.0.0",
9    "datastreams" : [
10   {
11     "id" : "0",
12     "current_value" : "980"
13   },
14   {
15     "id" : "1",
16     "current_value" : "-261"
17   }
18   ]
19 },
20 "token" : "0x12345"
21 }
22
23 // Response: {
24    "token" : "0x12345",
25    "status" : 200,
26    "resource" : "/feeds/504"
27 }
```

4-4 MQTT

Xively MQTT 브리지는 MQTT가 가능한 플랫폼에서 Xively와 통신을 쉽게 해주는 API를 제공한다. Xively MQTT 브리지는 다른 여러 장치와 완벽하게 분리되어 연결되며, 장치와의 연결은 반드시 Feed 와 데이터 스트림으로 이루어지며 입력 연결은 [표 4-5-2]의 두 가지 방식을 지원한다.

[표 4-5-2] Xively MQTT 입력 방식

Server	Port	SSL
api.xively.com	1883	
api.xively.com	8883	Yes

MQTT는 'Last Will and Testament' 특징을 지원한다. 즉, 만약 장치가 갑작스럽게 연결이 끊어졌을 때 API 요청에 유용할 것이다.

a. 인증

API 키는 인증 절차에 매우 중요한 요소이다. 이미 연결이 이루어져 있는 상황에서도 API 키의 유효성이 체크되어 만약 키가 유효하지 않다면 연결은 바로 거절되게 된다. 예를 들어, 'Feed 504'를 API Key와 함께 보내려면, 'API_KEY/v2/feeds/504.json' 의 형태로 사용되어야 한다.

4-5 데이터 포맷

Xively API는 3가지 데이터 포맷을 지원한다 (JSON, XML, 그리고 CSV). JSON과 XML은 서로 데이터의 표현은 공유할 수 있다. 하지만 CSV은 고유의 데이터 표현을 사용하기 때문에 CSV는 따로 사용하여야 한다. 어떤 포맷을 사용할 지를 데이터에 표현해 주어야 한다. 예를 들어 feed 명령어를 json 포맷으로 사용하려면 다음과 같이 표현하면 된다.

```
/v2/feeds.json
```

'Accept' 헤더를 전달하려면 json의 경우 'Accept: application/json' 로 사용하면 되고 csv의 경우 'Accept: text/csv' 로 표현하여 사용하면 된다.

v2 API에서는 이러한 포맷을 표시하지 않으면 자동적으로 'JSON' 포맷으로 인식하게 된다. 그럼 각 포맷에 대해서 좀 더 상세하게 알아보자.

a. JSON

JSON 데이터 포맷은 부분적으로 자바 스크립트를 사용하여 해석하는 웹 기반 애플리케이션에 적합하다. JSON은 XML에 비해서 비교적 데이터 처리하는데 시간이 적게 걸리며 데이터를 전송하기 위해 사용하는 네트워크 데이터양도 적다. JSON의 구체적인 데이터 포맷은 다음과 같다.

JSON 요청

```
1   {
2    "version":"1.0.0",
3    "datastreams" : [ {
4   "id" : "example",
5    "current_value" : "333"
6    },
7    {
8   "id" : "key",
9   "current_value" : "value"
10   },
11   {
12   "id" : "datastream",
13   "current_value" : "1337"
14     }
15   ]
16  }
```

JSON 응답

```
1   {
2    "id": 121601,
3    "title": "Demo",
4    "private": "false",
5    "feed": "https://api.xively.com/v2/feeds/121601.json",
6    "status": "frozen",
7    "updated": "2013-05-05T07:37:54.582681Z",
8    "created": "2013-03-29T15:50:43.398788Z",
9    "creator": "https://xively.com/users/calumbarnes",
10   "version": "1.0.0",
11   "datastreams": [
12    {
13      "id": "example",
14      "current_value": "333",
15      "at": "2013-05-05T07:37:54.465267Z",
16      "max_value": "333.0",
17      "min_value": "41.0"
18    },
```

```
19  {
20    "id": "key",
21    "current_value": "value",
22    "at": "2013-04-23T00:40:34.032979Z"
23  },
24  {
25    "id": "temp"
26  }
27  ],
28  "location": {
29    "domain": "physical"
30  }
31  }
```

JSON 콜벡 (callback) 파라미터를 추가해주면 JSON 포맷에 대해서만 응답한다. 이는 특히 자바 스크립트를 사용할 때 유용하다. 사용법은 다음과 같다.

```
https://api.xively.com/v2/feeds/504.json?callback=myCallbackFunction
```

b. XML

Xively에서는 eXtensiable Markup Language (XML)에서 확장된 EEML을 사용한다. 이는 이전에 존재하던 시스템과의 통합을 용이하게 해주며 특히 빌딩관리 시스템과의 통합에 좋다. 구체적인 데이터 포맷은 다음과 같다.

요청-XML

```
1   <?xml version="1.0" encoding="UTF-8"?>
2   <eeml>
3    <environment>
4      <data id="example">
5      <current_value>333</current_value>
6    </data>
7      <data id="key">
8      <current_value>value</current_value>
9    </data>
10     <data id="datastream">
11     <current_value>-1337</current_value>
```

```
12   </data>
13  </environment>
14 </eeml>
```

응답-XML

```
1   <?xml version="1.0" encoding="UTF-8"?>
2   <eeml
3    xmlns="http://www.eeml.org/xsd/0.5.1"
4    xmlns:xsi="http://www.w3.org/2001/XMLSchema-instance" version="0.5.1"
    xsi:schemaLocation="http://www.eeml.org/xsd/0.5.1 http://www.eeml.org/
    xsd/0.5.1/0.5.1.xsd">
5    <environment    updated="2013-05-05T07:37:54.582681Z"    created="2013-03-
    29T15:50:43.398788Z" id="121601" creator="https://xively.com/users/calumbarnes">
6     <title>Demo</title>
7     <feed>https://api.xively.com/v2/feeds/121601.xml</feed>
8     <status>frozen</status>
9     <private>false</private>
10    <location domain="physical" exposure="" disposition=""/>
11    <data id="example">
12     <current_value at="2013-05-05T07:37:54.465267Z">333</current_value>
13     <max_value>333.0</max_value>
14     <min_value>41.0</min_value>
15    </data>
16    <data id="key">
17     <current_value at="2013-04-23T00:40:34.032979Z">value</current_value>
18    </data>
19    <data id="temp"/>
20   </environment>
21 </eeml>
```

c. CSV

CSV(Comma Seperated Values)는 가장 간단하게 사용할 수 있는 포맷이다. 각 값들은 콤마(,)로 구분하는 방식이기 때문에 직관적으로 사용하기 좋다. 구체적인 데이터 포맷은 다음과 같다.

요청—XML

```
1   example, 333
2   key, value
3   datastream, 1337
```

응답—CSV

```
1   example,2013-05-05T07:37:54.465267Z,333
2   key,2013-04-23T00:40:34.032979Z,value
3   temp,,""
```

●　●　●　●　●　●

생각해 보기

1. Xively 사물인터넷 서비스 플렛폼을 사용할 때 라즈베리파이 2로부터 데이터를 받아 들이는 주기를 변경하려면 어떻게 하면 될까?

2. Xively 사물인터넷 서비스에서 데이터를 읽고 쓰는데 사용되는 세 가지 기능은 무엇인가?

memo

사물인터넷을 사용한
스마트 홈 구현

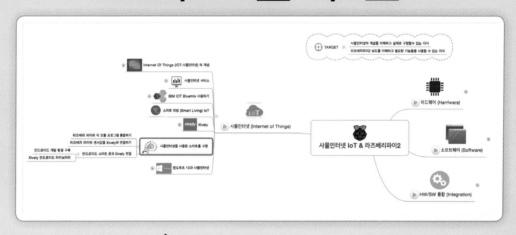

이 Chapter에서는 앞에서 구현한 스마트 홈 모니터링 시스템을 이용해서 측정한 데이터를 일반 사람들이 다양한 스마트 기기를 이용해 정보에 접근하고 정보를 분석하여 의미있는 정보로 제공하는데 필요한 방법에 대해서 다룬다.

LESSON 01 라즈베리파이의 각 모듈 프로그램 통합하기

Part 3에서 구현한 각종 라즈베리파이와 연결된 센서 및 구동 시스템들은 하나로 통합이 가능하다. 라즈베리파이가 기본적으로 입출력 핀의 수가 제한되어 있어서 많은 센서를 동시에 연결하기는 쉽지 않다. 비록 I2C와 SPI 인터페이스를 사용하여 다수의 센서들과 주변 장치들을 연결할 수 있지만, 라즈베리파이의 전원이 공급할 수 있는 장치의 갯수가 한정적인 것은 어쩔 수 없다. 이런 경우 외부의 전원을 따로 사용하거나, 센서 네트워크 모듈을 사용하여 전원이 있는 곳에 센서나 장치들을 원격으로 연결하고 라즈베리파이가 원격에서 데이터를 받을 수 있게 할 수 있다. 2.4GHz 주파수를 사용하는 센서 네트워크용 노드는 다양한 종류가 시중에 판매되고 있다. 여기서는 TI에서 판매되고 있는 eZ430-2500을 이용하여 구현하였지만, UART 기능을 지원하는 노드면 라즈베리파이에 연결이 가능하다.

[그림 4-6-1]은 두 대의 라즈베리파이에 Part 4에서 구현한 각종 센서 및 구동 장치와 직렬 통신 관련 회로 및 센서 네트워크 관련 회로들을 하나로 통합하여 구현한 시스템이다. 비록 이 책에서는 모든 회로를 브레드 보드와 점퍼 선으로 구현하여 복잡해 보일수도 있지만, PCB를 사용하여 하나의 회로에 구현하면 좀 더 깔끔하게 보일 것이다. [그림 4-6-2]의 위쪽 그림은 센서 네트워크의 노드 부분으로 전류 소모량이 많은 두 개의 센서 (MQ-7 관 TGS813)와 온도 습도 센서를 연결하여 브레드 보드에 구현하였다. [그림 4-6-2]의 아랫쪽 그림은 다양한 가스를 측정하여 공기 질을 측정할 수 있는 사물인터넷 보드이다.[1] 이런 방식으로 시스템을 구현하면 라즈베리파이에 다량의 센서 및 구동 시스템을 연결할 수 있어, IOT를 효과적으로 구현할 수 있다. ez420-2500을 이용한 시스템 동작은 C언어로 구현한 것으로 이 책의 주제에서 벗어나는 영역이므로 따로 설명하지 않겠다.

그 외에 통합 시스템에서 구현된 시스템들은 GPS와 무선 인터넷 부분을 제외하면 Part 3에서 다 구현해 보았던 것이다. 이전 프로그램들은 전부 모듈 단위로 프로그램이 가능함으로 앞 Chapter 들을 착실히 공부하였다면 구현하는데는 문제 없을 것이다. Chapter 6에서는 이렇게 구현하였던 장치를 어떻게 클라우드 IOT 서비스인 Xivley에 연결하는 것인지를 알아볼 것이다.

[그림 4-6-1] 스마트 홈 무선 센서 네트워크 시스템

---

1) Kim, J. Y., Chu, C. H., & Shin, S. M. (2014). ISSAQ: An Integrated Sensing Systems for Real-Time Indoor Air Quality Monitoring. Sensors Journal, IEEE,14 (12), 4230-4244.

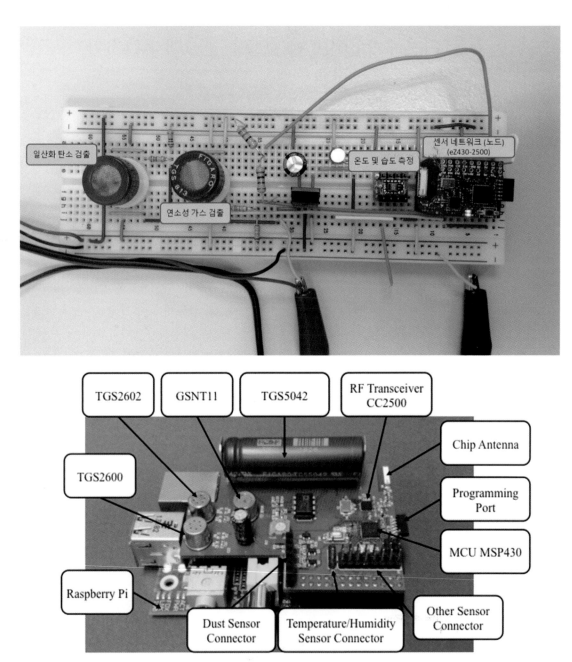

[그림 4-6-2] 스마트홈 무선 센서 네트워크 노드 (일산화 탄소, 연소성 가스, 온도 및 습도 측정을 위한 센서 노드 시스템) 와 라즈베리파이에 연결된 무선 센서 네트워크 노드

LESSON 02 라즈베리파이의 센서 값을 Xively와 연결하기

이제 라즈베리파이에서 구현한 온도 센서 값을 Xively를 통해서 인터넷에서 확인하여 보자. 우선 라즈베리파이에서 다음의 코드를 실행하여야 한다. 앞서 Part 4 Chapter 5에서 구현한 Xivley 연결 프로그램에 온도 센서 프로그램을 통합하여 구현해 볼 것이다. 우선 Xively 기능을 라즈베리파이에서 사용할 수 있게 환경 설정을 해보자.

라즈베리파이에서 네트워크로 특정 값을 Xively로 전송할 수 있는 데모 프로그램을 파이선 프로그래밍 언어를 이용해서 작성해 보겠다. 일단 라즈베리파이에 로그인한 후에 몇 가지 시스템 패키지들을 설치하여야 한다. 우선 아래의 명령어들을 사용하여 시스템 소프트웨어를 업데이트하자.

[명령어 4-6-1]

```
1   $ sudo apt-get update
2   $ sudo apt-get upgrade
```

라즈비언 운영체제는 기본적으로 적절한 버전의 파이선 프로그램이 설치되어 있다. 여기에 추가적으로 Git 버전 제어 시스템을 설치하여야 한다. 라즈베리파이에서 Git 시스템은 다음의 명령어를 통해서 간단히 설치할 수 있다.

[명령어 4-6-2]

```
$ sudo apt-get install git
```

다음으로 몇 가지 시스템 레벨의 패키지들을 인스톨하여야 한다. 해당 인스톨은 다음의 세 가지 명령어를 통해서 역시 쉽게 인스톨할 수 있다.

[명령어 4-6-3]

```
1   $ sudo apt-get install python-setuptools
2
3   $ sudo easy_install pip
4
5   $ sudo pip install virtualenv
```

자 이제 필요한 패키지들이 설치가 되었으므로 간단한 애플리케이션을 만들어 보자. 여기서 설치할 모든 것들은 virtualenv 내부에 설치할 것이다. 만약 여러분들이 virtualenv에 익숙하지 않다고 하더라도 지금 당장 Xively에 데이터를 출력하기 위해 virtualenv에 대해서 자세히 알 필요는 없다. 지금은 간단히 우리가 설치하는 것들이 전체 시스템에 영향을 주지 않고 독립적으로 동작하게 한다는 것만 알아두면 되겠다.

자 우선 새로 디렉토리를 하나 만들어 보고 그 디렉토리로 들어가 보자.

[명령어 4-6-4]

```
1   $ mkdir xively_tutorial
2
3   $ cd xively_tutorial
```

'xively_tutorial'에 들어간 상태에서 새로운 'virtualenv'를 다음의 명령어를 사용하면 생성 가능하다.

[명령어 4-6-5]

```
$ virtualenv .envs/venv
```

이 명령어를 통하여 하나의 독립된 파이선 환경이 .env/venv 폴더에 생성된다. 그럼 본격적으로 시작하기 전에 우리는 사용하고자 하는 현재의 쉘을 활성화해주어야 한다.

[명령어 4-6-6]

```
$ source .envs/venv/bin/activate
```

이 시점에서 Xively 파이선 라이브러리를 'virtualenv' 에 설치하면 된다. 설치 명령어는 다음과 같다. 여기서는 앞에서와 다르게 sudo 명령어를 사용한다. 그 이유는 GPIO 라이브러리를 사용하여야 하기 때문에 xively-python은 관리자 실행 시에 설치하여야 한다. 그렇지 않으면 프로그램 코드를 실행 시에 에러가 발생하니 주의하기 바란다.

[명령어 4-6-7]

```
$ sudo pip install xively-python
```

이 명령어를 실행시켜 줌으로서 Xively 라이브러리를 확인할 수 있다. 자 여기까지 오류 없이 성공하였다면 라즈베리파이 내의 환경 설정은 거의 마쳤다고 볼 수 있다.

[프로그램 코드 4-6-1] RPi2_xively_GPIO.py

```
1    import RPi.GPIO as GPIO
2    import os
3    import xively
4    import subprocess
5    import time
6    import datetime
7    import requests
8    import smbus
9
10   from time import sleep
11
12   sValue = 0.1
13   addrDS1621 = 0x90 >> 1
14
15   bus = smbus.SMBus(1)
16   bus.write_byte_data(addrDS1621,0xAC,0x3) #Access Config Command
17
18   bus.write_byte(addrDS1621, 0xEE)
19   sleep(3)
20   tmp = bus.read_i2c_block_data(addrDS1621, 0xAA)
21
22
23   # FEED_ID=184611891 API_KEY=gUE9p2z9BRTWZSpT638G1RwW3bnyHJbR4bX1174VFCh8OI
iv DEBUG=true pythonxively_tutorial.py
24   # extract feed_id and api_key from environment variables
25   FEED_ID = os.environ["FEED_ID"]
26   API_KEY = os.environ["API_KEY"]
27   DEBUG = os.environ["DEBUG"] or false
28
29   # initialize api client
30   api = xively.XivelyAPIClient(API_KEY)
31
32   print "Raspberry Pi"
33   GPIO.setmode(GPIO.BOARD)
```

```python
34   GPIO.setmode(GPIO.BCM)
35   GPIO.setup(17,GPIO.OUT)
36   print "GPIO Setting Complete"
37   GPIO.output(17,True)
38
39   # function to read 1 minute load average from system uptime command
40   def read_loadavg():
41     if DEBUG:
42        print "Reading load average"
43        bus.write_byte(addrDS1621, 0xA8)
44        counter = float(bus.read_byte(addrDS1621))
45        bus.write_byte(addrDS1621, 0xA9)
46        slope = float(bus.read_byte(addrDS1621))
47        temp = float(tmp[0])-0.25 + (slope - counter) /slope
48        sValue = temp
49        print(sValue)
50     return subprocess.check_output(["awk '{print $1}' /proc/loadavg"], shell=True)
51
52   # function to return a datastream object. This either creates a new datastream,
53   # or returns an existing one
54   def get_datastream(feed):
55     try:
56        datastream = feed.datastreams.get("load_avg")
57        if DEBUG:
58           print "Found existing datastream"
59        return datastream
60     except:
61        if DEBUG:
62           print "Creating new datastream"
63        datastream = feed.datastreams.create("load_avg", tags="load_01")
64        return datastream
65
66   # main program entry point - runs continuously updating our datastream with the
67   # current 1 minute Load average
68
69   def temp_sen():
70     sValue = 0.1
71     addrDS1621 = 0x90 >> 1
```

```
72
73      bus = smbus.SMBus(1)
74      bus.write_byte_data(addrDS1621,0xAC,0x3) #Access Config Command
75
76      bus.write_byte(addrDS1621, 0xEE)
77      sleep(3)
78      tmp = bus.read_i2c_block_data(addrDS1621, 0xAA)
79      bus.write_byte(addrDS1621, 0xA8)
80      counter = float(bus.read_byte(addrDS1621))
81      bus.write_byte(addrDS1621, 0xA9)
82      slope = float(bus.read_byte(addrDS1621))
83      temp = float(tmp[0])-0.25 + (slope - counter) /slope
84      return temp
85
86   def run():
87      print "Starting Xively tutorial script"
88
89      feed = api.feeds.get(FEED_ID)
90      datastream = get_datastream(feed)
91
92      datastream.max_value = None
93      datastream.min_value = None
94
95      sValue = temp_sen()
96
97      datastream.currnt_value = sValue
98      while True:
99          load_avg = read_loadavg()
100
101
102         if DEBUG:
103             print "Updating Cively feed with value: %s" % load_avg
104
105         sValue = temp_sen()
106         datastream.current_value = sValue
107         datastream.at = datetime.datetime.utcnow()
108
109
```

```
110  try:
111          datastream.update()
112      except requests.HTTPError as e:
113          print "HTTPError({0}): {1}".format(e.errno, e.strerror)
114
115      time.sleep(15)
116
117  run()
```

코드의 입력을 마쳤다면 다음의 명령어를 실행하면 된다. API키와 FEED_ID는 등록한 장치마다 다르므로 동작이 안된다면 올바른 정보를 입력하였는지 확인하자.

```
$    FEED_ID=12345    API_KEY=9MzbRooFNPJIy3zxVNRPUPll4JGSAKxsMmg4STZHbzNKTT0g
DEBUG=true python xively_test.py
```

이제 Xively로 온도 센서 값이 전달되고 있는 상태이다. 이제 Xively의 개발자 화면에서 값이 제대로 들어오고 있는지 확인해 보자. 값은 실시간으로 업데이트되고 있으니 [그림 4-6-3]의 'Request Log'에 값이 업데이트될 때마다 로그 데이터가 보일 것이다. 그리고 왼쪽의 채널에 온도 센서 값이 바뀌는 것을 확인할 수 있다.

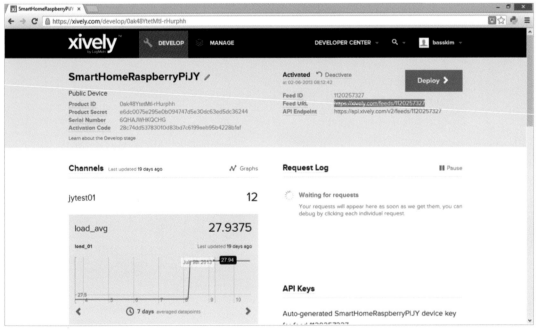

[그림 4-6-3] Xively 개발자 화면

[그림 4-6-3]은 Xively 웹 페이지에서 로그인한 후에 확인한 것이다. 이렇게 업데이트된 온도 센서 값을 다양한 스마트 기기에서 확인해 보자. 확인하는 방법은 의외로 간단하다.

[그림 4-6-3]에서 오른쪽 상단부분에 보면 'Feed URL' 글자 옆에 인터넷 주소가 하나 보일 것이다. 이 주소를 사용하면 웹 브라우저가 설치된 어떠한 장치에서도 센서 값을 확인할 수 있다. 필자가 구현하여 놓은 온도 센서의 데이터 값을 확인하는 시스템의 데이터는 다음의 주소를 통해서 확인할 수 있다.

```
https://xively.com/feeds/1120257327
```

이 주소를 통해서 일반 컴퓨터 웹 브라우저에서 값 [그림 4-6-4], iPad 의 Google Chrome [그림 4-6-5], 그리고 iPhone 의 Safari [그림 4-6-5] 등등 다양한 스마트 기기를 이용해서 값을 확인할 수 있다.

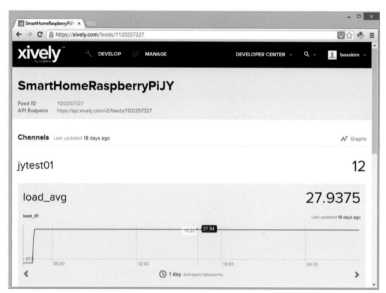

[그림 4-6-4] 일반 컴퓨터의 웹 브라우저에서 센서 값 확인

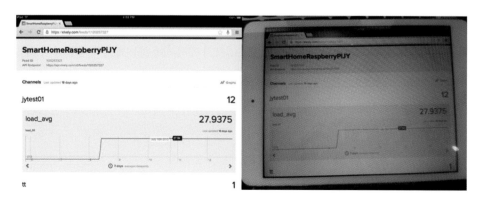

[그림 4-6-5] iPad 에서 온도 센서 데이터 값 확인

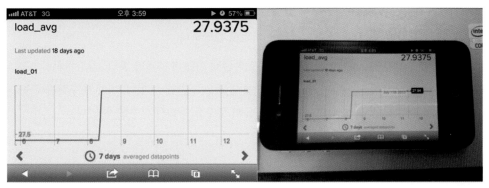

[그림 4-6-6] iPhone 에서 온도 센서 데이터 값 확인

LESSON 03 안드로이드 스마트 폰과 Xively 연결

Xivley에서는 장치들로부터 얻은 데이터를 확인할 수 있는 다양한 방법을 제공한다. Xively 안드로이드 라이브러리는 Xively API에 연결하기 위한 기본적인 기능을 제공한다. 이번 섹션에서는 안드로이드 원격 서비스 (AIDL)를 사용하여 HTTP 요청을 다룰 수 있는 안드로이드 URLConnection 프로그램을 동작시켜 보겠다. 우선 프로그램을 동작시켜 보려면 안드로이드 개발 환경을 만들어야 한다. 안드로이드 개발 환경은 객체지향 언어인 JAVA 프로그래밍 언어와 이클립스 툴이 필요하다. 이 책에서는 자바에 대해서 구체적으로 설명하지는 않지만, 기본적으로 필요한 환경과 간단한 예제는 다룰 것이다.

3-1 안드로이드 개발 환경 구축

우선 다음의 주소를 통해서 안드로이드 개발자 웹 페이지에 방문하자.

http://developer.android.com/index.html

그러면 [그림 4-6-7]과 같은 안드로이드 개발자 웹 페이지 화면을 볼 수 있다. [그림 4-6-10]에서 표시된 그림을 참조하여 안드로이드 ADT를 다운 받으면 된다. [그림 4-6-11] 에서 사용하는 컴퓨터의 사양에 맞게 32-비트 또는 64-비트를 체크하고 다운드를 시작하면 된다.

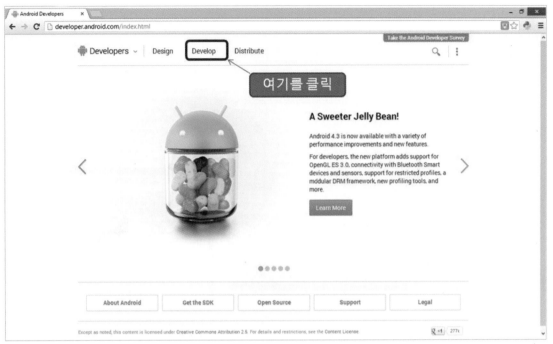

[그림 4-6-7] 안드로이드 개발자 웹 페이지

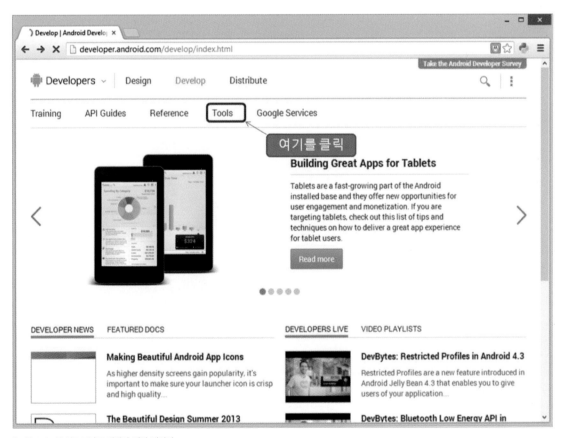

[그림 4-6-8] 안드로이드 개발자 개발 페이지

[그림 4-6-9] 안드로이드 개발자 툴 페이지

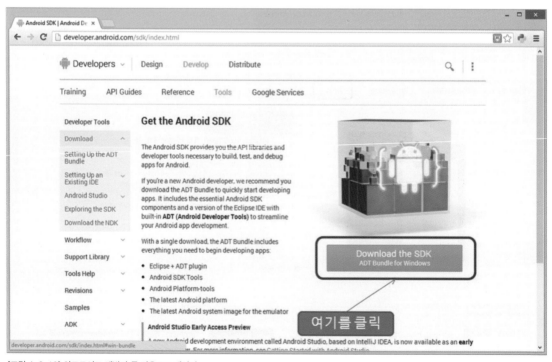

[그림 4-6-10] 안드로이드 개발자 툴 다운로드 페이지

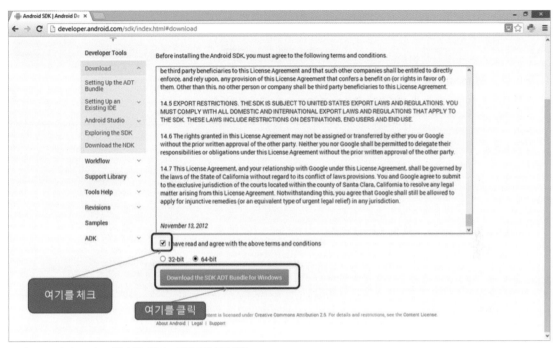

[그림 4-6-11] 안드로이드 개발자 툴 다운로드 관련 조항 동의 화면

[그림 4-6-12] 다운로드 중인 화면

다운로드가 완료되면 다운로드된 압축 파일의 압축을 풀고 바로 실행하면 되겠다.

이클립스를 실행하면 기본 워크 스페이스를 정하라는 [그림 4-6-13]과 같은 화면이 나타날 것이다.

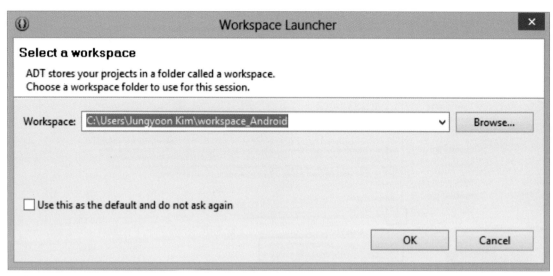

[그림 4-6-13] 워크 스페이스 선택화면

기존에 있는 워크 스페이스를 그대로 사용하면 된다. [그림 4-6-14]와 같은 이클립스 툴이 실행된 것을 확인할 수 있다.

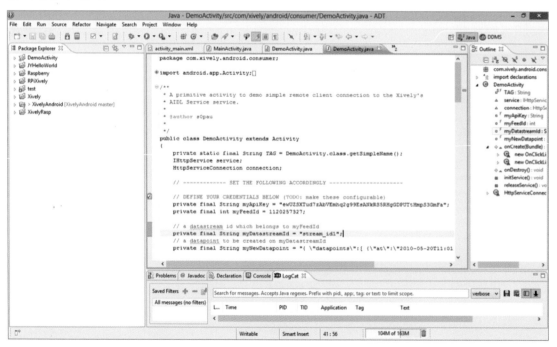

[그림 4-6-14] Xivley 안드로이드 라이브러리

3-2 Xively 안드로이드 라이브러리

이제 안드로이드 폰으로 Xively에 연결하는 프로그램에 대해서 알아보자. 안드로이드 원격 서비스 (AIDL)를 사용하여 HTTP 요청을 다룰 수 있는 안드로이드 URLConnection 프로그램은 다음의 링크를 통해서 다운 받을 수 있다.

> https://github.com/xively/XivelyAndroid.git

다운 받은 프로그램은 안드로이드 ADT에서 'import' 하여 실행 할 수 있다. 우선 라이브러리는 'service' 디렉토리에서 찾을 수 있다. 여기서는 서비스를 사용하는 예제를 실행하여 안드로이드 가상 에뮬레이터에서 구동 시켜 보겠다. 현재 'demo' 프로그램은 API9 진저브레드에서 API17 젤리 빈까지 지원을 하고 있으니 실제 스마트폰에서 구동시켜볼 사용자는 참조하기 바란다.

아래의 두 프로그램 파일에서는 API 키와 feed ID가 주석으로 처리되어 있어 이를 사용자가 직접 입력해 주어야 한다.

> test/src/com/xively/android/service/test/HttpServiceTest.java
>
> demo/src/com/xively/android/consumer/DemoActivity.java

아래의 코드를 참조하여 [그림 4-6-15]와 같이 API 키와 feed ID를 입력해 주자.

```
1    // DEFINE YOUR CREDENTIALS BELOW (TODO: make these configurable)
2    private final String myApiKey =
3      "ewUZSXTud7zAbVEmhq2g99EsANkRS5RHgGDPUTtHmpS3GmFa";
4    private final int myFeedId = 1120257327;
```

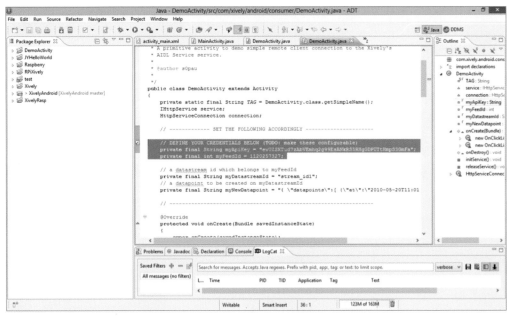

[그림 4-6-15] Xivley 안드로이드 라이브러리

Xively API에 접근할 수 있는 모든 파일은 'IHttpService.aidl' 파일에 정의되어 있고, 다음의 세 파일은 프로그램을 동작 시키기 위해서 필요하다.

```
1   com.xively.android.service.Response.java
2   com.xively.android.service.IHttpService.aidl
3   com.xively.android.service.Response.aidl
```

서비스에 사용하는 인탠트의 이름은 'com.xively.android.service.HttpService' 이다. 여러 개의 클라이언트 앱이 동시에 연결될 수 있게 하려면 아래의 코드를 'AndroidManifest.xml' 파일에 추가해주면 된다.

```
1   <service android:name="com.xively.android.service.HttpService" >
2     <intent-filter>
3       <action android:name="com.xively.android.service.HttpService" />
4     </intent-filter>
5   </service>
```

이 프로그램에 의한 요청은 'AsyncTask'를 사용하여 비동기 방식으로 이루어지며, 응답은 'HttpService.DEFAULT_TIMEOUT'에 정해진 시간 안에 'AsyncTask'로부터 리턴된다.
마지막으로 데이터 포맷은 문자열 값으로 구성되면 다음의 메소드를 사용해서 받을 수 있다.

```
response.getContent()
```

클라이언트는 다음의 코드를 사용해서 JsonObject에 들어갈 수 있다.

```
new JSONObject(response.getContent())
```

다운받은 데모 프로그램을 실행시키면 [그림 4-6-16]와 같은 앱이 실행된 것을 확인할 수 있다.

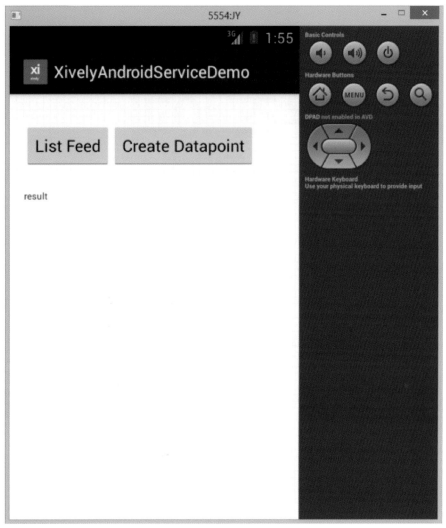

[그림 4-6-16] Xivley 'DemoActivity' 실행 화면

여기서 만들어 본 DemoActivity는 안드로이드 폰에서 동작하는 앱으로서 Xively 사물인터넷 플렛폼과 연결되어 필요한 명령어들을 전송해 주는 간단한 프로그램이다. 좀 더 다양한 기능을 원한다면 사용자의 필요에 맞게 프로그램을 수정하여 실습해 보도록 하자.

생각해 보기

1. Xivley에 연결하였던 온도 센서 외에 일반 아날로그 센서를 연결하려면 어떻게 해야 되는가?
2. Xively와 ADC모듈을 이용하여 앞에서 배운 다양한 센서들을 연결해 보고 값을 받아보자.

윈도우즈 10과
사물인터넷

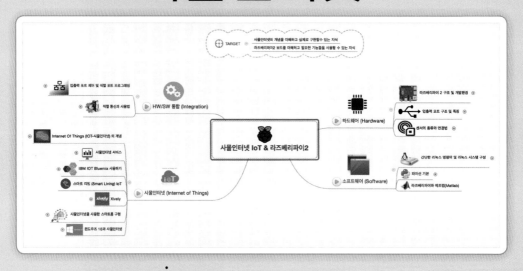

마이크로소프트 윈도우즈는 일반적으로 PC용 운영체제로 널리 알려져있다. 마이크로소프트사는 윈도우즈 10 버전을 출시하면서 라즈베리파이 2와 같은 임베디드 보드에 윈도우즈 10 IoT코어라는 IoT 운영체제를 배포하였다. 마이크로소프트는 Azura라는 강력한 클라우드 서비스 플랫폼을 바탕으로 이러한 사물인터넷 관련 다양한 서비스를 제공 중이다. 윈도우즈 10 IoT 코어의 실질적인 사용은 비교적 쉽지만 개발환경을 구축하는 것이 다른 서비스에 비해 좀 까다롭다. 이 Chapter에서는 개발환경 구축과 사용법을 최대한 쉽게 설명하려 노력하였다. 여기서 소개하는 방법을 차근차근 따라하면 윈도우즈 10 IoT를 비교적 쉽게 사용할 수 있을 것이다. 자 그럼 윈도우즈 10으로 사물인터넷을 구현해보자.

현재 마이크로소프트 윈도우즈 개발 센터 웹페이지에는 윈도우즈 IoT 관련 다양한 자료가 있다. 윈도우즈 IoT를 시작하려면 제일 먼저 사물인터넷으로 사용할 장치를 결정해야 한다. 여기서는 물론 라즈베리파이 2 를 선택해서 구현해 볼 것이다. 라즈베리파이 2 외에도 [그림 4-7-1]에서 보는 것처럼 민노우 보드, 드라곤 보드, 아두이노 등등 여러 가지 장치가 윈도우즈 IoT에 연결이 가능하다.

Raspberry Pi 2

The Raspberry Pi 2 is a low cost, credit-card sized computer that plugs into a computer monitor or TV, and uses a standard keyboard and mouse. The Raspberry Pi 2 runs Windows 10 IoT Core.

Start Now

Buy a Raspberry Pi 2

MinnowBoard Max

MinnowBoard MAX is an open hardware embedded board with the Intel Atom E38XX series SOC at its core. MinnowBoard MAX supports Windows 10 IoT Core.

Start Now

Buy a MinnowBoard Max

DragonBoard410c

The DragonBoard™ 410c based on Linaro 96Boards™ specification features the Qualcomm® Snapdragon™ 410 processor, a Quad-core ARM® Cortex™ A53 at up to 1.2GHz clock speed per core, capable of 32-bit and 64-bit operation. WLAN, Bluetooth, and GPS, all packed into a board the size of a credit card.

Start Now

Buy a DragonBoard410c

Arduino Wiring and UWP Lightning providers

Windows Remote Arduino

Windows Remote Arduino is an open-source

Windows Virtual Shields for Arduino

[그림 4-7-1] 윈도우즈 IoT에 연결 가능한 보드들

개발 PC 설정하기

윈도우즈 10 코어 개발 PC를 설치하기 위해서는 몇 가지 해야될 일들이 있다.

1-1 윈도우즈 10 설치

우선 윈도우즈 10 (버전 10.0.10240) 이상의 운영체제를 PC에 설치하여야 한다. 기존의 윈도우즈 운영체제 이용자라면 손쉽게 윈도우즈 10으로 업그레이드가 가능하다. [그림 4-7-2]과 같이 기존 윈도우즈 7 운영체제의 오른쪽 하단에 보면 윈도우 마크가 보일 것이다. 해당 마크를 클릭하면 윈도우즈 10으로 무료 업그레이드를 권장하는 화면이 나오게 된다. 해당 화면에서 지금 업그레이드를 클릭하자. 그러면 업그레이드 예약과 관련된 화면들이 나오고 연락 받을 이메일을 입력하라고 나온다. 이메일을 입력하면 예약이 완료되었다는 화면이 나오고 유효성 검시 회면이 나오게 된다. 이는 사용자의 컴퓨터 사양에 따라 며칠에서 몇 주가 걸릴 수도 있다.

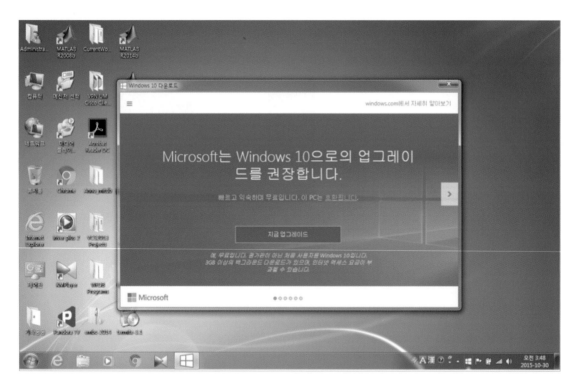

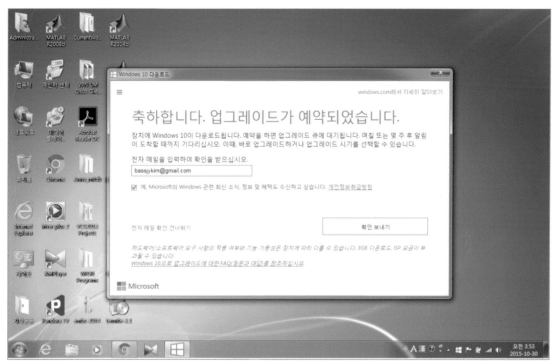

[그림 4-7-2] 윈도우즈 10 업그레이드

[그림 4-7-3] 윈도우즈 10 유효성 검사

윈도우즈 10 유효성 검사는 진행하는데 시간이 오래 걸릴 수도 있으므로 특별히 컴퓨터에 문제가 있지 않는한 마이크로소프트 웹페이지에서 직접 다운 받을 것을 권장한다. 아래의 링크를 통해 윈도우즈 10을 직접다운 받고 설치할 수 있다.

http://www.microsoft.com/en-us/software-download/windows10ISO

위의 링크를 통하면 [그림 4-7-4]와 같은 윈도우즈 10 다운로드 페이지를 볼 수 있다.

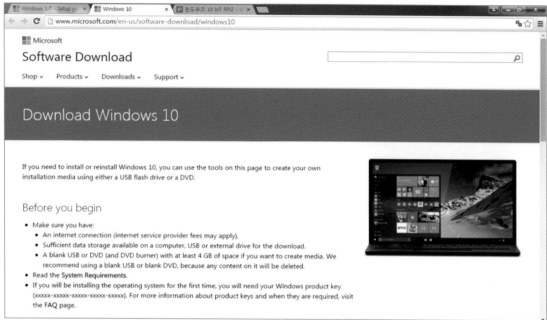

[그림 4-7-4] 윈도우즈 10 다운로드 페이지

이 페이지에서 윈도우즈 10 버전과 기본으로 사용할 언어를 선택하고 확인 버튼을 누르면 [그림 4-7-5]와 같이 32비트 또는 64비트 버전 선택 화면이 나타난다. 기존에 사용하던 PC의 버전을 확인하고 맞는 버전을 다운 받자.

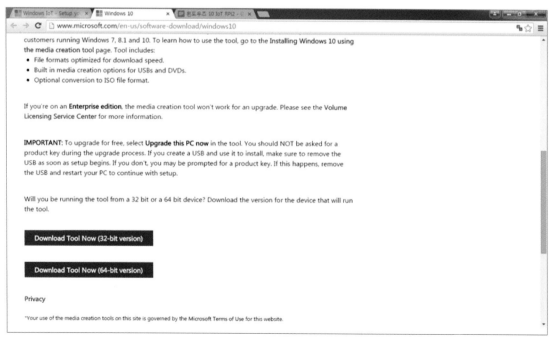

[그림 4-7-5] 윈도우즈 10 운영체제의 32비트 또는 64비트 선택 화면

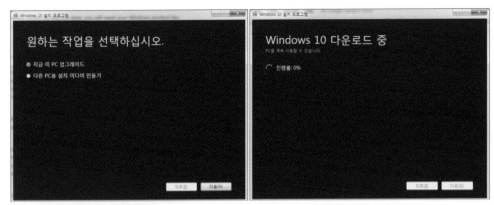

[그림 4-7-6] 윈도우즈 10 운영체제의 32비트 또는 64비트 선택 화면

해당 버전의 윈도우즈 10을 실행하면 [그림 4-7-6]과 같은 화면이 보이면서 지금 현재 PC를 업그레이드할
것인지 아니면 다른 PC용 설치 미디어를 만들것인지를 물어 본다. 현재 사용하는 PC가 윈도우즈 7이면 업그
레이드를 선택하자.

[그림 4-7-7] 윈도우즈 10 운영체제 다운로드 과정 (1)

그러면 [그림 4-7-7]과 같이 다양한 다운로드 및 업데이트 관련 화면이 나타나면서 설치 준비를 한다. 이 과
정은 시간이 좀 걸리니 천천히 기다리자.

[그림 4-7-8] 윈도우즈 10 운영체제의 설치 준비 과정(2)

마지막으로 [그림 4-7-8]에서와 같이 라이센스 동의를 하고 나면 설치 준비가 완료된다. 설치 준비 완료 화면에서 [설치] 버튼을 클릭하면 [그림 4-7-9]와 같이 윈도우즈 10이 현재 PC에 설치되기 시작한다.

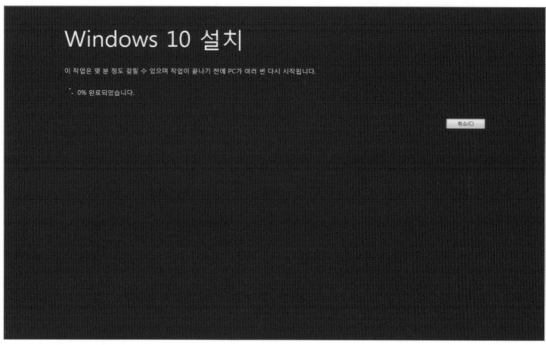

[그림 4-7-9] 윈도우즈 10 운영체제의 설치 화면

설치가 완료되면 윈도우즈 10의 바탕화면이 화면에 뜰것이다. 여기서 시작 버튼을 클릭하고 "winver"라는 명령어를 [그림4-7-10]처럼 입력하면 현재 빌드 넘버를 확인할 수 있다. 윈도우즈 10 IoT를 사용하려면 빌드 넘버가 10.0 이상이어야 한다 [그림 4-7-11].

[그림 4-7-10] 윈도우즈 10 운영체제의 설치 화면

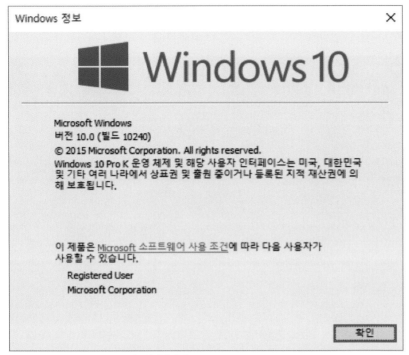

[그림 4-7-11] 윈도우즈 10 운영체제의 설치 화면

여기까지 문제 없이 실행하였다면 윈도우즈 IoT를 위한 운영체제를 설치한 것이다. 이제 실제 개발을 위한 툴을 설치해 보자.

1-2 비주얼 스튜디오 2015 설치

우선 윈도우즈 10 운영체제에 마이크로 소프트의 대표적인 개발 툴인 비주얼 스튜디오를 설치하여야 한다. 마이크로소프트에서는 비주얼 스튜디오 커뮤니티 에디션을 추천하지만, 비주얼 스튜디오 프로 2015나 엔터프라이즈 2015 역시 잘 동작한다. 만약 해당 비주얼 스튜디오 프로그램을 이미 가지고 있다면 설치 시에 Custom 설치를 선택하고 아래의 채크 박스를 선택한다.

Universal Windows App Development Tools -> Tools and Windows SDK.

우선 비주얼 스튜디오가 없는 사용자는 아래의 링크를 통해서 비주얼 스튜디오 2015를 다운 받자 ([그림 4-7-12] 참조).

https://www.visualstudio.com/vs-2015-product-editions

[그림 4-7-12] 비주얼 스튜디오 2015 제품 다운로드 페이지

이 책에서는 비주얼 스튜디오 커뮤니티 버전을 다운받고 설치하였다. 앞서 언급한 것처럼 설치 시에 [그림 4-7-13]과 같이 사용자 지정 설치를 선택하고 다음을 선택한다. 그러면 [그림 4-7-14]와 같은 화면이 나타나게 된다. 이 때 Windows 및 웹 개발 박스 아래 유니버설 Windows앱 개발 도구를 선택하고 아래의 도구 (1.1.1) 및 Windows SDK(10.0.10240)을 선택하고 다음 버튼을 클릭하자.

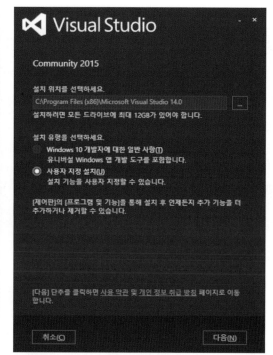

[그림 4-7-13] 사용자 지정 설치   [그림 4-7-14] 윈도우즈 및 앱 개발 선택 메뉴

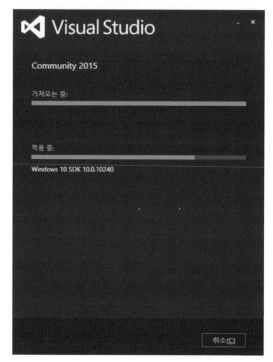

[그림 4-7-15] 선택한 기능과 설치 화면

그러면 [그림 4-7-15]와 같이 앞에서 선택한 메뉴들을 정리해서 보여주고 설치할지를 물어본다. 설치를 클릭하여 비주얼 스튜디오를 설치하자.

[그림 4-7-16] 설치 완료화면과 비주얼 스튜디오 로그인 화면

설치가 완료되면 [그림 4-7-16]의 왼쪽과 같은 화면이 나타난다. 시작 버튼을 클릭하여 시작하면 로그인 화면이 나타나는데 여기서는 일단 나중에 로그인을 클릭하고 넘어가자.

1-3 윈도우즈 IoT코어 프로젝트 템플릿 설치

비주얼 스튜디오를 설치하였다면 윈도우즈 10 IoT코어 어플리케이션 프로젝트를 포함한 패키지를 설치하여야 한다. 아래의 링크를 통하면 [그림 4-7-17]과 같은 화면이 보일 것이며 여기서 해당 패키지를 다운 받을 수 있다.

https://visualstudiogallery.msdn.microsoft.com/55b357e1-a533-43ad-82a5-a88ac4b01dec

윈도우즈 IoT코어 프로젝트 템플릿을 다운 받는 두 가지 다른 방법이 있다. 아래의 링크를 통해 "Visual Studio Galley"로 접속하여 "Windows IoT Core Project Templates" 검색하여 다운 받거나 [그림 4-7-18], 비주얼 스튜디오의 "Tool -> Extensions and Updates -> Online"을 통하여 직접 프로그램을 업데이트하여도 된다.

https://visualstudiogallery.msdn.microsoft.com/

원하는 방식으로 윈도우즈 IoT코어 프로젝트 템플릿 설치하자.

[그림 4-7-17] 윈도우즈 IoT코어 프로젝트 템플릿 화면

[그림 4-7-18] 'Visual Studio Galley"에서 "*Windows IoT Core Project Templates*" 검색하는 화면

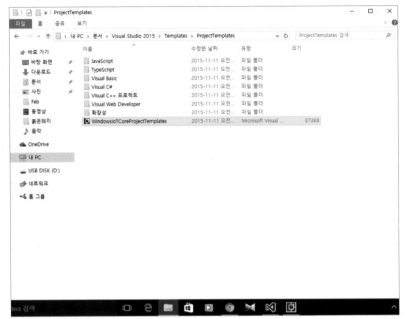

[그림 4-7-19] *"Windows IoT Core Project Templates"* 을 다운 받은 화면

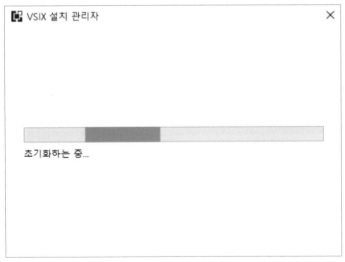

[그림 4-7-20] *"Windows IoT Core Project Templates"* 설치 화면

[그림 4-7-19]에서 다운 받은 *Windows IoT Core Project Templates* 파일을 더블 클릭하면 [그림 4-7-20] 과 같이 확장 파일이 설치된다.

이제 비주얼 스튜디오 프로그램을 실행하여 보자. 처음 실행하면 [그림 4-7-21]과 같은 기본 환경 설정 화면이 나온다. 본인이 원하는 색 테마나 개발 설정을 선택하고 시작 버튼을 클릭하면 [그림 4-7-22]과 같은 비주얼 스튜디오 시작 페이지를 볼 수 있다.

[그림 4-7-21] "*Windows IoT Core Project Templates*"을 다운 받은 화면

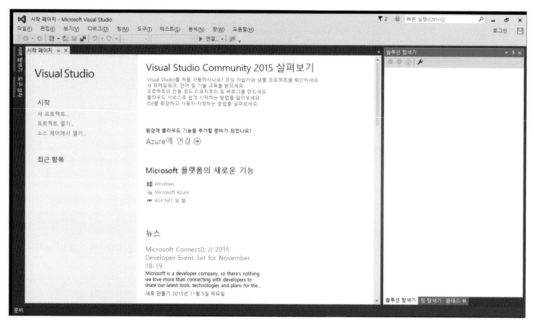

[그림 4-7-22] 비주얼 스튜디오 시작 페이지 화면

앞에서 탬플릿 설치가 잘 안 된다면 [그림 4-7-23]과 같이 '확장 및 업데이트' 기능을 통해 직접 패키지를 설치하면 된다.

[그림 4-7-23] 비주얼 스튜디오의 도구 메뉴의 확장 및 업데이트

1-4 윈도우즈 10 IoT 장치 개발자 모드 설정

윈도우즈 10 IoT용 장치를 개발하려면 윈도우즈의 모드를 개발자 모드로 변경하여 한다. 우선 [그림 4-7-24] 와 같이 윈도우즈 10 운영체제의 시작 버튼을 누르고 메뉴 중에 설정 메뉴를 클릭한다.

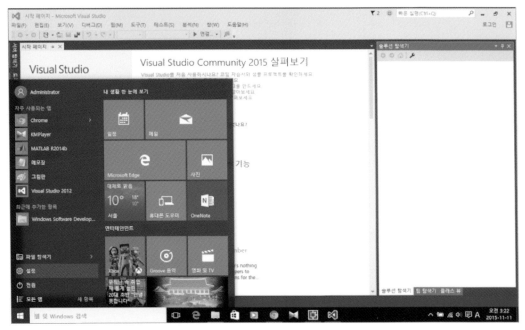

[그림 4-7-24] 윈도우즈 10 운영체제의 설정 메뉴

[그림 4-7-25] 설정 메뉴의 서브 메뉴

설정 메뉴의 서브 메뉴 중에 [그림 4-7-25]의 제일 아래에 있는 '업데이트 및 복구'를 선택하자. 그러면 [그림 4-7-26]과 같은 '개발자용'이란 메뉴가 보일 것이다. 여기서 '개발자 모드'를 선택하면[그림 4-7-27]과 같은 확인 메뉴가 보일 것이다. 여기서 '예' 버튼을 클릭하여 개발자 모드를 켜자.

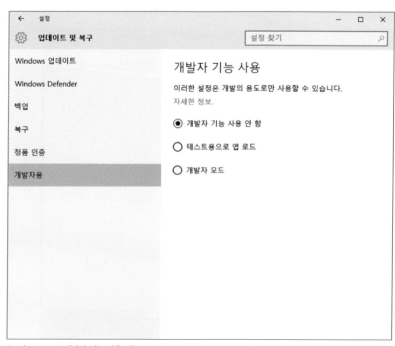

[그림 4-7-26] 개발자 기능 사용 메뉴

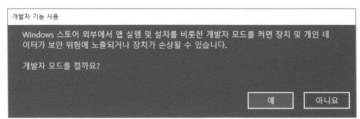

[그림 4-7-27] 개발자 모드 켜기 확인

여기까지 문제 없이 실행하였다면 윈도우즈 10 운영체제에서 비주얼 스튜디오를 윈도우즈 10용 장치를 개발하기 위한 개발자 모드 설정까지 마친것이다. 이제 비주얼 스튜디오에서 프로그램을 작성하기 위한 간단한 과정을 알아보자.

1-5 Universal Windows Platform (UWP) 앱 생성

우선 비주얼 스튜디오 2015을 실행하고 UWP앱을 만들어 보자. 아래의 순서로 [그림4-7-28]의 화면에서 프로젝트 파일을 생성하자.

　　File 〉 New 〉 Project 〉 Visual C# 〉 Windows 〉 Windows IoT Core

또는

　　파일〉 새로 만들기 〉 프로젝트 〉 Visual C# 〉 Windows 〉 Windows IoT Core

[그림 2-7-29]와 같이 앱 생성 화면이 나타난다. 여기서 앱을 생성하면 기본 코드를 포함한 Background Application (IoT) 파일이 [그림 2-7-30]과 같이 생성된다.

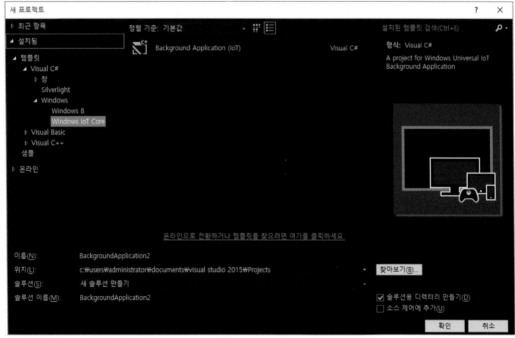

[그림 4-7-29] Windows IoT Core 앱 생성 화면

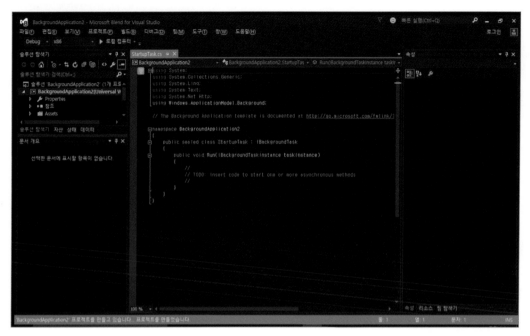

[그림 4-7-30] Windows IoT Core 앱 탬플릿 코드 화면

LESSON 02 윈도우즈 10 IoT 코어를 라즈베리파이 2에 설치하기

이 LESSON에서는 라즈베리파이 2를 어떻게 설정하고, 개발 PC에 연결하는지 알아보겠다. 우선 앞에서 라즈비언 운영체제를 설치할 때와 마찬가지로 기본적으로 필요한 몇 가지 장비들이 있다. 대부분이 이전과 비슷하지만 윈도우즈 10 운영체제가 돌아가는 PC를 기반으로 프로그래밍이 이뤄진다는 점이 다르다.

1. 윈도우즈 10기반 PC- 이전 LESSON에서 준비한 컴퓨터
2. 라즈베리파이 2 보드
3. 5V 마이크로 USB 전원 캐이블 – 적어도 1A 전류 공급이 가능하여야 하며 만약 주변 장치를 연결하여 외부 장치를 동작시킬려면 2A 전류 이상을 지원하는 어댑터를 추천한다.
4. 8GB 이상 마이크로 SD카드
5. HDMI 캐이블과 HDMI를 지원하는 모니터
6. 이더넷 캐이블
7. 마이크로 SD카드 리더

2-1 윈도우즈 10 IoT코어 이미지 다운받기

이제 마이크로 소프트의 윈도우즈 개발 센터에서 라즈베리파이 2용 IoT코어 이미지 파일을 아래의 링크를 통해서 다운 받자.

http://ms-iot.github.io/content/en-US/Downloads.htm

링크로 접속하면 [그림 4-7-31]과 같은 화면이 보일 것이다. 화면 왼쪽 하단에 보면 민노우 보드 또는 라즈베리파이 2용 이미지를 다운 받을 수 있는 버튼들이 보일 것이다. 여기서 라즈베리파이 2용 이미지를 다운받자.

[그림 4-7-31] Windows 10 IoT 코어 이미지 다운로드 웹페이지

다운로드가 완료되고 해당 파일을 더블 클릭하면 가상 이미지 CD가 생성되어 [그림 4-7-32]와 같이 'Windows_10_IoT_Core_RPi2' 파일이 DVD드라이브로서 보일 것이다.

[그림 4-7-32] 다운로드 된 Windows 10 IoT 코어 이미지 및 설치 파일

2-2 코어 이미지 설치

[그림 4-7-32]에 보이는 파일을 더블 클릭하면 [그림 4-7-33]과 같은 설치 화면이 나타나게 된다. 라이센스 동의 박스를 클릭하고 설치하자.

[그림 4-7-33] Windows 10 IoT 코어 설치 (1)

[그림 4-7-34] flash.ffu 생성

설치가 제대로 되면 'C:\Program Files (x86)\Microsoft IoT\FFU\RaspberryPi2' 폴더에 flash.ffu 파일이 [그림 4-7-34]와 같이 생성되어 있을 것이다. 여기서 일단 생성되었던 가상 드라이브를 [그림 4-7-35]와 같이 해제하자.

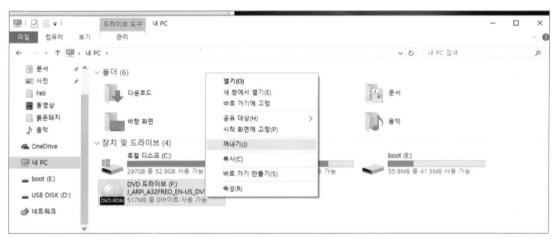

[그림 4-7-35] 가상 드라이브 꺼냄

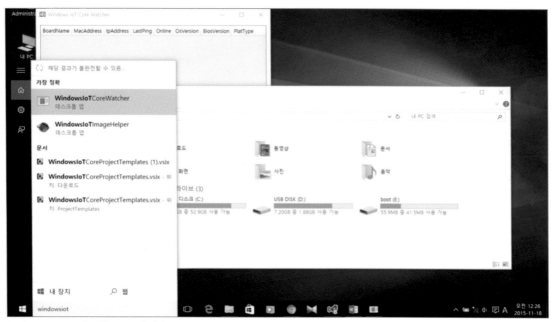

[그림 4-7-36] SD 카드 찾는 프로그램 실행

이제 준비한 마이크로 SD 카드를 PC에 연결하자. 그리고 윈도우즈 10 운영체제의 검색칸에 'WindowsIot'를 [그림 4-7-36]과 같이 입력하여, SD카드를 찾을 수 있는 'WindowsIoTImageHelper'를 실행하자.

[그림 4-7-37] SD 카드 찾는 프로그램

'WindowsIoTImageHelper'를 실행하면 [그림 4-7-37]과 같은 프로그램이 실행된 것을 확인할 수 있다. SD 카드가 잘 연결되어 있다면 첫 번째 SD 카드 선택 화면에 인식된 카드 정보가 나올 것이다. 여기서 해당 SD 카드를 선택하고 'Browse'버튼을 클릭하여 'flash.ffu' 파일을 찾아서 연결하자.

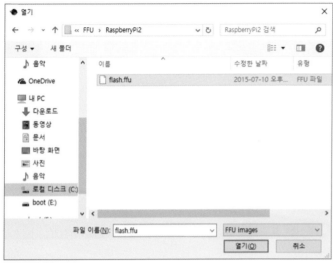

[그림 4-7-38] flash.ffu파일 열기

[그림 4-7-39] IoT 코어를 SD카드에 구워넣을 준비가 완료된 화면

[그림 4-7-39]와 같이 SD카드와 이미지 파일이 다 잘 선택되었다면 'Flash'버튼을 눌러 라즈베리파이 2용 윈도우즈 IoT Core를 마이크로 SD카드에 구워넣자.

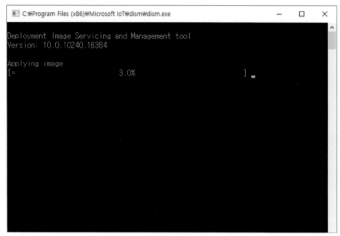

[그림 4-7-40] IoT 코어가 SD카드에 쓰여지는 중의 화면

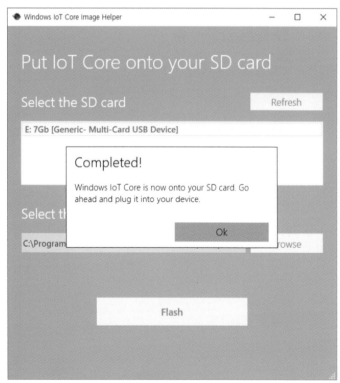

[그림 4-7-41] IoT 코어가 SD 카드에 성공적으로 올려진 화면

그러면 [그림 4-7-40,41]과 같은 화면이 보이면서 SD카드에 운영체제가 성공적으로 올라간 것을 확인할 수 있다. 이제 SD카드 하드웨어를 안전하게 제거하자. 만약에 SD카드 제거를 '꺼내기' 과정 없이 제거하면 이미지 파일이 손상될수 있으니 반드시 연결을 확실히 종료한 후 SD카드를 PC에서 제거하도록 한다.

LESSON 03 윈도우즈 10 IoT 라즈베리파이 2에서 설정하기

이번 LESSON에서는 앞서 준비했던 윈도우즈 10 IoT가 올려진 마이크로 SD카드를 실제로 라즈베리파이 2 보드에 연결하여 윈도우즈 10을 라즈베리파이 2에서 구동시켜 보겠다.

1. 우선 앞서 준비한 SD카드를 라즈베리파이 2 보드에 연결하자.
2. 라즈베리파이 2 보드에 이더넷(Ethernet) 포트를 연결하자.

이 상태에서 네트워크에 연결하는 방법은 두 가지가 있다.

첫 번째 방법은 윈도우즈 10이 설치된 컴퓨터와 라즈베리파이 2 보드를 로컬 네트워크에 연결하는 방법이다. 이는 일반적인 허브나 네트워크 스위치에 연결하는 것이다. 여기에 DHCP 서버(라우터) 같은 것이 네트워크에 있다면 아주 쉽게 IP주소를 얻을 수 있다.

두 번째 방법은 윈도우즈 10 IoT코어 장치를 윈도우즈 10 운영체제가 설치된 PC에 직접 연결하고 인터넷 연결을 공유하는 것이다. 이러한 방식을 Internet Connection Sharing (ICS)라고 한다. 이러한 ICS을 사용하려면 사용하는 PC에 여분의 이더넷 포트가 있어야 한다. 이는 PCI 이더넷 카드나 USB방식의 이더넷 변환 장치 모두 사용이 가능하다.

이렇게 라즈베리파이 2와 PC를 이더넷 케이블로 연결하였다면, PC에서 설정해야 되는 것들이 있다. 우선 윈도우즈 10 운영체제에서 웹 및 Windows 검색 명령창에 'control.exe'을 입력하여 제어판을 실행한다 [그림 4-7-42]. 제어판의 오른쪽 상단에 제어판 검색 명령창에 'adapter'를 입력하여 네트워크 및 공유 센터를 찾는다 [그림 4-7-44]. 네트워크 및 공유 센터 아래쪽 메뉴 중에 '네트워크 연결 보기'를 클릭하자. 그러면 현재 네트워크 연결이 [그림 4-7-45] 처럼 보인다. 이 중 현재 인터넷으로 사용 중인 네트워크(필자의 경우는 무선 네트워크 연결)위에서 마우스 오른쪽 버튼을 클릭하고 그 아래있는 속성을 선택한다. 이제 네트워크 연결 속성창이 [그림 4-7-47]과 같이 보일 것이다. 여기서 네트워킹 옆에 '공유' 메뉴를 클릭하여 '다른 네트워크 사용자가 공유 인터넷 연결을 제어하거나 중지시킬 수 있도록 허용'의 체크 박스를 클릭하고 확인 버튼을 누른다 [그림 4-7-48].

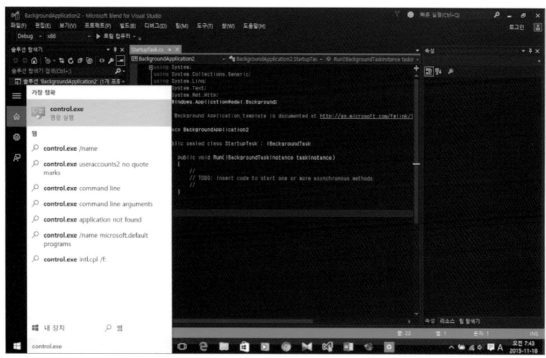

[그림 4-7-42] control.exe 검색

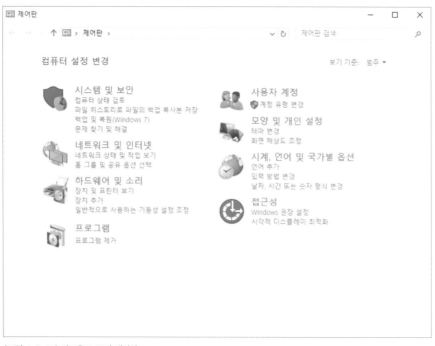

[그림 4-7-43] 윈도우즈 10의 제어판

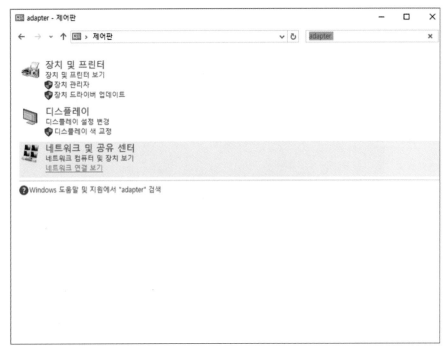

[그림 4-7-44] 윈도우즈 10의 제어판에서 'adapter' 검색

[그림 4-7-45] 네트워크 연결 상태

[그림 4-7-46] 연결된 네트워크에 오른쪽 마우스 클릭

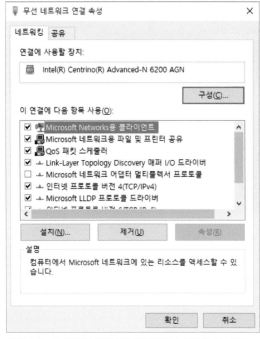

[그림 4-7-47] 연결된 네트워크에 오른쪽 마우스 클릭 후 속성 선택

[그림 4-7-48] 속성창에서 공유 메뉴 선택 후 공유 허용

ICS를 현재 사용 중인 PC에서 활성화시켰다면 이제 윈도우즈 10 IoT 코어 장치를 PC에 이더넷 케이블(LAN 케이블)을 사용하여 직접 연결하자. 연결된 형태는 Part 2의 메트랩과 라즈베리파이의 직접 연결과 같은 방식이니 참고하기 바란다.

LESSON 04 윈도우즈 10 IoT 코어 부팅하기

윈도우즈 10 IoT코어는 라즈베리파이 2에 전원을 연결하면 자동적으로 부팅된다. 이 과정은 몇 분 정도 소요되며, 처음 윈도우 로고가 보이고나서 화면이 약 일분 정도 검은색으로 유지될 것이다. 지극히 정상적인 동작이니 차분히 지켜보면 곧 윈도우 화면이 나온다.

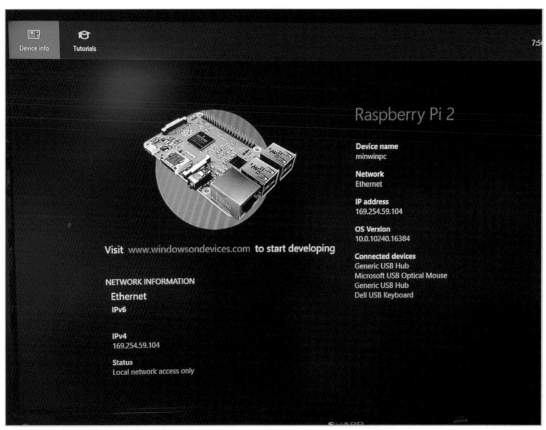

[그림 4-7-49] 라즈베리파이 2에서 시작한 윈도우즈 10 IoT 화면

독자가 설치한 장치의 IP주소:(_____)이다. 필자가 설치한 장치의 IP 주소: 169.254.59.104 ([그림 4-7-49] 참조)

LESSON 05 PowerShell 프로그램 사용하기

파워쉘 (PowerShell) 프로그램을 사용하면 윈도우즈 10 IoT코어 장치를 원격으로 설정 및 관리가 가능하다. 파워쉘은 커맨드 명령어에 기반하여 시스템 관리에 중점을 두고 디자인된 프로그램이다. 이 프로그램을 이용하면 PC에서 원격으로 IoT장치를 설정할 수 있다. 파워쉘을 시작하려면 PC와 IoT 장치간에 IP 주소로 연결되어야 한다. 앞서 화면에서 얻은 IP 주소를 잘 메모해 놓자.

우선 윈도우즈 10 운영체제에서 프로그램을 찾을 때 앞서 하던 데로 화면 왼쪽 하단의 검색창에 'powershell'을 입력하고 찾아진 파워쉘 프로그램 위에 마우스 오른쪽 버튼을 클릭하면 '관리자 권한으로 실행'을 선택하여 파워쉘 프로그램을 [그림 4-7-50]과 같이 실행하자.

[그림 4-7-50] 파워쉘 프로그램 검색 및 실행

[그림 4-7-51] 관리자 권한으로 실행된 파워쉘 프로그램

원격 연결을 위해서 'WinRM' 서비스를 시작하여야 한다. 다음의 명령어를 입력하여 WinRM 서비스를 시작하자.

```
net start WinRM
```

그러면 [그림 4-7-52]와 같은 화면을 보게 된다.

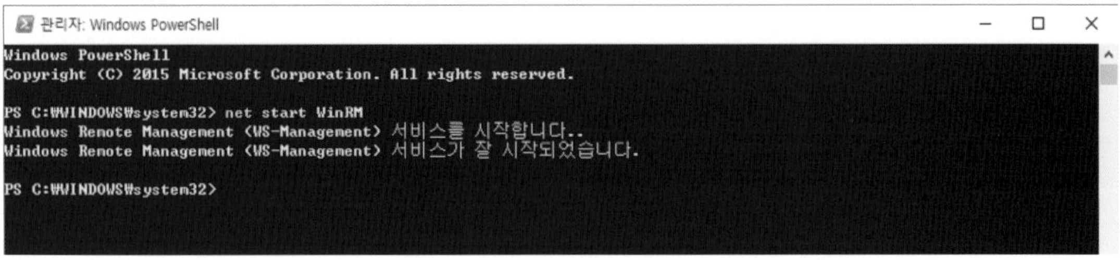

[그림 4-7-52] WinRM 서비스 시작 화면

앞에서 메모해둔 IoT코어 장치의 IP주소를 다음의 명령어와 함께 입력하자.

```
Set-Item WSMan:\localhost\Client\TrustedHosts -Value <IP Address>
```

IP address: 169.254.59.104

위의 IP주소는 필자가 구현하여 얻은 주소이며 독자가 직접 구현하였을 때는 다른 주소가 나올 것이다.

[그림 4-7-53] WinRM 서비스 시작 화면

위의 두 정보를 명령창에 [그림 4-7-53]와 같이 입력하고 엔터를 입력하면, 목록 수정에 관한 질문이 나온다.

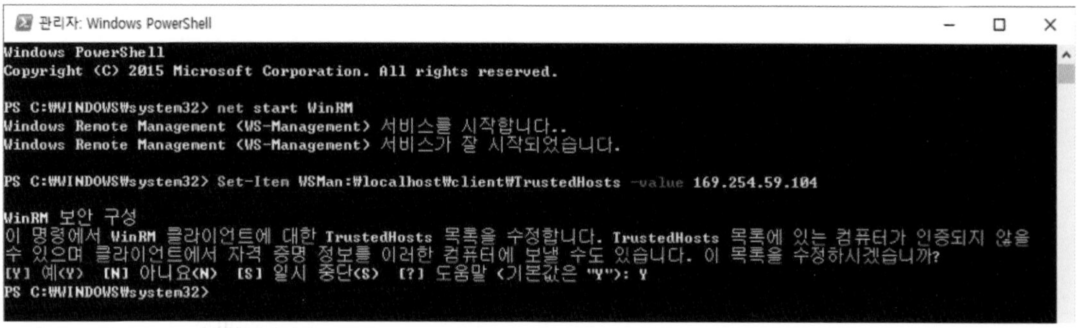

[그림 4-7-54] WinRM 보안 구성 확인 화면

여기서 'Y'를 입력하고 엔터키를 누른다 [그림 4-7-54]. 만약 여러 대의 장치를 연결하려면 콤마(,)와 쿼테이션(" ") 마크를 사용하여 다음 명령어와 같이 입력하면 된다.

```
Set-Item WSMan:\localhost\Client\TrustedHosts -Value "<machine1 IP Address>,
<machine2 IP Address>"
```

이제 파워쉘을 이용하여 윈도우즈 10 IoT코어 장치의 세션을 시작할 수 있다. 우선 다음의 명령어와 IP 주소를 입력하자.

```
Enter-PSSession -ComputerName <IP Address> -Credential <IP Address>\Administrator
```

관리자: Windows PowerShell
Windows PowerShell
Copyright (C) 2015 Microsoft Corporation. All rights reserved.
PS C:₩WINDOWS₩system32> net start WinRM
Windows Remote Management (WS-Management) 서비스를 시작합니다..
Windows Remote Management (WS-Management) 서비스가 잘 시작되었습니다.
PS C:₩WINDOWS₩system32> Set-Item WSMan:₩localhost₩client₩TrustedHosts -value 169.254.59.104
WinRM 보안 구성
이 명령에서 WinRM 클라이언트에 대한 TrustedHosts 목록을 수정합니다. TrustedHosts 목록에 있는 컴퓨터가 인증되지 않을 수 있으며 클라이언트에서 자격 증명 정보를 이러한 컴퓨터에 보낼 수도 있습니다. 이 목록을 수정하시겠습니까?
[Y] 예(Y) [N] 아니요(N) [S] 일시 중단(S) [?] 도움말 (기본값은 "Y"): Y
PS C:₩WINDOWS₩system32> Enter-PSSession -ComputerName 169.254.59.104 -Credential 169.254.59.104₩Administrator

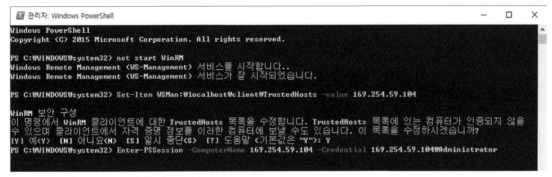

[그림 4-7-55] 윈도우즈 10 IoT코어 장치의 세션 화면

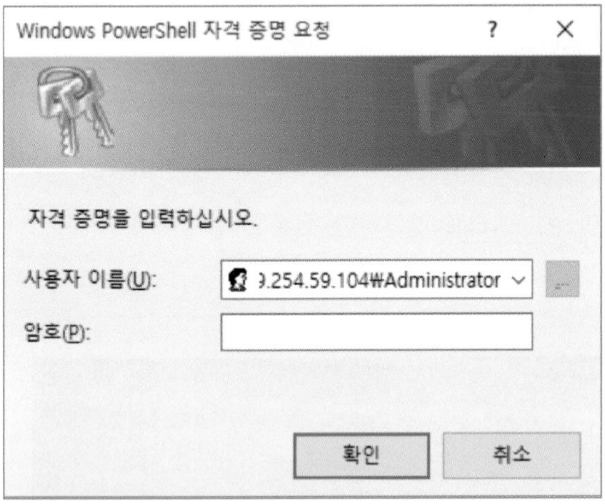

Windows PowerShell 자격 증명 요청
자격 증명을 입력하십시오.
사용자 이름(U):
9.254.59.104₩Administrator
암호(P):
확인
취소

[그림 4-7-56] 파워쉘 자격 증명 요청 화면

그러면 패스워드를 입력하라고 할 것이다. 우선 아래의 초기 디폴트 패스워드를 입력하자. 패스워드에 있는 '0'는 알파벳 'O'가 아니고 숫자 영이다.

p@ssw0rd

여기까지 연결이 문제 없이 되었다면 [그림 4-7-57]과 같이 커맨드 라인 앞쪽에 IP주소가 보일 것이다.

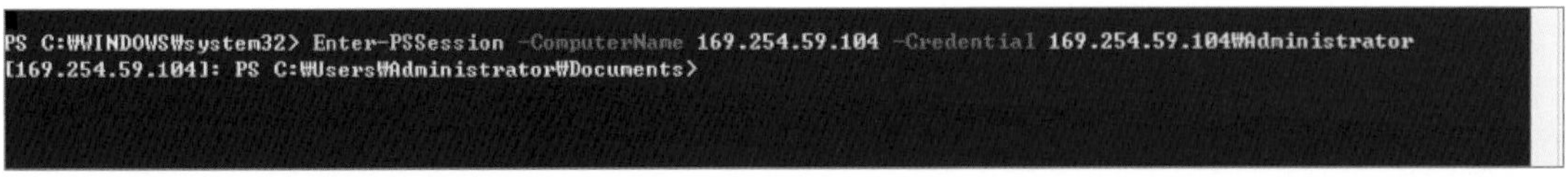

PS C:₩WINDOWS₩system32> Enter-PSSession -ComputerName 169.254.59.104 -Credential 169.254.59.104₩Administrator
[169.254.59.104]: PS C:₩Users₩Administrator₩Documents>

[그림 4-7-57] 윈도우즈 10 IoT코어 장치의 세션을 시작된 화면

이제 사용할 장치의 보안을 위해서 새로운 패스워드를 입력하자. 아래의 명령어의 [새 비밀번호] 란에 원하는 패스워드를 입력하자. 그러면[그림 4-7-58]과 같이 명령어가 잘 수행되었다는 메세지가 나타난다.

```
net user Administrator [새 비밀번호]
```

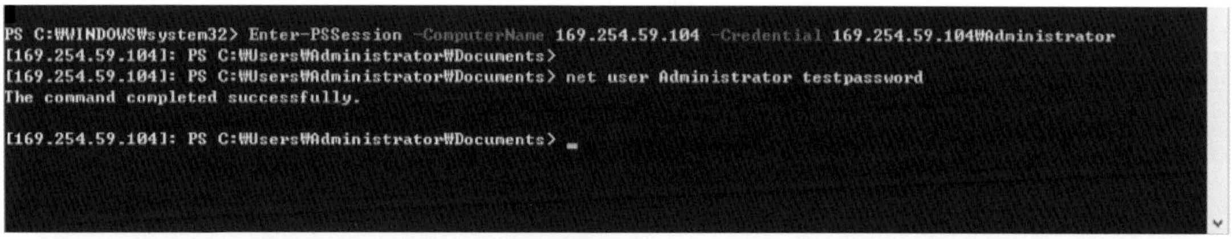

[그림 4-7-58] 윈도우즈 10 IoT코어 장치의 새로운 패스워드가 변경된 화면

여기까지 일단 완료하였다면 새로운 파이선 쉘 세션을 만들어야 한다. 일단 현재 세션을 다음의 명령어를 입력하여 종료하자.

Exit-PSSession

세션이 종료되면 커맨드 라인 앞에 IP주소가 없어진다. 이제 앞에서 세션을 다시 연결하자. 지금까지 IP주소로 연결하였으나 장치의 이름을 직접 만들어 연결에 사용할 수 있다. 아래의 명령어에 본인이 원하는 이름을 입력하여 보자. 필자의 경우는 [그림 4-7-59]와 같이 'basskim'이라는 이름을 부여해 보았다.

```
setcomputername <new-name>
```

[그림 4-7-59] 윈도우즈 10 IoT코어 장치의 이름이 변경된 화면

장치의 이름을 바꾸었다면 아래의 명령어를 입력하여 재부팅하여야 한다.

```
shutdown /r /t 0
```

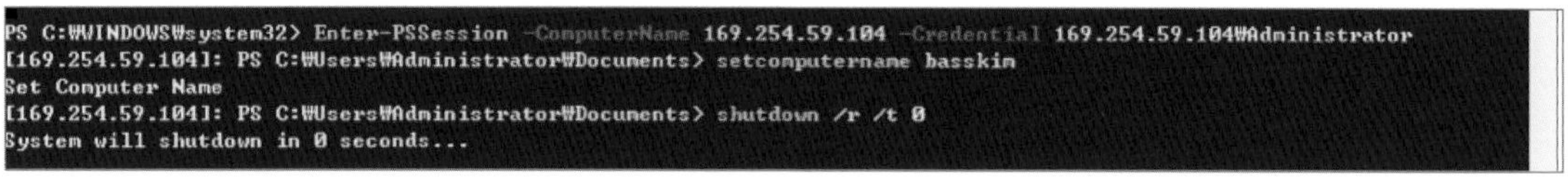

[그림 4-7-60] 윈도우즈 10 IoT 코어 장치의 새로운 패스워드가 변경된 화면

재부팅이 완료되면 아래의 명령어와 IP주소 대신 새로운 장치의 이름을 이용하여 장치를 연결하자.

```
Set-Item WSMan:\localhost\Client\TrustedHosts -Value <new-name>
```

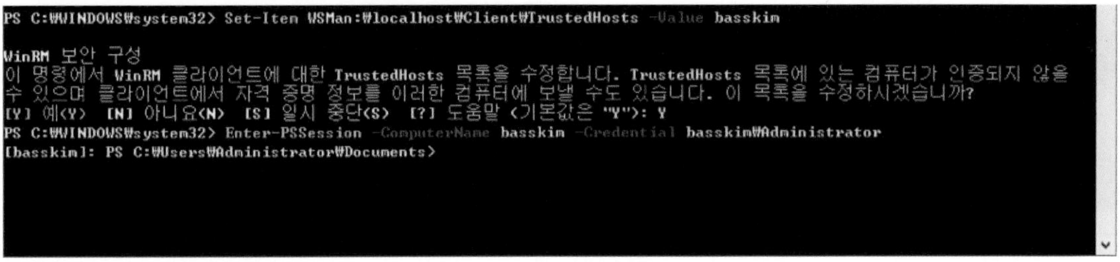

[그림 4-7-61] 새로운 연결이 만들어진 화면

장치가 연결되면 커맨드 라인 앞에 IP주소 대신 입력한 장치의 이름(필자의 경우 'basskim')이 [그림 4-7-61]과 같이 나타난다.

LESSON 06 윈도우즈 10 IoT 코어 명령어

아래의 명령어들은 설정에 필요한 기본적인 명령어들이다. 앞서 사용한 파워쉘을 이용하여 장치의 기본 설정을 확인 또는 변경할 때 유용한 명령어들이니 잘 익혀두기 바란다.

a. 계정 패스워드 업데이트

net user Administrator [new password]

b. 로컬 유저 계정 생성하기

net user [username] [password] /add

c. 로컬 유저 계정 계정 패스워드 업데이트

SetPassword [account-username] [new-password] [old-password]

d. 장치 이름 알아보기

hostname

e. 장치 이름 설정하기

SetComputerName [new machinename]

f. 기본적인 네트워크 환경설정 명령어

ping.exe

netstat.exe

netsh.exe

ipconfig.exe

nslookup.exe

tracert.exe

arp.exe

g. 복사 관련 명령어

sfpcopy.exe

xcopy.exe

h. 프로세스 관리

– 현재 동작 중인 프로세스 보기

get-process

tlist.exe

- 현재 동작 중인 프로세스 중지

kill.exe [pid or process name]

i. 스타트업 앱 환경설정

IotStartup 명령어와 아래의 옵션들을 사용

- 설치된 앱들의 리스트를 보기

IotStartup list

- 설치된 'headed' 앱들의 리스트 보기

IotStartup list headed

- 설치된 'headless' 앱들의 리스트 보기

IotStartup list headless

- 앱 추가하기

IotStartup add

- 앱 제거하기

IotStartup remove

- 등록된 앱들의 리스트 보기

IotStartup startup

- IotStartup 관련 도움말 보기

IotStartup help

LESSON 07 라즈베리파이 2와 윈도우즈 10을 사용한 LED깜박이기

7-1 Headed 와 Headless 모드

Headed와 Headless 모드는 간단하게 라즈베리파이 2가 윈도우즈 10 IoT코어 프로그램을 실행할 때 HDMI 포트로 동작 상태를 출력 (Headed)하거나 출력하지 않는 (Headless) 모드라고 생각하면 되겠다. 특히 Headed 모드에서는 표준UWP UI stack의 사용이 가능하여 입출력에 도움이되는 앱을 만들 수 있다.

파워쉘에서 현재 모드의 상태를 확인하는 명령어는 setbootoption 이다. 아래의 명령어를 커맨드 라인에 입력해 보자.

```
[basskim]: PS C:\> setbootoption.exe
```

그러면 [그림 4-7-62]와 같이 현재 모드를 확인할 수 있다. 그림의 맨 아래쪽에 보면 현재 모드는 headed라고 나온다.

[그림 4-7-62] setbootoption을 실행한 화면

setbootoption 명령어 뒤에 headed 나 headless를 추가해주면 입력한 인자에 따라 현재 모드가 변경된다. Headless로 모드를 변경하기 위해 아래의 명령어를 입력하자. 그리고 모드가 변경된 후에는 재부팅을 하여야 한다.

```
1   [basskim]: PS C:\> setbootoption.exe headless
2
3   [basskim]: PS C:\> shutdown /r /t 0
```

```
[basskim]: PS C:\Users\Administrator\Documents> setbootoption.exe headless
Set Boot Options
Success - boot mode now set to headless
Don't forget to reboot to get the new value
Hint: 'shutdown /r /t 0

[basskim]: PS C:\Users\Administrator\Documents> _
```

[그림 4-7-63] headless로 모드를 변경한 후 재부팅 한 화면

Headed로 모드를 변경하기 위해서는 아래의 명령어를 입력하면 된다.

```
1    [basskim]: PS C:\> setbootoption.exe headed
2
3    [basskim]: PS C:\> shutdown /r /t 0
```

윈도우즈 IoT Core Watcher프로
그램을 사용하면 장치 정보(이름,
MAC, IP 주소 등등)를 PC에서 확인
할 수 있다 [그림 4-7-64].

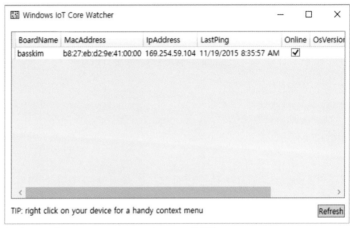

[그림 4-7-64] Windows IoT Core Watcher 프로그램 화면

여기까지 윈도우즈 10 IoT 코어 장치에 프로그램을 구동할 수 있는 기본 환경을 만들었다. 이제 마이크로소
프트에서 제공하는 예제들을 사용해서 동작을 확인해 보자.

7-2 하드웨어 구성

하드웨어 구성하는 방법은
Part1,Part3 서 이미 여러 번 반복
하였으므로 자세한 설명은 생략
하겠다. [그림 4-7-65,66]을 참
고해서 LED회로를 구현하자.

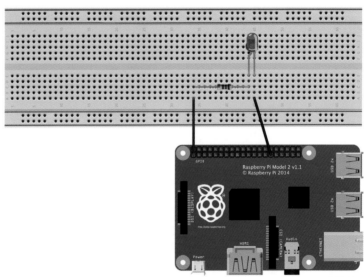

[그림 4-7-65] LED깜박이기 회로 구현 (Fritzing)

[그림 4-7-66] LED깜박이기 회로 구현

7-3 **샘플 프로그램 내려받기**

임베디드 시스템에서 가장 기본적인 기능 중에 하나인 LED 깜박이기를 마이크로 소프트에서 제공하는 샘플 프로그램을 사용하여 구현해보겠다. 우선 아래의 링크를 통해서 제공하는 다양한 예제 파일을 내려받자.

　https://github.com/ms-iot/samples/archive/develop.zip

다운로드 받은 압축파일은 원하는 곳에서 압축을 풀고 저장하자. 필자는 비주얼 스튜디오의 프로젝트 폴더 내에 저장하였다.

7-4 **Headless C# 프로그램 실행하기**

프로그램을 실행하기 전에 우선 파워쉘을 이용하여 장치를 Headless모드로 변경하여야 한다. 앞에서 배운 대로 Headless로 모드 변경을 위해 아래의 명령어를 입력하자. 그리고 모드가 변경된 후에는 재부팅을 하여야 한다.

```
1  [basskim]: PS C:\> setbootoption.exe headless
2
3  [basskim]: PS C:\> shutdown /r /t 0
```

앞에서 내려 받은 파일의 압축을 풀어 'BlinkyHeadless' 폴더 내의 CS폴더로 들어가면 [그림 4-7-67]과 같은 C# 파일들을 볼 수 있다. 여기서 BlinkyHeadlessCS의 파일 이름의 프로젝트 파일을 더블 클릭하여 실행하자.

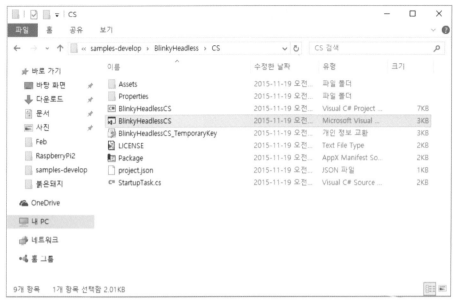

[그림 4-7-67] BlinkyHeadless의 C# 프로그램용 파일들

그러면 BlinkyHeadless C# 프로그램이 [그림 4-7-68]과 같은 화면에 나타난다. 여기서 라즈베리파이 2와 연결하기 위해서는 몇 가지 설정이 필요하다. [그림 4-7-68] 상단의 툴바를 'ARM'으로 설정하자 (혹시 'x86' 으로 설정되어 있다면 반드시 'ARM'으로 변경!!). 바로 옆에 있는 툴바의 오른쪽의 메뉴 내려 보기 버튼을 클릭하여 [그림 4-7-68]과 같이 만든 후 '원격 컴퓨터'를 선택하자.

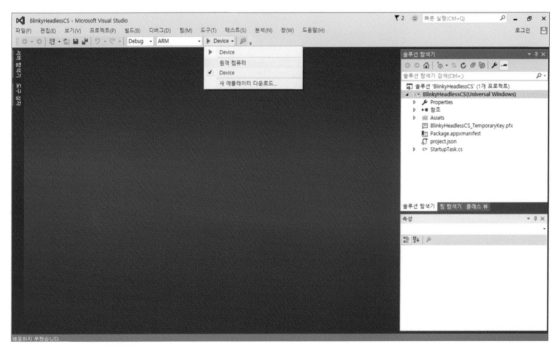

[그림 4-7-68] ARM, 원격 컴퓨터 선택

원격 컴퓨터를 선택하면 [그림 4-7-69]과 같은 원격
연결 관련 화면이 나타난다. 앞에서 설정한 장치의 이
름 또는 IP주소를 입력하고 (필자의 경우 'basskim')
인증 모드는 '없음'으로 설정하고 선택 버튼을 누른다.

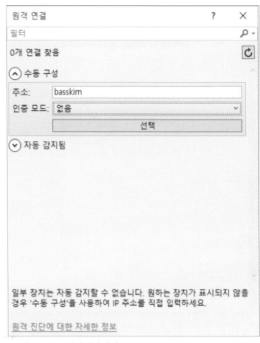

[그림 4-7-69] 원격 연결 화면

앞에서 설정된 값들을 아래의 과정을 통해서 확인할 수 있다. 우선 프로젝트 메뉴 아래 속성을 클릭한다 [그
림 4-7-70]. 그러면 앞에서 설정한 대상 장치나 원격 컴퓨터 이름 등이 [그림 4-7-71]과 같이 보일 것이다.

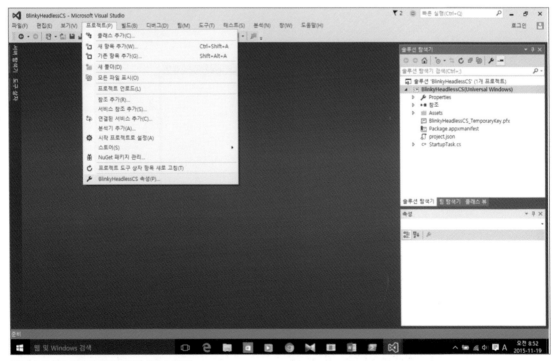

[그림 4-7-70] 설정된 값을 확인하기 위한 속성 메뉴

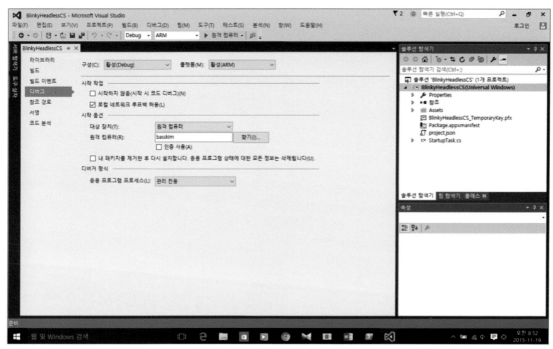

[그림 4-7-71] 화면 왼쪽의 디버그를 선택한 화면

여기까지 기본적인 설정이 완료되었으니 이제 프로그램을 실행하여 보자. [그림 4-7-71]의 위쪽에 녹색 화살표와 원격 컴퓨터라는 버튼을 클릭하여 실행하자. 실행이 성공적으로 되면 [그림 4-7-73]과 같은 화면이 보일 것이다.

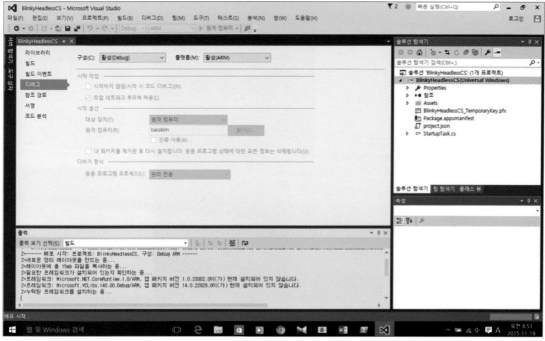

[그림 4-7-72] 원격 컴퓨터의 실행 버튼(녹색 오른쪽 화살표)을 클릭한 화면

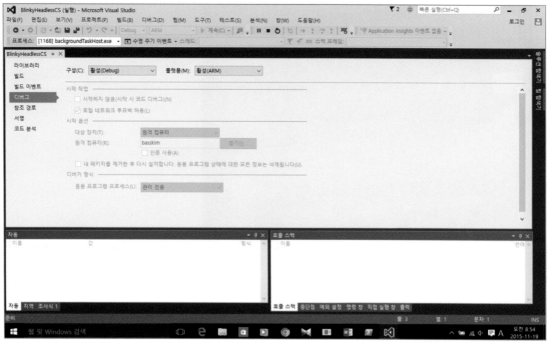

[그림 4-7-73] LED 깜박이기 프로그램이 성공적으로 실행되고 있는 화면

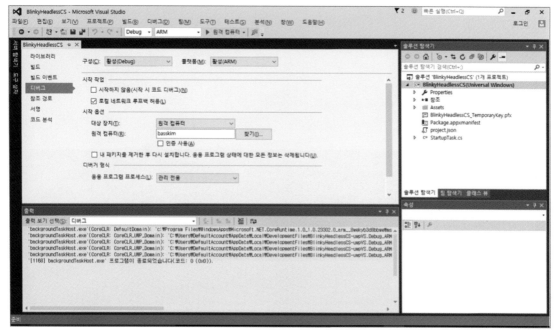

[그림 4-7-74] 빨간 네모 버튼을 눌러 디버깅을 종료한 화면

[그림 4-7-75] LED가 주기적으로 깜박이는 모습

이번 예제는 Headless 모드이므로 동작 여부는 [그림 4-7-75]와 같이 LED가 주기적으로 깜박이는 것으로
만 확인할 수 있다. 그럼 이제 같은 프로그램을 Headed모드로 실행하여 프로그램의 동작을 모니터와 함께
확인해보자.

7-5 Headed C# 프로그램 실행하기

Headed로 모드를 변경하기 위해서는 파워쉘에 아래의 명령어를 입력하면 된다.

```
1   [basskim]: PS C:\> setbootoption.exe headed
2
3   [basskim]: PS C:\> shutdown /r /t 0
```

```
PS C:\WINDOWS\system32> Enter-PSSession -ComputerName basskim -Credential basskim\Administrator
[basskim]: PS C:\Users\Administrator\Documents> setbootoption.exe headed
Set Boot Options
Success - boot mode now set to headed
Don't forget to reboot to get the new value
Hint: 'shutdown /r /t 0

[basskim]: PS C:\Users\Administrator\Documents> shutdown /r /t 0
System will shutdown in 0 seconds...
[basskim]: PS C:\Users\Administrator\Documents>
PS C:\WINDOWS\system32>
```

[그림 4-7-76] Headed모드로 변경하는 화면

앞에서 세션 연결을 끊었다면 [그림 4-7-76]와 같이 세션을 다시 살려주고 Headed로 모드를 변경한 후 재
부팅을 하자.

Headless모드에서 선택하였던 설정으로 프로그램을 실행해 보자. 혹시, 오류가 발생한다면 빌드 메뉴 아래
Blinky 다시 빌드를 메뉴를 선택하면 오류가 없어진다.

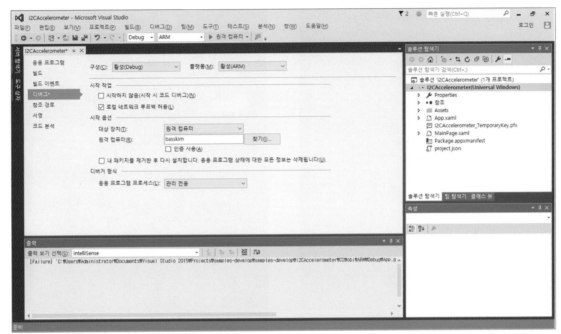

[그림 4-7-77] Headed모드로 LED 깜박이는 프로그램 실행 (오류가 발생한다면 빌드 메뉴 아래 Blinky 다시 빌드를 메뉴를 선택하면 오류가 없어진다.)

프로그램이 성공적으로 실행되었다면 라즈베리파이 2에 HDMI케이블로 연결된 모니터에 [그림 4-7-78]과 같은 GPIO 초기화가 잘되었다는 메세지와 함께 LED의 상태를 나타내는 원이 나타날 것이다. 이 원은 LED가 켜지면 붉은색, 꺼지면 하얀색으로 색이 변한다 [그림 4-7-79,80].

[그림 4-7-78] Headed 모드로 LED깜박이는 프로그램 실행한 후의 모니터 화면

[그림 4-7-79] LED On

[그림 4-7-80] LED Off

여기까지 LED를 깜박이는 프로그램을 실행하여 보았다. 여기서 LED를 깜박이는 주기는 아래 타이머 관련 프로그램의 노란색으로 표시된 부분의 숫자가 결정한다.

```
1   using Windows.System.Threading;
2   BackgroundTaskDeferral _deferral;
3   public void Run(IBackgroundTaskInstance taskInstance)
4   {
5     _deferral = taskInstance.GetDeferral();
6     this.timer = ThreadPoolTimer.CreatePeriodicTimer(Timer_Tick,
7                               TimeSpan.FromMilliseconds(500));        .
. . }
8   private void Timer_Tick(ThreadPoolTimer timer)
9   {    . . . }
```

윈도우즈 10과 사물인터넷 · 417

타이머 설정이 완료되면GPIO 핀을 초기화 해야된다. 아래의 GPIO관련 프로그램 코드를 우선 살펴보자.

```
1   using Windows.Devices.Gpio;
2   private async void InitGPIO()
3   {      var gpio = GpioController.GetDefault();
4        if (gpio == null)
5        {
6            pin = null;
7            return;
8        }
9     pin = gpio.OpenPin(LED_PIN);
10    if (pin == null)
11    {
12        return;
13    }
14     pin.Write(GpioPinValue.High);
15     pin.SetDriveMode(GpioPinDriveMode.Output); }
```

우선GpioController.GetDefault()을 사용해서 GPIO콘트롤러를 확보한다. 장치가 GPIO콘트롤러를 안가지고 있다면 위 함수는 null 값을 리턴할 것이다. 콘트롤러를 확보한 후 GpioController.OpenPin() 함수와 LED_PIN 값을 사용해서 필요한 핀을 연다. 원하는 핀이 열리면 GpioPin.Write() 함수를 사용해서 핀을 온/오프 시킬수 있다. 핀을 출력모드로 설정하려면 GpioPin.SetDriveMode() 함수를 사용하면 된다.

- LED ON

```
this.pin.Write(GpioPinValue.Low);
```

- LED OFF

```
this.pin.Write(GpioPinValue.High);
```

여기까지 GPIO를 이용한 LED 깜박이기를 알아보았다. LED ON/OFF와 타이머의 조작은 대부분의 응용 시스템에 기본적으로 사용되는 기능이므로 잘 익혀두기 바란다.

LESSON 08 웹기반 장치 관리

윈도우즈 10 IoT코어 장치는 사물인터넷 장치로서 웹에서 장치의 상태를 확인하고 관리가 가능하다. 우선 앞서 확보했던 장치의 IP주소를 웹브라우저의 주소창에 입력하자. IP주소 뒤에 포트번호인 ':8080'을 추가 해 주어야 한다. 필자의 경우 아래와 같이 입력하였다 [그림4-7-81].

169.254.59.104:8080

[그림 4-7-81] 웹브라우저에 주소와 포트번호 입력

그러면 [그림 4-7-82]처럼 로그인 화면이 나타 난다. 여기서 관리자로서 로그인하자.

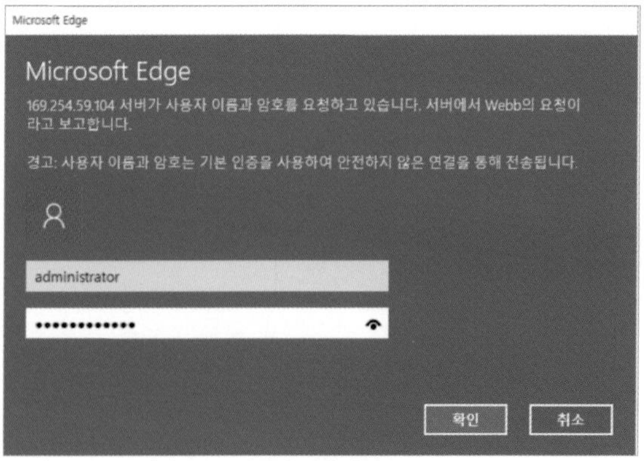

Microsoft Edge

Microsoft Edge

169.254.59.104 서버가 사용자 이름과 암호를 요청하고 있습니다. 서버에서 Webb의 요청이 라고 보고합니다.

경고: 사용자 이름과 암호는 기본 인증을 사용하여 안전하지 않은 연결을 통해 전송됩니다.

administrator

●●●●●●●●●●●●

확인   취소

[그림 4-7-82] 장치에 로그인하기 위한 화면

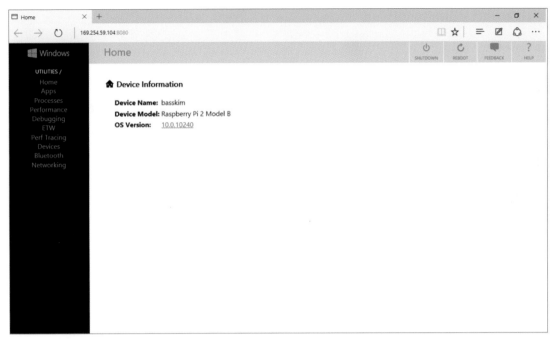

[그림 4-7-83] 장치에 로그인한 상태의 화면

[그림 4-7-83]처럼 연결된 IoT장치의 정보가 나타난다. 화면의 왼쪽에 보면 다양한 시스템 관련 메뉴들이 보인다. 우선 'Performance'메뉴를 클릭하여 [그림 4-7-84]와 같이 장치의 CPU, I/O, 메모리 용량 등의 정보들을 실시간으로 확인해 보자.

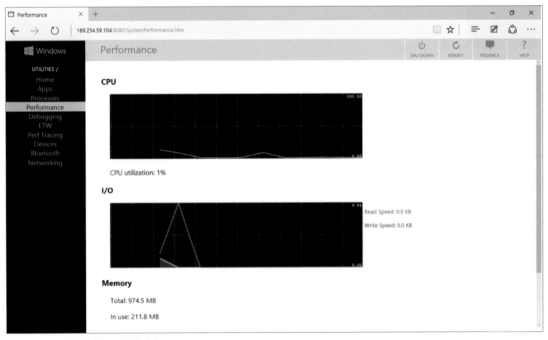

[그림 4-7-84] 장치에 성능 모니터링 화면

그외의 IoT장치의 정보들을[그림 4-7-85,86,87]와 같이 확인할 수 있다.

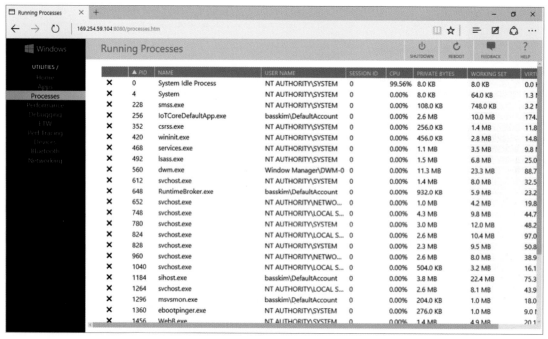

[그림 4-7-85] 장치에 프로세스 목록 화면

[그림 4-7-86] 장치에 설치되거나 실행 중인 앱 정보 화면

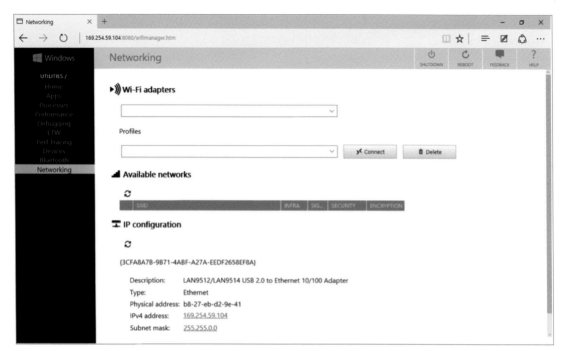

[그림 4-7-87] 장치의 네트워크 정보 화면

이번 LESSON을 통해서 사용자는 장치가 인터넷에 연결되었을 때 장치 정보를 원격에서 모니터링하고 관리할 수 있다. 마이크로소프트에 의하면 현재 라즈베리파이와의 연결에서는 화면의 'Shutdown'이나 'Reboot'버튼이 동작하지 않는다고 한다. 이러한 문제는 곧 수정될 것이라고 한다.

LESSON 09 3축 가속도 센서 (3-axis Accelerometer)

이번 LESSON에서는 I2C 인터페이스로 연결된 3축 가속도계를 윈도우즈 10 IoT코어 장치에 어떻게 사용하는지 알아보겠다. 앞서 내려받은 샘플 프로젝트들 중에 아래의 프로젝트를 찾아보자.

samples-develop₩I2CAccelerometer

9-1 하드웨어 연결

우선 예제에서 사용한 하드웨어가 필요하다. 아래의 'sparkfun'사에서 판매 중인 3축 가속도 센서를 확보하자.

https://www.sparkfun.com/products/9836

센서가 확보되었다면 [그림 4-7-88]과 같이 연결하자.

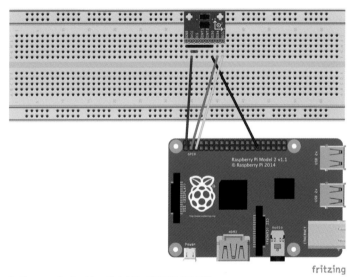

[그림 4-7-88] 3축 가속도 센서와 라즈베리파이 2의 연결

여기서부터는 앞에서 LED Blinky 예제와 마찬가지의 과정을 거쳐야 한다. 우선 가속도 센서 예제는 기본적으로 Headed모드로 동작한다. 앞에서 설명한 것처럼 Headed모드는 HDMI출력으로 모니터에 센서의 동작 상태를 출력한다. 가속도 센서와 라즈베리파이 2를 Headed모드로 동작 시키기 위해서 필요한 과정을 다음의 6단계로 정리하였다.

- [하드웨어] IoT 코어용 라즈베리파이 2의 GPIO핀과 주변 장치(3축 가속도계 등)를 하드웨어적인 연결.
- [파워쉘 프로그램] 세션의 연결.
- [파워쉘 프로그램] 장치의 Headed 또는 Headless 여부 결정.
- [파워쉘 프로그램] 장치를 재부팅

- [윈도우즈 10 개발 PC] 해당 프로젝트에서 ARM, 원격 연결 등 설정
- [윈도우즈 10 개발 PC] 디버그 실행하여 동작 여부 확인 (오류 발생 시 해당 프로젝트 다시 빌드하기로 이전 프로젝트 관련 찌꺼기 제거)

각 내용의 세부적인 내용은 앞의 LED Blinky 예제를 참고하기 바란다. 위의 과정을 거쳐서 프로그램을 실행하면 [그림 4-7-87]과 같은 화면을 통해서 센서의 값을 확인할 수 있다.

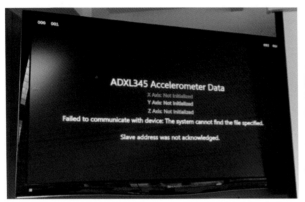
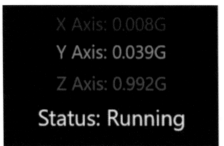

[그림 4-7-89] 3축 가속도 센서 프로젝트를 Headed모드로 실행한 화면

그러면 이러한 동작을 하게 하는 프로젝트 코드에 대해서 알아보자.

9-2 I2C버스 초기화

I2C를 사용하기 위해서는 우선 I2C버스를 초기화해 주어야 한다. 우선 아래의 코드를 살펴보자.

```
1   using Windows.Devices.Enumeration;
2   using Windows.Devices.I2c;  /* Initialization for I2C accelerometer */
3   private async void InitI2CAccel()
4   {
5     try
6     {
7         var settings = new I2cConnectionSettings(ACCEL_I2C_ADDR);
8         settings.BusSpeed = I2cBusSpeed.FastMode; /* 400KHz bus speed */
9         string aqs = I2cDevice.GetDeviceSelector();
10      /* Get a selector string that will return all I2C controllers on the
     system */
11         var dis = await DeviceInformation.FindAllAsync(aqs);
12      /* Find the I2C bus controller devices with our selector string */
13         I2CAccel = await I2cDevice.FromIdAsync(dis[0].Id, settings)
14          /* Create an I2cDevice with our selected bus controller and I2C
     settings */
```

```
15          if (I2CAccel == null)
16          {
17               Text_Status.Text = string.Format("Slave address {0} on I2C
Controller {1} is currently in use by " + "another application. Please ensure
that no other applications are using I2C.", settings.SlaveAddress, dis[0].Id);
            return;
18          }
19      }
20      // ...
21  }
```

위의 코드는 장치의 모든 I2C콘트롤러를 위한 변수를 얻고, 적어도 하나 이상의 I2C콘트롤러를 찾는것으로 시작한다. 그리고 I2CConnectionSettings 객체를 'ACCEL_I2C_ADDR' (0x53)의 주소와, 'FastMode' (400KHz)의 속도로 생성하였다. 마지막으로 새로운 I2cDevice를 생성하고 사용이 가능한지 체크하였다.

9-3 가속도계(Accelerometer) 초기화

앞에서 가속도계 인스턴스와 I2C버스 초기화를 완료하였다. 이제 I2C 인터페이스를 사용하여 데이터를 가속도 센서로 전달할 수 있다. 데이터를 가속도계에 전달하는 함수는 Write()이다. 이러한 타입의 가속도계는 내부적으로 두 가지 레지스터가 있다. (1) 우선 0x01값을 데이터 레지스터에 전달하면 +-4G모드로 설정하는 것이다. 보통 가속도계는 2G부터 16G까지 측정모드를 설정할 수 있다. 더 높은 G 일수록 더 큰 범위의 값을 측정할 수 있다. 이렇게 될 경우 측정 정밀도는 좀 떨어지게 된다. 이 코드에서는 4G로 설정하였다. (2) 0x08을 파워 콘트롤 레지스터에 전달하면, 대기 상태의 가속도계 센서를 깨워서 측정을 시작하게 한다.

```
1   private async void InitI2CAccel() {
2       // ...
3       /*    * Initialize the accelerometer:
4             * For this device, we create 2-byte write buffers:
5             * The first byte is the register address we want to write to.
6             * The second byte is the contents that we want to write to the
register.
7        */
8       byte[] WriteBuf_DataFormat = new byte[] { ACCEL_REG_DATA_FORMAT, 0x01 };
9         /*  0x01 sets range to +- 4Gs */
10      byte[] WriteBuf_PowerControl = new byte[] { ACCEL_REG_POWER_CONTROL, 0x08
};
11          /* 0x08 puts the accelerometer into measurement mode */
12          /* Write the register settings */
```

```
13      try
14      {
15          I2CAccel.Write(WriteBuf_DataFormat);
16          I2CAccel.Write(WriteBuf_PowerControl);      }
17          /* If the write fails display the error and stop running */
18      catch (Exception ex)
19        {
20          Text_Status.Text = "Failed to communicate with device: " +
ex.Message;
21          return;      }
22      // ... }
```

9-4 타이머

가속도 센서의 값은 빠르게 센싱을 하여야 한다. 아래의 코드는 매 100ms마다 타이머를 트리거하여 센싱을 하는 코드이다.

```
1   private async void InitI2CAccel()
2   {    // ...
3       /* Now that everything is initialized, create a timer
4       /* so we read data every 100mS */
5       periodicTimer = new Timer(this.TimerCallback, null, 0, 100);
6       // ... }
7
8   private void TimerCallback(object state)
9   {
10      string xText, yText, zText;
11      string statusText;      /* Read and format accelerometer data */
12      try
13        {
14          Acceleration accel = ReadAccel();
15          xText = String.Format("X Axis: {0:F3}G", accel.X);
16          yText = String.Format("Y Axis: {0:F3}G", accel.Y);
17          zText = String.Format("Z Axis: {0:F3}G", accel.Z);
18          statusText = "Status: Running";
19        }
20      // ... }
```

ReadAccel()는 센서 값을 읽어 들이는 함수이다. 이 함수 내의 동작에 대한 설명은 아래와 같다.

- WriteRead() 함수를 사용하여 가속도계의 값을 읽어 들인다.
- I2C타입의 센서는 데이터를 순차적으로 보내기 때문에 3축(X,Y,Z) 값을 한 번에 읽어 들일려면 6바이트 크기의 버퍼가 필요하다. 2바이트가 하나의 축 데이터 정보를 가지기 때문에 6바이트의 버퍼 값을 읽어들이면 한 번에 모든 축의 데이터를 얻을 수 있다.
- 코드에 보이는 BitConverter.ToInt16() 함수는 이렇게 읽어드린 버퍼 값을 X, Y, Z각각의 16비트 값으로 변환해준다.
- 읽어들인 16비트 데이터 중에서 10비트만이 가속도계 값이다. 이는 -512(-4G)에서 +511(+4G)의 범위를 갖는다.

```
1   private Acceleration ReadAccel()
2   {
3       const int ACCEL_RES = 1024;
4       /* The ADXL345 has 10 bit resolution giving 1024 unique values */
5       const int ACCEL_DYN_RANGE_G = 8;
6       /* The ADXL345 had a total dynamic range of 8G, since we're configuring
    it to +-4G */
7       const int UNITS_PER_G = ACCEL_RES / ACCEL_DYN_RANGE_G;
8       /* Ratio of raw int values to G units   */
9        byte[] ReadBuf;
10       byte[] RegAddrBuf;
11        /*
12         * Read from the accelerometer
13         * We first write the address of the X-Axis register,
14         * then read all 3 axes into ReadBuf   */
15       switch (HW_PROTOCOL)
16       {
17         case Protocol.SPI:            // ...
18         case Protocol.I2C:
19             ReadBuf = new byte[6];
20             /* We read 6 bytes sequentially to get all 3 two-byte axes */
21             RegAddrBuf = new byte[] { ACCEL_REG_X };
22              /* Register address we want to read from              */
23             I2CAccel.WriteRead(RegAddrBuf, ReadBuf);
24             break;
25         default:
26            /* Code should never get here */           // ...      }
```

```
27          // ...
28          /* In order to get the raw 16-bit data values,
29             we need to concatenate two 8-bit bytes for each axis */
30      short AccelerationRawX = BitConverter.ToInt16(ReadBuf, 0);
31      short AccelerationRawY = BitConverter.ToInt16(ReadBuf, 2);
32      short AccelerationRawZ = BitConverter.ToInt16(ReadBuf, 4);
33      /* Convert raw values to G's */
34      Acceleration accel;
35      accel.X = (double)AccelerationRawX / UNITS_PER_G;
36      accel.Y = (double)AccelerationRawY / UNITS_PER_G;
37      accel.Z = (double)AccelerationRawZ / UNITS_PER_G;
38      return accel;
39  }
```

여기까지 윈도우즈 10 IoT코어를 설정하고 인터넷에 연결한 후 작동하는 법을 알아보았다. 윈도우즈 10 IoT코어는 마이크로소프트사의 운영체제와 Azura라는 강력한 클라우드 서비스가 뒷 받침됨으로 인하여 사물인터넷을 구현하기 상당히 좋은 개발 환경이라 할 수 있겠다. 현재 다양한 기능과 서비스가 계속적으로 추가되고 있으니 여기서 배운 내용을 기반으로 다양한 어플리케이션을 직접 개발해 보기 바란다. 그리고 독자가 직접 개발한 시스템을 마이크로소프트 웹페이지에서 다른 사용자들과 공유하고 다른 사용자들이 개발한 시스템을 살펴본 후 자신의 시스템을 개선하는데 필요한 다양한 아이디어도 얻어보자.

생각해 보기

1. 윈도우즈 10 IoT코어에서 동작하는 센서의 종류는 어떤 것들이 있을까?
2. 윈도우즈 10 IoT코어에서 Headed와 Headless모드의 차이는 무엇인가?
3. 윈도우즈 10 IoT코어에는 어떤 프로그래밍 언어와 라즈베리파이 2외에 어떤 하드웨어가 지원되는가?

라즈베리 파이 2로
만들어 보는
사물 인터넷
: Internet of Things

1판 1쇄 인쇄 2015년 12월 5일
1판 1쇄 발행 2015년 12월 10일

지 은 이 김정윤
발 행 인 이미옥
발 행 처 디지털북스
정   가 28,000원
등 록 일 1999년 9월 3일
등록번호 220-90-18139
주   소 (04987)서울 광진구 능동로 32길 159
전화번호 (02)447-3157~8
팩스번호 (02)447-3159

ISBN 978-89-6088-173-0 (93560)
D-15-22

라즈베리 파이 2로
만들어 보는
사물 인터넷
: Internet of Things